东方讲坛·职业生涯系列活动讲座精选Ⅳ

2015~2016年度

本书编委会 编

发现你的职业性格地图

内容提要

本书从职业规划、职业角色定位、职场人际关系处理等多角度进行了阐述，激励广大青年学生在迈向社会后的职业生涯的道路上，继续努力学习、不畏挫折、积极进取，在通向幸福职业的道路上，不断提升自我职场发展的高度与宽度。

图书在版编目(CIP)数据

发现你的职业性格地图/《发现你的职业性格地图》编委会编. —上海：上海交通大学出版社，2017
ISBN 978-7-313-16191-8

Ⅰ. 发... Ⅱ. 发... Ⅲ. 性格—关系—职业选择 Ⅳ. ①B848.6 ②C913.2

中国版本图书馆 CIP 数据核字(2017)第 026168 号

发现你的职业性格地图

编　　者：《发现你的职业性格地图》编委会
出版发行：上海交通大学出版社　　地　　址：上海市番禺路 951 号
邮政编码：200030　　电　　话：021-64071208
出 版 人：郑益慧
印　　制：常熟市文化印刷有限公司　　经　　销：全国新华书店
开　　本：710mm×1000mm 1/16　　印　　张：20.5
字　　数：344 千字
版　　次：2017 年 2 月第 1 版　　印　　次：2017 年 2 月第 1 次印刷
书　　号：ISBN 978-7-313-16191-8/B
定　　价：48.00 元

编委会名单

目　　录

2015 年度

2016 年度

2015年度

您会“说话”吗

——职场沟通技巧解码

丁　洁

现为上海市徐汇区就业促进中心首席职业指导师，长期从事社区职业指导工作，擅长青年求职者的心理疏导与培训，带领团队着力相关职业指导的课程研究和开发，曾多次在市级职业指导大赛中获奖。

感谢主持人，也特别要感谢东方讲坛给我这样一个机会，在这里和在座各位做交流。在讲座开始前，我要问一个问题，就是您会“说话”吗？我听到有人说会。有人说自己不会讲话吗？没有。我相信更多的人可能会想问我一个问题，就是说丁老师，你所说的“会讲话”这三个字，有什么特殊含意？如果“会讲话”这三个字，指的仅仅是用语言来表达，那我相信几乎在场所有的人都没有问题。但是“会讲话”这三个字还有一些别的意思，我这里给大家讲一个故事，大家体会一下。

在很久很久以前，有一位国王，晚上做了一个梦，他梦见自己满口的牙齿全部掉光了，他非常害怕，感觉不是一个好兆头，于是请来两位大臣，为自己解梦，其中一位大臣对国王说，亲爱的国王，您的梦代表了，您会在您所有亲属都死光以后才死。国王听了这个话非常生气，于是这位大臣就被拉下去重打了 20 大板。第二位大臣看到前面一位大臣的下场，他非常害怕，于是这样对国王说的，亲爱的国王，您做的这个梦代表的意思是说，您是您所有亲属里面最长寿的。国王听了很高兴，给了他很多的赏赐。

大家有没有感觉到，“会讲话”和“不会讲话”的另外一层意思呢？大家最后想一想，其实这两位大臣表达的意思是一样的，但是为什么一个人得了赏赐，一个人得了惩罚呢，我们只能说第二个大臣，要比第一个大臣会讲话。如果“会讲话”是代表这一层意思，大家想一想自己会讲话吗？接下来我就会用这一个多小时的时间，跟大家一起沟通“讲话”这一件事，可能没有办法通过一个多小时，让所有人变得会讲话，但是起码能得到改善。当然我这个“会讲话”，主要关注点还是在职场。我们知道在职场是否会讲话，会对个人的职业发展起到非常重大的影响，在职场讲话有哪些需要注意的地方，这是我们接下来要关注的主题。

一般情况下，我们用什么来讲话？嘴巴。刚才听到有人说用嘴巴讲话。

听众：眼睛。

丁洁：我听到有人说眼睛。的确有的人天生眼睛就会说话，可能一个眼神就能表现出想要表达的意思。我们的肢体语言也会讲话，像我现在，可能我拿着话筒，可能会有手势上的表示，大家通过我的肢体，也能感受到我要表达的意思。为了让大家的感受更加直观，我想请一位观众上来配合我做一个小小的演示。刚才我看到那位女士，请你上来，先向大家介绍一下你自己？

听众：大家好，我叫蔡隐晚（音）。

丁洁：蔡女士站在这里，接下来你要配合我做的演示非常简单，你站在这个位置，我站在讲台这个位置，我们假设之前是认识的，我们在公司见面，互相靠近对方，在我们认为到达合适的距离说三个字“下午好”，您对我说，我也对你说，大家看清楚，我们只说三个字“下午好”。

蔡女士：下午好。

丁洁：感觉怎么样？

蔡女士：感觉您是急急忙忙的，也没有看我，瞥了一眼就走了，我是停下来，想跟您说话，可还没来得及说“下午好”，您已经飘过去了。

丁洁：这种感觉好吗？

蔡女士：不是很好。

丁洁：你是否觉得我是一个很难沟通的人？

蔡女士：有一点。

丁洁：再来一次，还是刚才的位置，大家再感受一下。

蔡女士：下午好。

丁洁：看清楚了吗，你觉得有什么不一样？

蔡女士：好很多，这次您是停下来，眼睛看着我，然后跟我微笑，还打了手势，是主动停下来，好像还有什么事接下来跟我继续沟通。

丁洁：你是不是觉得我比较亲切的人，是不是将来更愿意和我这样的人交往？

蔡女士：是的。

丁洁：蔡女士总结的非常好。其实我说的话是一样的，三个字“下午好！”很简单，可为什么会给蔡小姐不一样的感受，刚才她归纳总结得很好。因为我的眼神，第一次完全没看她，第二次我是看着她的眼睛。其次是我的表情，第一次我是面无表情，第二次我有微笑。微笑会给人一种亲切感，另外大家注意到我的手势，第一次我的手是放在口袋里的，第二次我做了这样一个打招呼动作，并且我点头示意，立马给其他人的感觉不一样了，一个是非常冷淡，另一个则非常热情。因此不一样的肢体语言，也可以给我们的讲话带来不同的效果。除了一般用语言表达以外，还有很多辅助性的工具，包括我们的眼睛，我们的眼神，我们的表情。我们看电视的时候就会发现，一些演员不用说话，可能就是一个表情，一个眼神，就能让你感觉到他的喜怒哀乐。

我们的手势其实也是非常好的工具，我在这边讲课，嘴巴在讲，但是我的手始终没有停过，我要做这样一些手势的原因是手势有感染力。能够让我的讲话更富有感染力，但是大家记住，在职场上有一些手势是比较消极的，我建议大家轻易不要去做。比方说抱住胳膊的手势，这代表什么意思，这是一个防御的姿态，一般做这个手势，会给对方的感觉是不愿意交流。因此我们在开会时，或者和别人面对面交谈时，尽量要避免做这样的动作，对方会感觉非常不愉快，另外还有一个手势，做一次不要紧，多做则会引起误会，那就是看表。如果我在一个小时里看两到三次表，是为了掌握时间，但是在一个小时内我看五到六次表，大家会认为这个老师急急忙忙要回去。同样的，我们在和别人说话的时候，尽量避免频繁看时间，包括看表，也包括看你的手机，包括看任何一个计时工具，因为这样会给对方一种你很不耐烦的感觉，关于手势先讲这些，在后面课程当中还会提到。

除了手部动作，还有“体势”，体势包括点头，和别人讲话过程当中，特别在倾听别人讲话的过程当中，你能够在适当的时候点一点头，会给对方一个信号，对方会感觉您是在认真听他的讲话，更愿意把自己想法表达给你听。但是点头也提醒大家，不要点得太频繁，如果不停地点头，那就是应付了事。所以点头的节奏大家要把握好。另外还有一个“体势”，身体前倾，一般两个人面对面交流，我建议大家身体尽量向对方有一些倾斜，这样是一个友好的表示。同样如果是两个陌生人，因为我们知道，我们有一个人际舒适圈的概念，每个人舒适圈大小是不一样的，特别是陌生人之间他的舒适圈更大，在这种情况如果对方是陌生人，可能离开一米左右说话才能更自在一些，大家会这样觉得。随着自己跟对方不断地交流，不断地熟悉，我在向对方不断地靠近，这其实是一个体势，靠近这次信号告诉我和这次谈话非常愉快，非常愿意和他说话。相反的，如果你在跟对方谈话过程，他在不断远离你，很有可能他在给你一个信号，他不是特别愉快，给了他很多压力，或者他对这个话题并不感兴趣，所以有时候人要有“眼力劲”，通过对方身体肢体语言表达，你能够大致判断出对方心里在想什么，这是关于“体势”。

另外就是声音，这点特别好理解，不同的声调表达的意义是不一样。不同的语调表达意义完全不一样，因此我们在听别人讲话时，除了要听语意，还要听他的语调。同样的，不同的音量给人感觉也是不一样的，如果音量把握得好，适度提高你的音量，可以让别人感到你的自信。我们发现自信的人，一般来说他的音量都是比较高的，如果说话特别特别小声，像蚊子一样轻，可能他本身就不是特别自信的人。但是音量不要放太大，放得太大就有一些骄傲、张狂，会给人较大的压力。还有就是强调某一件事时，可以特地把音量放大，让人了解这是重点，这个时候应该仔细听。另外像我们的语速，语调，包括我们吐字，其实都可以表达说话内心的状态。

大家看一看，说话是一门学问，不光光是把意思说出来，说话是为了让自己的话达到特定的目的、效果，我肯定要配合这么多东西同步协作，才能让别人感觉到自己是一个友好的人，愿意亲近。想成为一个会“说话”的人，学习这些是不够的。我这里要提醒大家，不论会不会“说话”，首先不要急着说话，急着说话会闹笑话。例如，小王去人事部找李老师，不巧的是李老师正好不在，推门进去了，李老师不在王老师在，于是小王就问王老师，请问李老师在吗，王老师说李老师他已经不在人事了，小王一听五雷轰顶，立马放声大哭，“李老师你怎么就不在人世了，我上个月看到你还好好的，怎么这么突然，是不是发生了什么不幸的事情。”正在他表达自己悲切的时候，他发现办公室里所有的人都像看怪物一样地看着他，为什么？这个时候王老师说，“我还没说完呢，李老师调去行政部了”，大家想一想，是什么引起这样一个笑话。当然不在人事，这个句子本身是带有歧义，可以不在人事科，也可能代表不在人世间，最根本的原因是小王没有听别人把话说完，就按照自己对人事的判断，下了结论，就闹了笑话。因此我们记住，特别在职场上，在你说任何话以前，一定要听清楚别人说的什么，听清楚还不够，你还要去理解他人话里面的意思，再去和别人做交流，倾听是一门技术活。

我是学心理学出身的，在我们学心理咨询技术的第一课就是倾听，学说话之前先要学倾听。讲到倾听，在座的有没有做过这样的事情，当别人在讲话时，想自己的事。相信每个人都有，甚至有时候可能别人讲话，自己可能在看手机，或者在干些别的事情，这种倾听的效果肯定不好的，我们有个专业名词叫做被动倾听。在座很多家里面都是有孩子，如果家里有正处于青春期的孩子，就很能够感受到什么是被动倾听，无论家长说什么，孩子都是我知道了。你说多少遍都是这样，但最后他们能听进去多少你并不知道。被动倾听就是我不想听，你硬要说给我听，我们一直用这样的倾听态度，是没有办法听到别人内心真实想法的。有没有这样的情况，别人在说，我只听自己感兴趣那部分，我也只记得住自己感兴趣的部分。在座的各位，可能听完我的讲座，有些人只记住我讲的笑话，会有这样的情况也很正常，只有这些是自己感兴趣的。特别在我们职场上，在听领导讲话，在听同事讲他的意见和建议，千万不能有这种选择性的倾听，因为你很有可能会遗漏很多重要的信息。这是关于选择性的倾听。还有这样的情况，当不断比较他们讲的和自己想的好像不太一样时，就会打断对方。打断别人说话，这是个非常不礼貌的举动，这样对方会不愿意跟你沟通交流下去。因此不要出现这种情况。还有很容易被一些声音分散我们的注意力，希望大家从今天开始尽量避免这样的情况发生。

那么倾听有哪些好的办法，让对方更愿意讲给你听，有哪些好的办法，能够让我们集中注意力。

首先你要聚焦你的谈话对象，有一个非常简单的办法，就是和对方保持眼神接触。以前经常有人问我，和别人面对面交流的时候，应该看对方哪儿？眼睛。但是各位感受一下，如果我一直盯着你眼睛肯定会不舒服，肯定会觉得我脸上有什么东西。一般来说比较好的一个做法，是看对方双眼和鼻子这样一个三角区，而且还提醒大家，你在盯着同一个地方看的频率不要超过 10 秒钟，就在这个三角区，稍微有一些移动，这样的目光是最自然的，也是最能够帮助你集中注意力。另外就是要提醒自己，我正在和对方讲话，是不可以分心的，不论外界有什么样干扰，都要集中自己的注意力。

怎样集中注意力？或者怎样让对方感觉到我在听他的说话？刚才讲的“体势”已经讲到一个，点头，点头一个是很好的工具，当对方讲到关键信息，或者询问是不是理解的时候，你适当给他这样一个点头的动作，频率不要太高，对方会知道原来你在听，我就继续给你讲。微笑，微笑可以很好地鼓励对方把话说下去。但是微笑，不是所有场合适合的，当对方讲比较伤心的事情，当领导讲业绩不断下滑，这个时候千万不要微笑，这个是不应景的。

另外身体略微地前倾，还有就是做笔记，做笔记非常的重要。我有一位朋友，他是公司领导，他告诉我，他最近招了一批新的大学生，里面有个小王，他觉得特别好，他想升他的职。我就说“这些大学生我知道，都不是你直接领导的，你怎么知道小王他的工作能力特别好”，他说“我只知道每次开会的时候，只有他一个人做笔记，说明在认真听我讲话”，我觉得“小王的心理学一定学的非常好”。这边告诉大家，大家在听领导开会，不论记性是否好，都要适当做笔记。做笔记有两个作用，一个不会遗漏任何要点，另外传递给说话的人一个信号，我在认真听你说话，并且我把你的话记下来，我非常重视你说的每个字。但是做笔记，不是说蒙头做就行了，如果对方开会 40 分钟，我写 40 分钟的笔记，这样也不好，我们总体眼神还是看着对方三角区，然后在适当的时候进行记录，和对方有眼神的沟通交流，这是关于倾听，一个参与并提高注意力的方法。

捕捉完整的信息，不要根据自己的喜好去听，一定要接收到全部信息，然后用一种宽容、谦虚、好奇的心来听。因为别人说这话的意思，未必就是你理解的。在国外有一档节目，就是采访一些儿童，问他们一些想法。有一期节目是这样子，主持人就采访一个非常小的孩子，就问他将来想做什么样的职业，这个孩子说将来我开飞机，这是一个比较“高大上”的职业，主持人又问他假如说开着飞机在天上，飞机上有很多乘客，然后飞机只有一个降落伞，而这个时候飞机没油了，你会怎么办呢？这个孩子说我首先会广播，请各位绑好安全带，然后我就自己背着降落伞跳下去，所有人都笑了。为什么笑？你们想的肯定跟我当初想的一样，这孩子太聪明了，让所有人绑好安全带，没有人可以跟他抢降落伞包了。事实呢？我们主持人没有这样判断，他非常有经验，他对这个孩子说，那你跳出去然后呢，这个孩子说我跳出去以后我去找油，等到我找到油我再到飞机上继续开飞机，把乘客送到安全的地方。大家有什么感觉？孩子说的这个话完全不是我们大人理解的这样。通常我们在职场上其实也是这样的，别人说话有可能表达的意思并不是你心里想得那样，所以要了解清楚，最后再去下判断，以一种宽容、谦虚的心态去听。听的时候要积极地理解对方，在心里描绘对方所讲的一些内容，在适当的时候可以提问来澄清一些问题，因为有时候可能把握不了对方到底是什么意思，我们可以通过提问来澄清。

举个例子，我的工作是做职业指导，曾经有一个青年到我这边来，他对我说了这样一个信息，从原来一家公司离职了，我们知道从原来公司离职会有两种可能性，一种是主动离职，一种是被动离职，也有可能对这件事很开心，也有可能不开心。仅从他的语调判断，比如他这样跟我说："老师，我原来那家公司不做了，我走了。"如果他这样说，我感觉他很高兴，用我的判断，我可能会觉得是不是原来那家公司不适合他，或者他走了以后觉得非常解脱，非常高兴。但是我的判断够不够？他未必是这样想的，我会通过问话来澄清他说的话，是不是就是我理解的那个样子。所以大家记住，对方说的话有可能会有些歧义，你可以通过提问方式来澄清。如果对方说了很多信息，这个时候我们可以把话的意思归纳起来问他，让他自己总结一下，刚才您说的意思是这个对吗，对方告诉你是或不是，如果不是，要求他做进一步澄清，这样才能确保准确无误地理解对方，然后再去判断，再去跟他做进一步沟通，才能避免闹笑话。这是关于先听明白了，听懂了再说话。

那听懂了就能说话了，我既然这么问，肯定不行，我提醒大家在一种情况下不要说话，当我们处于正在爆发中的情绪状态，特别是负面情绪状态，不要说话，因为暴躁的人说话一般是比较冲动。在国外有一个小男孩，他性格非常暴躁容易说出一些伤害别人的话。这个小男孩父亲觉得这件事是需要干预，于是就对这个男孩说，您总是这样说话不行的，当你觉得自己非常愤怒的时候，觉得自己脾气上来的时候，先不要和别人说任何话，先赶紧跑回家，在仓库的墙上钉一枚钉子，在钉钉子的时候，帮助自己平复情绪，然后再去跟别人说话，不久这面墙上，就钉满了钉子，同时这个小男孩，他也已经比较会控制自己的情绪了。这个时候父亲对他说，现在你也长大了，墙上已经钉满了钉子，当你觉得自己能够控制自己情绪时，就去把墙上的一颗钉子拔下来，不久墙上就没有钉子了。这个时候父亲对男孩说，你看这堵墙虽然钉子都拔掉了，但是它留下的孔永远都在的，是非常非常难修补的。所以有时候我们冲动说的一些话确实很让人后悔。

我有一个朋友，他就跟我说了一件非常后悔的事情：他们公司日常业务比较多，他的一个同事，想与家人一起出国旅游，就跟他商量，“在我出国期间，我的工作能不能帮忙带一下”，他觉得互相帮助是应该的，当时没多想也就答应了，然后他同事放心出国旅游了。结果他错误估计了自己的工作能力，一个人承担两个人的工作，让他满负荷运转，压力特别大，几乎每天加班到凌晨三四点，早上还要正常上班，他觉得非常累，一个多星期过去了人也非常憔悴。有一天看到同事回来了，心情非常好，在办公室和别的同事分享所见所闻，看照片，还给大家带了小礼物，他看到这幕，大家想想他是什么心情，很生气、很愤怒，我这么痛苦地帮你做事情，你在外面快乐地玩。然后他没控制住，到了办公室以后，立马把自己愤怒爆发出来。他当时说了什么，我也没问他，但是话肯定没说好听。爆发完的结果是全场鸦雀无声，接着大家各自散开了，其实这个时候他已经后悔了，白白辛苦这一星期，本身他是做了一件好事情，他的朋友会感谢他，别的同事也会觉得他是好人，结果这一爆发，很有可能会跟同事产生无法磨合的裂痕，别的同事也有可能觉得他是个斤斤计较的人，留下不好的印象，他告诉我，他自己也是非常后悔。

另外现在社会流行一个词“裸辞”，指的是还没有找到新的工作就炒“老板鱿鱼”。大的统计数据我不知道，但是来找我咨询的人，他们“裸辞”的最主要原因就是情绪爆发，而起因有可能就是一些很小的事情，老板数落了你，跟同事有小的纠纷，跟客户不愉快，非常愤怒，就直接打了辞职报告。所以90%以上裸辞的人最后都会非常后悔，可是天底下是没有后悔药吃的。因此这里要提醒大家，在感到自己带着一种强烈体验的时候，尽量不说话，用沉默来代替说话是比较好的，等到自己心情平复了，能够客观分析问题、分析原因之后再去说话，这样就能够把伤害降到最低。

提供给大家三个平复自己心情一些小的办法，一种叫推迟评价法，负面情绪最大的来源就是对一件应激事件的评价。举个例子，比如我今天在某讲座的路上，手机掉了，不同的人对这样一件应激事件的评价是不一样。特别悲观的人他会这样想，今天怎么这么倒霉，还得有多少倒霉的事等着我，今天肯定出师不利，今天的讲座效果也可能不会太好。然而乐观的人会这样想，旧的不去新的不来，掉的也挺开心，正好iPhone6出来了，我可以换一个新手机。有一些特别容易愤怒的人，可能这样想的，贼太可恶了，居然把我手机偷了。不同的人，在不同时间段对应激事件评价不一样的，手机掉了这件事，无论当时的情绪产生了什么影响，但可能一个星期以后，或一个月以后，再看手机掉了这件事，就会比较平静的。不就是掉了个手机，新的也买好了。所以面临一些应激事件，不要马上对它进行评价，先让自己平静下，然后再想想，其实这个事情也不是很值得我去发怒，这是推迟评价。

还有我们需要及时去察觉我们的信息，其实道理很多人都懂，但是很多人没有办法控制。没有办法控制的主要原因是没办法察觉，来不及察觉，还没有被察觉的时候，就已经爆发了。建议大家先用沉默来代替说话。其实很多夫妻，都是因为一些很小的事情，没有控制住自己，最后就爆发大战。其实在家庭，有时候沉默是比较好的处理方式。

另外当我们意识到自己处于高情绪反应的时候，需要用理智来克制，客观地分析问题，需要用我们的修养去克制，什么场合是不能爆发的，这个大家一定要知道。同时我们可以尝试多做一些深呼吸，深呼吸可以非常好地帮助我们控制情绪，另外试图想一些比较愉快的事物，要压抑自己负面情绪，这是关于一定要控制好你的情绪以后再去表达你的想法。

情绪控制好了，还要提醒大家的是讲话以前记得一定要掌握一些与话题相关的信息和知识再去交流。如果你不懂装懂，而所有的听众也都不懂，就会误导别人，最后可能会有一些负面的结果出来，害人害己。如果你不懂装懂，而大家都懂，这种情况别人会觉得你很可笑，你是非常浮夸的人，那你以后说话的含金量就会打折扣。一旦你在公司里给人留下这样的印象，基本上升职、加薪从此跟你就没有什么关系了，所以我们讲话以前，一定要保证自己有足够的信息，保证我们有足够的知识储备，然后再去讲。这是关于先不要急着说话，做到这三点以后再去说话。

第二个我要跟大家沟通的是，对什么人说什么话。这张图片，其实也是一个小故事，说的是古时候有个秀才家里没有柴了，上街买柴。走在街上，对面走来了一个卖柴的人，秀才对他说，荷薪者，过来。大家明白这个意思吗，大部分人明白，也有小部分人可能不明白。当时卖柴的人听明白了一点点，“荷薪者”他不懂，“过来”他听懂了，于是背着柴去了，走到秀才跟前，秀才问价钱，就问“其价几何”，四个字卖柴人听懂了一个字，价，肯定是问我价格，于是卖柴人就说十文钱，秀才觉得有点贵，想要杀价，秀才是怎么杀价的呢？他说"外实而内虚，烟多而焰少，请损之"。秀才说的话卖柴的人听不懂了，背着柴就走开了。结果秀才没有买到柴，因为他没有用合适的语言、合适的表达方式去对对象说。这个小寓言其实告诉我们，你要挑对象说话，不同的对象要运用不同的表达方式，需要运用不同的沟通策略。

由于时间的关系，我这边只能简单向大家介绍四种人际风格的对象，我们和他们沟通可以采用哪些策略，大家可以先看图片。我们用四种动物形容不同的人际沟通方式。四种动物分别是猫头鹰、老虎、孔雀，以及树袋熊，也有人称它为考拉。大家在内心里给自己做个小测量，看看这四种动物，自己更像哪一种，都有答案了吗？这四种不同的动物，代表现在职场上主要的四种类型的人际风格。

猫头鹰，代表分析型的人。分析型的人通常比较严肃、认真，脸部表情比较少，说话非常准确。分析型的人一定不会跟你说大概、也许这种话，一定会用数据说话。他非常喜欢用专业术语表达他的想法，不管别人听得懂、听不懂。同时分析型的人倾向于自我保护，不太愿意别人侵犯到他的私人空间。说到舒适圈，可能像表达型人，他们的舒适圈允许进到半米范围以内，分析型的人做不到，可能在一米开外，他们就已经觉得不自在了。因此如果身边有朋友，或者工作伙伴是这种类型的人，我们根据他的特点，在沟通的时候要非常注意细节，你跟他汇报一个项目，不能只说这个项目的目的是什么，项目的结果是什么，而是要跟他说这个项目怎么做第一步，怎么做第二步，怎么做第三步，都要分析得清清楚楚，他才能心里踏实。其中包括时间、节点也一定要精确到几月几号，他心里才踏实。如果你的领导是分析型的，你跟他汇报工作一定要尽快切入主题。分析型的人不愿意跟你在感情上有过多沟通、交流，也不愿意别人问及他的一些隐私。他在说话的时候，我们要认真做记录，这一点他很在意。如果双方都是专业人士，尽可能地使用专业术语。另外这类人倾向于自我保护，在跟他们的沟通当中，不要有太多的眼神交流，如果听着分析的人看五秒钟左右，他心里会不自在，他会觉得是不是我脸上有什么，心里会不舒服；身体也不要太过于前倾，不要离他太近，他会觉得被侵犯，因为他有自我保护的需要，这是跟分析型的人沟通时的一些小技巧。

第二种老虎型。这种类型又被称为支配型，有很多企业老板都是老虎型的人，他们一般处事非常果断、非常独立，喜欢指挥。支配型人的特点是说话比较快，分析型中也可能有些人快，有些人慢，但支配型的人大部分说话都很快，而且非常有说服力，会让人觉得他说的就是"真理"，特别有说服力。强调效率，语言非常直接，而且是带有目的性的，另外面部表情同样比较少。如果周围有这样的人，我们跟他的沟通方式，首先你给他的回答，也一定要非常准确，他同样不喜欢听到大概、也许、左右、大约这些模棱两可的词，一定要非常精准，然后要讲实际情况，不要预估的结果，他想了解的是这件事发生了以后，实际状况是什么。所以这样的人说话以前不要有太多寒暄，直奔主题，直接跟领导说我今天就是给你汇报项目，他喜欢这样的风格。大家记得说话中也不要带有太多感情流露，也不要去跟他沟通你自己家里的事情，他对你的家庭里完全没兴趣，他感兴趣的是你能不能做好这份工作，这个项目当中有没有碰到问题。分析型是尽量不要跟他有目光接触，但是支配型的人，你需要跟他有强烈的目光接触，让他感觉到你是一个非常有信心的人，你是一个非常有自信的人，这样他才能非常信任你，把工作交给你。身体略微前倾，代表你非常尊重他，因为支配型的人，他有被尊重的需要，不能忍受被人无视的感觉，尽量让他感觉到你是非常尊重他的，说话声音一定要大，说话声音大小，支配型的人会觉得你说话没有底气，所以说话声音一定要放大，这个是跟支配型说话的一些方法。

第三种孔雀型，又称表达型，大家看我就可以了，我就是一个表达型的人。表达型的所有特点，我身上基本都有体现。首先是非常外向，非常愿意和别人相处，非常合群，直率而友好，活泼而热情，但表达型的人缺点是不注重细节。这类人看问题比较宏观的，不太纠结于细节，而且我们会非常活泼，大家注意我说话比较抑扬顿挫，从我的语调当中能够把握一些信息，说话会有一些节奏。另外表达型的手势很多，你让表达型的人，两手放在口袋里说话，他会不自在，可能说着说着手就要拿出来，然后会比划一些手势，另外这类人很喜欢陈列一些物品，有说服力的物品。比方说这是上个礼拜买的表，在什么地方卖的，这表你看多漂亮，立马会给陈列出要说明的物品。基本外面的房产中介，70%～80%都是表达型的人，非常热情，说话非常有感染力，跟他们沟通的过程能感觉到他们的这种热情，但是大部分人不注重细节，当你问他一些具体的合同条款，具体的房产的政策，他们不一定会懂，他会告诉你这个后面会有法律顾问处理这方面问题，这是表达型人的特点。和他们说话，一声音要洪亮，对什么人要说什么话，有时候我们的语速，我们的音量，最好是在什么范围之内，就是和对方差不多，对方快我们也可以适当快一些；对方慢，我们也可以适当慢一点，音量也是，对方什么音量我们就什么音量，这是最容易拉近彼此之间距离的方法，最好也有一些手势和动作，你有手势和动作，他会觉得你跟他是一类人，一定能够非常好地沟通和交流，另外他们在做动作的时候，在向你展示物品时，记得你一定要看着他们向你展示的东西，否则他们心里会很失落，因为表达型的人需要被人重视，需要大家都看着自己。今天我在这边上课，如果下面所有人全部低着头看手机，或者趴在桌子上睡觉，我肯定会非常失落，回去以后我会检讨自己，这是表达型的人一个特点。另外跟这类人说话，多从宏观说，因为他们不注重细节，一般“只见树林不见树木”，这是表达型的特点。正是针对这个特点，你跟表达型人沟通的过程当中，不论达成任何口头协议，一定要白纸黑字写下来让他签字确认，很有可能他今天跟你谈定的条件到了明天签协议时，他会否认会忘记，所以你当场跟他达成什么约定，一定要马上签字确认，这点非常重要，这是表达型沟通的要点。

第四种是和蔼型的人，也就是一般说的考拉型。我是非常喜欢跟这种人打交道的，因为和这种人打交道，非常轻松。这种类型的人容易合作、面部表情比较可爱可亲，经常笑嘻嘻，说话很耐心，非常慢条斯理，就是一个非常和蔼的人的形象，说话很轻柔，也是抑扬顿挫，但是他的抑扬顿挫跟表达型抑扬顿挫不一样，有点像苏州人说话，很难跟别人吵架，因为语气软软糯糯的。另外他们有个特点，非常喜欢向别人展示他们家人的照片，大家回去观察一下，看看你同事的办公桌上放着什么，如果办公桌上放着家人的照片，很有可能他就是和蔼型的人，一般跟这样人打交道，最简单跟他处理好关系的方法是什么？其实刚才已经告诉大家了，他喜欢放照片，他喜欢展示家里人的照片，因此我能够最快跟他搞好关系的是赞美他的家人，不要对他桌上照片视而不见。如果你新来同事桌上放了这样一张照片，你就要直接赞美，我相信你们很快就能成为好朋友，因为这是他内心最大的需要。另外如果展示一些旅游拍的照片，一定要记得适当赞美，赞美不仅仅是风景，还有人。对和蔼型的人来说，最重要的是人际关系，所以你跟他说话，包括你在汇报工作以前，你需要跟适当有些寒暄，在你们双方关系建立起来以后再去跟他说别的一些内容。说话的节奏需要慢一点，因为他说话很慢，你也要注意说话软软糯糯、抑扬顿挫，不要给他太大的压力。另外如果你是一个企业领导，如果你有个下属是和蔼型的人，记得要鼓励他去表达自己的意见。和蔼型的人通常对一件事情会有非常好的建议和意见，但是他不会主动去说。不像表达型的人马上就要表达，这个时候要鼓励他，问他对这件事是怎么看的。和蔼型的人通常会有比较高明的意见，另外要有频繁目光接触，不用时间太长，但频率一定要高，这是和蔼型人最大的需要，他会觉得被领导重视了，但是不要一直盯着他，他会不自在。还有与和蔼型的人沟通，要一直保持微笑，因为你一旦不笑了，和蔼型的人就会想，是不是做错了，他会有这样的心理顾虑。和他们沟通，大家一直要保持微笑，就会有很好的人际沟通氛围。这是关于不同人际风格的沟通要领。

由于时间关系只能解释这四种，其实我们也知道人的类型多种多样，有可能人际风格的类型，远远不止这四种，甚至能把人的风格分的更细。

接下来要正式开始学说话。同样的意识看看有没有别的更加合适的语言去表达。首先要讲的是，请使用礼貌用语。礼貌用语是非常好的工具，很多话加上请、好、再见、不好意思、对不起、没关系等，加上这些之后，意思立马就不一样了。最常见的“你找谁”，或者如果我们有一些政府接待部门，直接用“你找谁”会感觉非常生硬，加上礼貌用语“请问你找谁”，感觉就不一样了，立马从紧张的状态变成一种如浴春风的感觉。再看一句“你是谁”，电话里经常说“你是谁”，这样也比较生硬的，礼貌用语来讲“请问您怎么称呼”，立刻会觉得非常客气，氛围马上就变好，礼貌用语像有魔法一样。“我也没办法，只能这样了”，如果别人给我这样的回答，我一定会觉得非常失落，这句话怎么讲比较好，“对不起，也许我真的是帮不上您了”，听上去是不是觉得，也许这事他真的办不了，我不为难他了，礼貌用语是职场上非常好的润滑剂。

另外提醒大家，我们说话尽量强调能，而不是“不能”。其实有很多语句，我们可以用否定句式去表达，但是往往用肯定句式去表达效果会更好，听上去更容易让别人接受。举个例子，“时间这么短，我肯定来不及”，这个话是什么意思，这个事情我做不了，因为时间太短了。如果领导给我布置一项任务，我是这样说的，领导会怎么想，这个人也太不积极，怎么直接回绝我呢。如果用肯定句怎么讲，大家想一想，你也可以这样讲，“如果多给我一些时间，我也许能完成的。”这两句话意思是一样的，时间短，来不及，但是第二种听上去，我是心有余而力不足，我是想做的，客观的情况是时间确实来不及，听上去会给领导感觉，你是非常积极，非常向上，非常愿意承担这份工作的人，虽然最后结果都是来不及。同样的句式还有哪些运用，“你没带身份证，我不能给你办”，我建议大家不要用否定句去讲，不要说不，怎么样才能不说“不”呢，“你下次把身份证带来，我就一定能给你办了”，意思是一样的，反正我今天是办不了，但是用第二种表达方式去说，对方心里会好过很多，他会知道我是因为身份证没带，你带了就会给我办的，这也是一种运用。

同样我们跟孩子沟通，很多家长喜欢用否定句，“你头发不剪掉，没有单位会录用你的”，感觉怎么样，如果孩子是叛逆期，肯定不会听你的。我做职业指导，经常碰到一些青年，可能都是处于二十几岁，性格特别张扬的时期，发型确实很古怪，这样去面试企业一般不会录用他。我们经常给他们一些建议，把头发剪掉了，单位才会录用你。以前是这样说的“你头发不剪掉，没有单位会录用你”，他心里想你越要我剪，我越是不剪。如果换一句肯定句式可以怎么说呢？一个比较好的表达方式：“如果你能够换个发型，相信就有企业愿意录用你”，这个实验我们做过了，如果这样说话，他就会跟着你的想法去做。大家记得特别在跟青春期、叛逆期的孩子沟通的时候，多使用肯定句式，少使用否定句式，我们在职场上也是，其实表达同样的话，也有不同的说法，不同的说法最后起到的效果，肯定是不一样的。

接下来我们再看一个场景——拒绝。拒绝是一门学问，因为我们在工作当中，生活当中肯定会碰到这样的场景，有些事情确实办不了，要拒绝，但又很担心拒绝会伤了别人的感情，这种情况应该怎么样处理。跟大家讲一件亲身处理的事情。我记得前两年我们单位招聘过一个实习生，大专毕业的。我工作比较忙，我非常希望他帮我复印一些资料，我跟他说“小张，这些资料能不能帮我复印一下”，大家猜一下这个实习生怎么拒绝我的，他说你没见我正在忙，我听了“非常受伤”。但是大家想一想，我是个表达型的人，而且我这人比较和蔼，如果碰到支配型的人，这么说话，结果会是什么，这就是不注意他的表达方式。那么怎么样去拒绝别人，又能够达到目的，又不伤感情，这是今天我们要探讨的。

一般来说可以有三招来拒绝别人，最常用的就是最基础的叫遗憾型，在你拒绝别人时，你要表达遗憾，在感情上我拒绝你是非常过意不去的，让对方有这样的感觉。刚才那个例子，如果他手头真的在忙，可以这样拒绝我：“我也非常想帮你复印，实在是对不起，我手头这个工作真的忙不过来，真的很对不起。”如果他是这样来拒绝我，我会觉得这孩子特别懂事，你看这么忙了，他还想帮我，我都不好意思让他给我复印，这个是遗憾型。记得先说不好意思、对不起，后面再具体解释一下你拒绝的理由，你要简要说明理由，但是不要反复强调，这是遗憾型。大部分职场情况，如果采用这样句式去拒绝，对方完全可以接受的。

第二个叫过失型，简单来说使你的拒绝让对方感觉到，我不是真的想拒绝你，而是我如果不拒绝你，反而会给你添麻烦。一般来说以下场景可以用到：如果你的领导去完成一项工作，而这项工作不在你的能力范围以内，你可以这样跟你的领导说。首先把遗憾型放在前面：“不好意思，实在很遗憾，我也想做这个工作，但是我确实以前没接手过，如果我接手很有可能会把事情搞砸，真的很对不起。”让对方感觉到，你勉强接受，反而会给对方带来一些麻烦，这个是过失型的拒绝，一般来说也是比较容易被对方接受。

最高的一招，就是表达了遗憾以后，再给对方提供一些方式方法。我拒绝你以后，再给你提供一些别的方法。还是前面那个例子:“对不起,我这里真的是太忙了,我手头工作忙不过来,你着不着急?你要是不着急,我今天下午给你复印?”你看来得及吗,如果她是这样说的,我会觉得他是情商特别高的孩子,结束了试用期以后录用她的概率会更高一些。在你拒绝别人的同时,也给对方想一些法子,出一些主意,但是这样主意不要牵扯到别人,不要把另外一个同事扯进来,这样他会记恨你的。

再强调一点,我刚才说所有婉拒型的方法,在一种情况下是不适用的,如果对方提出一些事情完全不符合做人的原则,是一些违法乱纪的事情,这个一定要拒绝得非常果断,向他表示我跟你不是同一类的人,这样的事情我是肯定不能接受的。但是对于一些无关痛痒的小事,比如说外面在下雨,同事让你出去给他带饭,你心里面非常不想去,类似这些事情我建议大家可以采用上面我提供的一些方法拒绝,如“不好意思我现在手头正在忙,要么这样,我帮你叫外卖,你觉得可以吗?”

再看这张图片,这是台湾的立法会,每年都是这样打架的,我挑的图片算是打得比较文明,我在网上看到过更激烈的图片,他们会打起来就是因为持有不同的意见,想法不一样,意见存在分歧,都要表达自己的意见,都觉得自己是对的,最后造成的结果就是图片上的结果。我们职场不是辩论场,千万不要把职场变成辩论场。在职场上,你和别人存在意见分歧是非常正常的事情,因为有时候别人未必完全是错的,你也未必完全是对的,无论怎么样,有话好好说。当我们和别人抱着不同意见的时候,不要辩论,你有话要好好说。在此我提供给大家五个好好说话的方法,大家可以体会一下。两分法、商量法、析弊法、为难法、借助法。我为什么把两分法放在最上面,因为它是最基础的,另外四种方法全部都是要在两分法基础上才能运用。

两分法就是提醒大家我们要客观地判断问题,要用辩证法看待问题。就像刚才说的,虽然不同意你的意见,但是对方的意见,未必就完全没有可取之处,因此我们在提反对意见以前,你先要表达对方意见当中的可取之处。两分法的具体运用是这样的,比方说你的同事排了值班表,你对这个值班表不是特别同意,你可以这样说:“小王排的值班表,我觉得基本没大问题,流程、时间安排也都非常合理,但是我觉得如果是那样排的话会不会更好。”在你先肯定表达意见之后,再提出你的反对意见或者是不同意见,这样给对方一个“台阶”下,不容易马上产生分歧。你说不行的,你排的时间表一塌糊涂,这样最后的结果很有可能吵起来,这是得不偿失的。所以首先肯定对方可取之处,然后再表达对方的观点。

商量法是我的观点不是由我来表述,而是通过和你商量的形式去表述,这样更容易被对方接受。记得用两分法首先先肯定对方观点。如“这个值班表排的还是有一定道理,但是你看看这边如果做一些修改,会不会更好呢?”这样对方会觉得,好像改一改会更好,他就很自然能接纳你的方案。或者你问他,你看这边是不是做一些改动,你看看这个项目,如果这个地方,是不是有别的方法可以去设计呢?你问他跟他商量,最后逐步把你的意见在商量当中慢慢被对方所接受,这个是最和平的解决方式了。

为难法,大家不要从字面意思去理解,不是为难别人,是为难自己。什么叫为难自己,其实就是让对方感觉你很为难。一般有哪些办法?记得我刚才说的肢体语言,通过欲言又止,通过你的眼神、动作、表情,让对方感觉您对他提出的意见非常为难,如果你的“演技”够好,你的同事马上会问你,你有什么话直说,他说了这样话你再说,刚才你的想法总体是没问题,但是这个地方要做一些改动,这样给双方有一个很好的过渡阶梯,通常情况下为难法就是这样的运用方法。

析弊法,不提自己的反对意见,但是让对方自己知道可能存在的问题。首先还是两分法,先肯定他的意见,大致是合理的,总体上没有大问题,但是如果按照这个意见去执行,可能会碰到哪些问题。首先小王老婆马上生孩子了,很有可能过两天没有办法值班;其次小张过两天考试要考,可能值班不是很方便,你跟他一连串分析完了,对方自己意识到,我再拿去修改一下,你的目的就达成了。但是析弊法大家记住,运用这个方法有两点非常重要,一是一定要摆事实、讲道理,你说的一定有理有据的分析,不能胡搅蛮缠,小王明明还没结婚,你说他老婆要生孩子了,肯定不合适;二是你所说的话都应该是对事不对人,不能针对个人。

借助法一般运用情况就是你要反对你领导的意见,你要反对权威的意见。如果我们初出茅庐,刚刚进企业,我们的意见其实是微不足道,我们凭什么要反对领导的意见,这个时候要用借助法,借助前人意见,借助另外一个更加权威的意见。跟领导说,以前王总那种做法也非常好,借用他人来表达出你的意见,这样更容易被权威所接受,这是关于借助法的一些运用。

在职场还有像这种类似的场景当中会有一些沟通技巧可以一一解码,因为时间的关系,在这里没有办法每一个都拿出来跟大家分享、交流,再次感谢大家今天的聆听,谢谢。

主持人:非常感谢丁洁女士的精彩讲座,接下来进入互动环节,大家有什么问题,可以和丁女士现场交流。

观众:现在每个星期有招聘会,但是我感觉不太正规,我觉得很疑惑。

丁洁:一般来说一个正规的招聘,企业发布的信息首先要正规,怎么判断企业信息正不正规,首先要看招聘公司的抬头,其次看招聘信息,一般来说如果把工资价位拉得很大,比如说 2 000 元到 20 000 元,这一类一般来说可能不太正规;另外他招聘的人一定会跟企业有一定的关联;最重要一点这个企业他招你进去,他不能以任何形式收你任何的费用,无论通过哪个渠道找工作,你去面试以后,先交培训费、服装费,这就有问题。正规的招你进去一定要签合同、缴纳四金。

听众:好像这种企业挺多,也挺疑惑。

丁洁:如果你发觉自己被骗,可以打 12333 进行举报。

听众:我想请教丁老师一个问题,我和同事、主管相处起来总是有些隔阂,怎么把亲和力提升一下?

丁洁:你是刚进入这家公司吗?

听众:是。

丁洁:应该说和他们本身并不认识,我建议你要从最基础做起。人和人之间的关系是互相的,因为你刚进去,他们可能对你并不非常熟悉。你首先让他们感觉到,你是愿意跟他们沟通的一个人。我建议先从每天早上打招呼开始。还记得一开始做的演示,每天早上看到他们以后主动跟他们打招呼,我相信你可能坚持这样做一个星期以后,慢慢他们也会主动跟你打招呼,这就是一个非常好的开始,一步一步融入他们的团队。

听众:我这个人脾气可能属于比较倔犟那种,听不进别人话,在沟通上面有很大的问题。我想问一下,怎么样改进,可能是性格上,或者是组织上,我也不知道错在哪里?

丁洁:其实我觉得你非常清楚的知道自己问题出在哪里,其实你找到这个问题原因以后,你知道因为自己脾气不好,所以很多的事情,你在反应以前,你先问自己,先给自己一段时间静下来,客观去分析问题,我觉得这一点对你比较重要的。如果很多问题,你都不知道由于因为自己脾气不好才造成的,这才是最大的问题,所以我觉得你,经过一段时间的历练,一定会成为在职场相对来说比较受欢迎的人。

主持人:谢谢,接下来最后一个提问,给后排听众一些机会,有请后排橘黄色衣服的朋友。

听众:我做工作的时候,常常感觉自己都已经把事情做完了,一个人做了好几个人事情,而且我自己感觉还蛮好,结果领导做了一个绩效评价时,他总说思路方面比较多,所以他讲话的时候我一般听得多,很少去与他讨论我做了什么事情,因为不好意思跟他讲,我做了哪些事,目前我比较担心的是在别人眼中,他对我的看法,我是不是应该主动去沟通这个事?

丁洁:这位先生是一位劳动模范型的人,做了很多事情,领导也不知道,你也不清楚在领导眼里你是什么样的人。我给你的建议,我觉得你确实需要跟领导沟通,其实领导也需要你每个人手头的工作量,和你们某一个工作做到哪一个进度,因此你在承担这些工作时,你可以刻意跟领导沟通,但是我要提醒你的是,这一类沟通不能太频繁,因为如果太频繁,不断跟领导说你的工作量多么大,会起到反效果,他会认为你是比较计较的人,或者说他会认为你只做这么点事,还不断跟我说,你需要去沟通的是当你在一件比较重大的事情,完成到一个比较关键的节点时,或者做了一个比较大的项目时候,适时跟领导报告,顺便去沟通你多从事一些其他的工作,这样的话效果会比较好的。

主持人:非常感谢丁女士的回答,由于时间关系,互动就告一段落,大家如果还有问题,也可以会后跟丁女士交流,或者可以找现场职业指导专家交流,今天的讲座到此结束,最后用最热烈掌声,感谢丁女士精彩讲座,也请大家将调查表交给场外工作人员,今天讲座到此结束,谢谢大家。

“全职妈妈”职场疑惑与对策

徐翠凤

现为上海市浦东新区就业促进中心首席职业指导师，熟悉职业指导相关理论和实践，擅长对大学生和青年的就业指导，曾多次以嘉宾身份参与上海人民广播电台《职场新干线》节目，获2014年度上海市职业指导师大赛团体三等奖。

各位来宾，各位朋友，大家上午好，今天非常荣幸能有这样一个机会跟大家相聚在上海图书馆参加这样的活动，也非常感谢主办方，能给予我这样的机会，能分享我工作中小小的启发。

在开始今天主讲的话题之前，我想先让大家来看看这两个人，“甄嬛娘娘”孙俪，还有“贝嫂”维多利亚，看到这两张图片，感觉怎么样，漂亮，性感。这两个女性的身材也是非常好的。大家都知道，她们是明星，是演员，但是她们还有一种身份，妈妈，而且是著名的辣妈。孙俪还有一部代表作《辣妈正传》，把辣妈的形象刻画得入木三分、惟妙惟肖，让我们也是大开眼界。也是从成为这个辣妈开始，我们发现很长一段时间，她们淡出了我们视线，做起了全职妈妈，这样的例子其实还有很多，比如郭晶晶，白百合，小甜甜布兰妮等。

我这里有一组数据，这是相关的网站采取网络调研的方式，对全国六千余份有效问卷作出的一个数据统计，我们可以看出，2009 年考虑做全职妈妈的比例只有 14%，而仅仅三年的时间，这个比例已经上升到 38%。这是去年年底上海市科学育儿基地对虹口区 800 户 0～3 岁幼儿家庭做的一个调研，同样的问题，十多年的时间增长了三倍，我们尤其发现那些高知群体，对全职妈妈的认同度、期许度是最高的，考虑到孩子的教育，他们宁愿牺牲几年时间陪伴自己的孩子，亲自教自己的孩子。也是通过这些数据不难发现，近年来全职妈妈的话题，已经成为社会热点，并且期望和选择成为全职妈妈的比例也越来越高，很自然就会有这样一个问题出来，为什么那么多人会选择成为全职妈妈，原因到底有哪些，大家可以想想？有没有愿意回答我一下？这位女士。

听众：因为我嫂子就是全职妈妈，我哥一直在船上工作，一个月基本回来一两次，甚至有的时候三四个月不回来，我觉得成为全职妈妈，可以从客观和主观去看，客观的话可能是形势所逼，没有人照顾孩子，所以不得不做出这样一个决策，要承担这样一个职责。

徐翠凤：就是家里的责任，最主要是家庭原因，对不对？

听众：另外家庭经济环境不错，允许全职。

徐翠凤：总体还是家里的原因。

听众：对于个人主观方面考虑，她比较爱自己家庭，然后可能以家为重，所以她觉得自己给予孩子这种爱。

徐翠凤：她自己可能是职场妈妈，从家人角度出发，因为家里有这样全职妈妈去考虑，看到家庭状况原因比较多。我们来分析一下，真正的全职妈妈，当然家庭原因是非常重要的一个方面，其实实际原因现在特别多，例如，有的人因为怀孕后胎性不好，所以辞职成为全职妈妈，这是身体状况，这也是一开始想法。其次有人产假、哺乳假的原因工作岗位发生变更，产假结束了，回去发现原来的岗位被替代掉了，不开心了，离职成为全职妈妈，尤其是“80后”、“90后”，这是工作状况问题。还有的人本身不是特别愿意去做工作的，自然而然会以孩子为借口成为了全职妈妈，这是自身意愿问题。刚刚说的家庭状况是非常大的因素，家里可能是没有人照顾孩子，经济状况也不允许请人照顾孩子，而且把孩子交给别人又不放心，这样情况下决定成为全职妈妈。其中还有一些社会因素问题，我们社会幼儿教育相对薄弱，也影响很多高知群体，选择成为全职妈妈。当然还有很多这里没有列举到的其他的原因。我们也知道所有的这些原因，成就了我们的全职妈妈。

全职妈妈有非常精彩的，很励志、很幸福的故事。比如我的这位朋友小谭，夫妇两个是大学同学，先生非常优秀，毕业以后很顺利找到一家德资公司，工作不久被公司派到德国去汽车研发工程师的岗位，小谭没有办法，先生去了德国，她只能选择报读德国语言学校做些兼职，一开始比较突然，所以准备工作并没做好，她申请的语言学校，跟她先生公司的地点是在两个不同的城市。我们也知道横跨两个城市，两夫妻又不能不去学、不去工作，要见一面非常难，坐城际火车周末见一面，先生到她的居住地要两个小时左右，自然而然地他们成为了标准的周末夫妇。但是我们也知道有了孩子之后，这个问题就变得非常大了，所以小谭考虑到孩子成长和教育，她只能选择成为全职妈妈，一开始她并不是愿意，但是成为全职妈妈之后，她现在很开心，非常享受这种一家在一起，其乐融融的感觉。我总是会听到她说，全职妈妈成了自己家庭圆满的必要条件。

在我的微信朋友圈里还有这样一位全职妈妈，她是一位创业妈妈，能够创业是非常偶然的一件事，因为她的孩子很喜欢吃甜点，而且非常喜欢卡通、动画，但是我们知道现在的食品安全问题是令人很头大的，尤其对于妈妈来说，我们孩子喜欢，但是又不敢给他多吃，担心这些食品里面是否有色素，这些东西是否会有很多添加剂。在不放心的前提之下，她选择自己去学习、去做小孩子喜欢的甜点，小孩子喜欢的美食，甚至为此参加了很多培训，她从中发现原来自己还有这方面天赋。现在她已经是一位非常成功的创业妈妈，她开了自己的微店，全职妈妈成就了她的职场。

这些有魅力、有能力的全职妈妈，让人羡慕，甚至我有时候会向往她们生活的态度，刚刚主持人介绍过，我是一位职介的同志，所以在我的日常工作中，会有另一种声音。例如，小杨是一位非常优秀的女性，从上海财经大学毕业之后，她非常顺利地进入普华永道会计师事务所，成为一位出色的审计人员，这份工作非常有挑战性、非常有压力，也是这样的工作，在她第一次怀孕，因为工作强度不小心流产了。第二次当她知道自己怀孕的时候，她毅然选择了辞职，考虑到孩子安全，考虑到孩子将来的教育，她选择成为全职妈妈。现在儿子读幼儿园了，她忽然觉得生活没有了重心。她对我说，“老师我现在觉得，我是个‘三等’女人，等老公下班，等孩子放学，等电视剧开播。”比小杨这句话，更让我觉得发人深省的是另一个全职妈妈美美，她的孩子已经12岁了，她说孩子大了，忽然有一天他让你觉得，自己不是他想要的妈妈形象，他会有点看不起你，认为你就是个家庭主妇。

所以这是非常有意思的社会现象。在很多人前仆后继成为全职妈妈的时候，有更多全职妈妈期待的是，重归职场。但是全职妈妈们要重归职场并没有那么容易。我们之前通过一个调研，受访的全职妈妈中，84%的妈妈会觉得全职妈妈重返职场是有难度的，其中26%更是觉得非常有难度，这个原因到底是什么，为什么会这样呢，是什么影响了全职妈妈要回归职场？有没有谁能告诉我是什么原因？

听众：有可能是全身心投入在照顾孩子之后，与社会脱节。

徐翠凤：认为妈妈们“脱节”了。

听众：与社会热点没有及时结合，很难达到良好的契合。

徐翠凤：不好意思很冒昧问一下，你是有感而发吗？

听众：有感而发。

徐翠凤：家里面看到这样的例子，觉得沟通上可能会有点问题，要脱节是不是？

听众：是。

徐翠凤：说得非常好，可能他从家属角度有这样一个感悟，那么我们做职介，我会从企业角度去看，在跟很多企业沟通当中，我们总结下来，其实全职妈妈不被接受，不被看好的症结关键所在这是三个问题：形象、心态、技能。

全职妈妈第一个问题形象。我们刚刚开篇时候看到的辣妈印象，对两位辣妈，还有维多利亚，那感觉是非常赏心悦目，非常好。但是事实上，在我们身边可能更多的全职妈妈，我们接触的是这样一种情况，我有一个卡通这样一个人物来看一看，这个会更多一点。“圆圆妈妈”小沈，她有非常可爱的孩子，胖嘟嘟小圆圆，她认为孩子上学了，自己要找工作，这个妈妈整个给我感觉有点圆润。其实看到她第一眼时，我是脑子里奔出这样一句网上很流行的话，“太太是昔日的白天鹅变成今日的黄脸婆，老公是昔日的青蛙变成今日的王子”。我不知道后半句话是否正确，起码前半句在圆圆妈妈身上比较突出的。我也不知道她是不是当天早上来的比较急，她的头发是乱蓬蓬，手背上还有几粒米粒在上面，给人的感觉是比较乱的。在跟她沟通交流当中，我想太长时间她可能没有谈过找工作这件事，所以表达比较乱，没有明确的目标，也没有期望，但是中间有件事让我印象非常深刻，她带着孩子，三岁小孩子是最好动的年纪，小圆圆在整个过程中总是抓抓这个，动动那个，作为妈妈肯定会制止，但忽然之间，声音一下子拉得非常高，我当时被她吓一跳，原来女汉子就是这么炼成的。总结下来说，所有全职妈妈都看到了，形象上面，因为我们长时间全身心投入到孩子身上，我们越来越不重视自己形象，有一点小零乱，有一点小颓废，更有一点小彪悍。

全职妈妈第二个问题是心态问题。29 岁的小悠是标准的毕婚族，直接从专职学生成为全职太太，又到了现在的全职妈妈，长期封闭在家庭环境中，让小悠和先生距离越来越远。她的情况跟刚才那位介绍的，有点脱节，她慢慢地跟先生谈不上话，开始变得疑神疑鬼，在小悠妈妈鼓励之下，她决定找一份工作，了解外面世界，也不用老盯着先生，也可以多找一点跟先生之间的话题，她是带着这样一个期望来到指导室的。但是在交流过程中，我发现她最大的问题是心态问题。比如对于工作，她的期望值比较高，要离家近，必须朝九晚五，最好下班时间能自由点，方便照顾自己的小孩。当谈到期望薪资时，她说了一句，现在外面大学毕业生都要五千，我其实跟应届毕业生情况也差不多，我一毕业就结婚了，总归四五千块钱也要的。这句话也可以看出来，她自己对期望值并不低，但是另一方面她又是很矛盾的，她不自信，她会觉得自己的专业，自己的技能，一直没有找过工作，那么对这个家庭以外的这个职场、这个社会，她有很多不确定，甚至有点害怕。她会有个疑问，自己能做什么？自己会做什么？这些事情做得来吗？当然谈到孩子，她还有很多担忧和疑惑，她会想如果真的去工作了，那么孩子怎么办，别人能带好自己的孩子吗？等等一系列问题。这些问题让她很忧郁、很纠结。可以看出，全职妈妈面对求职很多时候心态上是这样，她们会挑，希望以孩子为出发点，上班时间和薪资等等都要配合自己的孩子，给孩子更好的条件，但是面对抉择的时候，她们又会胆怯，又会害怕自己做不到，对于孩子也会有很多担忧、放不下。

全职妈妈第三个问题是全职妈妈们共有的硬伤：技能问题。非常有意思一件事，圆圆、小沈还有小悠，跟她们交流的时候，当问到之前学习的专业、技能这些问题，都会愣一下，好像这个问题很突兀，要想一想再回答，当然我们也知道确实职场空仓期太久，让原本不甚突出的技能，显得更薄弱了，会觉得自己技能很薄弱，甚至没有。当然还有另外一种情况。比如小蒋，她中专学的是财会，证书齐全，五年工作经历，从财务一直做到了会计，对于一个中专生来说非常不容易，她很认真，但是后面因为家庭状态，她选择成为全职妈妈，也是五年的时间，所有精力都在扑在孩子身上。所有的时间都花在家庭身上，现在有机会让她重新上岗、重新工作，但是发现很多东西都发生了变化、比如说现在的电脑操作系统和以前完全不一样了，财会软件也变了，甚至有很多规则、条例也发生了改变。面对自己的技能老化，她只能迎头赶上。所以全职妈妈们对于自己的能力有的时候会懵，不知道自己会什么技能，能做什么，还会觉得即使有一定的技能，一定的专业依托，还有一些比较久远的工作经历，但这些都是很弱、很旧的，不符合现在企业需要。

全职妈妈身上最大的问题是形象、心态和技能。我们从来不否认全职妈妈身上存在很多的问题，但是我跟企业沟通交流过，也发现很多录用全职妈妈的公司，都会谈到她们身上的优势。例如全职妈妈很细致，并且把这种细致带到工作上，让领导放心把工作交给她们。全职妈妈很“壮”，办公室换个水、搬个东西，其他女孩不行，但是对于抱惯孩子的妈妈来说，绝对不是问题。除此之外全职妈妈更懂得爱惜、珍惜，用过一面的 A4 纸，会裁成一张张便签，愿意精打细算、节省资源，对工作本身也会好好珍惜，更愿意稳定的工作，更愿意给孩子状态安定的环境。所以全职妈妈工作的稳定性，是所有员工中最高的。当然全职妈妈的自律也是孩子最好的行为教科书，最重要的一点，全职妈妈身上的责任心是最强的，当初对孩子的责任心，让她们选择成为全职妈妈，而今天也是对孩子这份责备心，让她们选择重归职场，这份责备心更让她们在工作发光发亮。

再问一个问题，全职妈妈最关注的是什么？应该怎么样做才能更好的从全职妈妈成为职场妈妈？针对这个问题我们用个案例来说，回到前面的以圆圆妈妈为例，总结她身上一些特点我们看看怎么来做。

首先想到圆圆妈妈，有点胖，头发有点乱，手臂这里有米粒，所以她的形象给我们印象蛮深刻，这个很重要。我提到了在整个交流当中，有点乱，表明她很脱节，她跟不上这个思路，没有明确目标，给我印象非常深刻的是有那么一点小强悍。整个表达比较乱。我在跟她进一步交流当中，我发现她其实还有一些特点，她写字很漂亮。她来的时候比较匆忙，抱着孩子过来了，什么东西没带，我让她填一个完整求职登记表，我发现她写的字非常漂亮。很有意思一件事情，在我夸她字写的很漂亮时，小圆圆插了一句，阿姨我妈妈不光字写的漂亮，我妈妈画画也很好。她是这样说的，因为我女儿她很喜欢画画，我自学一点，发现自己蛮有兴趣，所以学了一点。除了这些之外还有一点，表达虽然很乱，但是她声音非常好听，音色非常美，还有她有一点点专业背景，印刷专业，所以色彩敏感度很好。我们也知道印刷专业，其实对于电脑软件这个方面一些操作，是有一点点基础，当然这个从我职业指导一个角度，我会有这样一个分析。

她整个特点知道之后，我是这样去做的，因为脱节、无目标，所以我对她的第一个要求，是希望她三周之内养成一个习惯，每天必须有半小时以上时间关注一下招聘问题，比如说上海公共招聘网、51job、百姓网等等去看一看，去认识目前招聘市场，看看市场会有什么岗位，合不合适自己，自己做一个衡量、认识。第二个要求，因为她写字很漂亮，声音不错，又是印刷专业的，有一点操作电脑技能基础，所以让她特别去关注这样一些岗位，比如美工、客服、版面设计、网页校对等等，这一类的工作，看看是否有符合自己要求的岗位，看看自己跟这些岗位之间有多大的差距。第三个要求，是我们第一个想到的形象，刚刚说她的形象，也因为她强悍，所以这个事情也必须要改变的，当然因为她表达不太好，技能也并不突出，所以我为她做了一个整体规划，要求她参加工艺美术设计的培训，在这期间也努力适当减肥，一段时间下来整体的效果不错的。全职妈妈的责任心是最好的，她始终以我们的规划作为蓝本去实践操作，我们一起认认真真努力了三个月，从一次、两次的面试不成功，到通过指导再去应聘，现在成功应聘到一份电子商务美工的工作，而且意外之喜这个工作单位离她家比较近，她非常满意，整个状态已经调整得非常好的，这是我比较欣慰的一件事。

我把操作方式再讲具体一点，其实是这样子，我们也鼓励想要重新回到职场的妈妈们，你们可以这样做：

第一步，认识。认识当中可以分成渠道、市场。刚刚说到了市场很多，渠道有哪些，刚刚的网络就是个渠道。比如说职介所这也是一个渠道，人才交流中心、社区事务处理中心、中介，还有周围亲朋好友，其实这些都是我们的资源渠道。有了渠道更要了解市场，现在市场到底有什么岗位，什么公司在招，岗位有些什么要求，要跨进去了解它，自己合不合适等，包括企业文化、薪资要求，最好能有个大致的了解。

第二步，定位。包括能做和想做，想想自己能做什么工作，你的技能、你的能力，什么样的工作是合适自己的，再想想自己想做的又是什么，这个中间是否有差距，这个差距要怎么补，这是第二步需要去考虑的。那么有了这些基础之后，我们就可以试着去改变了。改变刚才说到了，形象上，如果你有点胖，可以试着减减肥，如果太多重心关注在孩子身上，可以试着调整自己的形象跟岗位更配合一下。

第三步是心态。刚才说全职妈妈关注点在孩子，心态上有很多纠结，不放心，有的时候更多是不自信，对这个市场的不确定。那么这个心态可以通过后面一些技巧提升去改变，还有了解市场、熟悉市场从认识上去改变。

第四步是人脉。人脉是非常重要的，我们知道全职妈妈很多时间都是投入孩子身上，跟外面断了联系，我曾经是个职场妈妈，曾有哺乳期，也有产假，我知道这个过程，心全部在孩子身上，可能很多老朋友、老同学、老同事，这些东西都不去关注了，但是如果你要回归职场，这一步以后还是要走的。我们说现在网络非常发达，我们的微信朋友圈每天都能看到很多人的动态，微博、QQ，可以通过重新聚拢你的人脉，当然如果面对面，大家有个互相交流机会，去听听看大家对这个市场一些动态了解，外面发生什么事情，能告诉你的话，这个是最好的。人脉打开，一方面不要封闭自己、脱离社会，另外一方面也是带给自己更多机会，所以大家可以试着去打开自己的人脉。

第五步是作息。这个是非常重要的，全职妈妈习惯自己作息跟着孩子走，早上孩子如果起得早就起得早，我有同事孩子十点睡觉，早上要睡到九点多，我们全职妈妈状态我做过一个了解，很多都是这样，早上跟着孩子一起醒过来，还希望孩子多睡一会儿，下午跟孩子睡午觉，习惯已经养成了。作息是非常重要的，必须去改变。要跟你自己的作息时间走。

这五步整个是一个提升。刚刚说的圆圆妈妈，她的提升是通过培训，因为她对画画这方面有兴趣，适合做美工，所以我鼓励她参加工艺美术设计的培训。如果在座有全职妈妈的，希望自己有这样一个培训，也可以去问问职业指导员，看看自己适合什么样的培训。另外，提升当中还有一个是技巧，这个技巧就是应聘技巧、求职技巧，这个需要锻炼，太多时间柴米油盐，太多时间家务劳动，没有关注技巧，如怎么填写求职登记表，怎么在网络上面应聘，这些都是技巧，包括面试技巧。这些其实也是可以通过训练可以得到的。通过求助职业指导员，通过一次两次锻炼，就像圆圆妈妈一样，一步一步去做。所有这些结束以后，就是实践，时机掌握好了，就可以实践。在实践过程当中可能会有一些问题，慢慢逐步做好一个调整，做好适应，也许在这个过程中，会有与你的期望不符合、不匹配的，那么调整好、适应好再去实践。通过这样子一个过程，全职妈妈求职的一条路会相应地平顺很多，也相信有了这样一个系统规划之后，更多的全职妈妈回归职场是有希望的，也希望今天这一个课程，对大家回归职场会有一定启发的。

全职妈妈很辛苦，全职妈妈也很幸福，全职妈妈是一种选择，从全职妈妈到职场妈妈更是一种进化，希望我今天的关于全职妈妈的话题，能给更多的全职妈妈们有一个启发，愿她们找到更美好的自己。谢谢大家！

主持人：非常感谢徐女士精彩讲座，接下来我们进入互动环节，大家有什么问题也可以和徐女士现场交流，大家有问题举手示意。

听众：徐老师，我想希望你给我们建议一下，如果一名全职妈妈她想踏入职场，花多少时间来准备自己，武装自己，才能够在面试中更有竞争力？

徐翠凤：刚刚这位讲到了，多长时间可能是最合适回到职场，我的建议是这样子，一般最好是三到四个月，刚刚讲到的三个问题，形象、心态，还有一个是技能。其实三到四月，最好化些时间用在技能上面，其实在我们形象、心态调整方面是很快能调整的，但是技能培训，因为很多全职妈妈不知道自己方向在哪里，这是需要一个过程的。如果说太短，可能这方面没有做很好的准备；如果时间太长，我们也知道有的时候会疲劳的，所以用三到四个月这个时间段来武装自己是最好的，希望这个答案是你满意的。

听众：我想问问徐老师，如果我是一个全职妈妈，我没什么技能，如果针对我全职妈妈，我培训哪些技能会比较适合我呢？

徐翠凤：这个问题可能有点大，一两句话直接对你作出判断，学什么技能，我有两点建议：第一点，希望你看一看 12333 劳动保障网，链接到技能培训，你可以去熟悉一下、了解一下，现在有些什么培训项目，看看是否有合适自己的，这个你对自己做一个判断。第二步，请与有关的专家交流，或者私下有交流，或者回头到就近职介所到专业指导老师相互交流，有深入了解之后，你听听他的意见，看看你更适合什么样的职业，是创业好，还是培训好，还是其他的更专业的意见。

主持人：非常感谢徐女士来到讲座现场，和大家分享了有关全职妈妈的精彩故事，最后我建议用最热烈的掌声，再次感谢徐女士精彩讲座。

发现你的性格密码

——九型人格与职业生涯

顾颖丹

上海市九型人格知性导师，LCI危机干预心灵热线资深咨询师，擅长心理学理论的研究与实践，并将九型人格知识运用于青年职业指导，讲课风格亲切知性，洞察犀利，生动活泼，全方位多角度启发职场中人，深入探索自我顺应职场发展。

各位朋友下午好，非常高兴今天可以来到上海图书馆和大家分享九型人格与职业生涯。首先感谢在座各位放弃了休息的时间来到这里，我们用一到两个小时的时间和大家一起分享九型的快乐和魅力。

在生活当中我碰到过各种各样的朋友，他们可能有一些迷惘和纠结，会有许多的困惑。譬如说有的朋友他会问，“我每天工作都特别的认真，第一个到公司，下班也是最后一个走的，家里也弄得很整齐，可身边的朋友就不理解我，感觉我追求完美，要求很高，恨不得我消失。为什么我付出最多，别人却不理解我，就觉得我是多余的呢?”，还有一个朋友说，“我和他同是一个时间进的单位，我的学历比他高，为什么他和其他人关系处得很好，他和老板、同事、客户的关系都比我好。我是名校的毕业生还不如普通高校毕业生职业生涯发展得好。”还有一个说，“我比我朋友都长得漂亮，为什么他们都有男朋友，每一次参加他们的婚礼我都不开心，为什么我现在还是“剩女”，我非常不开心。”现在面对身边朋友感觉压力很大。其实有这样的困惑都很正常，我们都说这是对我们自己不够了解，对自己内心真正要什么并不是很清楚。我们现在问这些问题，其实这个问题都有几千年。在人类有文字记载的时候就开始问这个问题，也就是“我是谁”?

几千年前在古希腊的神庙上就有一句苏格拉底的名言，流传至今，就是“认识你自己”，所以我们可以看到，从古至今，人类从来没有停止过对自我探索的脚步。每一个人都对自己的性格好奇，就像今天你们来到这里参加我们讲座的各位朋友，你们一定也是带着对了解自己，充满着这样的兴趣和好奇。所以我作为九型这门智慧和学问的受益人，今天就和大家一起分享探索自我的过程。

我们今天会和大家在一个多小时的时间里面分享以下三个部分的内容：为什么我们要了解九型？九型性格是什么样的特点？九型在我们职业生涯当中又可以为我们带来什么？

今天你们通过对九型的了解，参加完这个讲座，对自己的了解可以加深对自己未来的方向有一些启发，我想这是最令人期待的地方。

首先我们为什么要学九型？人类在几千年的文明进程当中，一直都没有停止过对自己的探索。这样就延伸出来非常多的性格工具，以及一些测试的方法。譬如说我记得在我父母这一辈的年代，当时他们很流行血型的性格分类。譬如O型血的人开朗，AB型血型的人很犹豫。后来又变成“胆汁质”、“多血质”。再后来到了90年代的时候，那个时候流行动物分类。譬如孔雀型、老虎型、考拉型等。我们知道现在年轻人最热爱的、最喜欢的、最流行的一种性格分类，大家知道是什么吗？星座。

我想调查一下，在座各位知道自己星座的朋友举一下手可以吗？我身边的朋友经常说，我今天碰到什么星座的人，会是怎样的人。现在大家相亲除了问是否有房子，是否有车子，再就是什么星座，我会不会和他有一点不合等。所以我们很好奇，那么九型有什么不一样？

其实九型的发展历史更久了，它起源于中东的古老智慧，到今天已经有四千多年的历史，和我们中国的《易经》差不多的年代。一直到20世纪70年代的时候，这门古老智慧才被引进到欧洲和美国的大学里面。那个时候九型就开始在美国发扬光大了，所以在今天美国的中央情报局把九型人格当做识人的指南。也就是西方的《易经》，包括斯坦福大学、美国一流明校，其中的NBA课程，也是把九型作为必修课程。在最近二十几年，九型人格被引进中国，在中国这二十几年发展的速度很快。我们可以看到全球五百强在中国的企业，很多都是把九型当成人力资源识人、用人的工具。包括《人民日报》也在去年刊登了九型人格的介绍，在官方媒体上，也把九型人格和职业规划结合起来。现在九型人格被越来越人广泛运用，说明它的效果非常好。

为什么九型人格的发展这么迅猛，刚才说了很多性格分类，但是九型是一个古老的智慧，所以九型有一个独特的魅力所在。它最重要的一个优势在于它的精确性。因为我们知道很多的性格分类，它都是根据我们行为表象分类，而九型是根据行为背后内在动机来分类的。这非常的不同，行为它是我们做了些什么事情。而动机它是我们为什么要这么做。这样更加的精确。

举一个例子，譬如我们前面大部分人都知道星座，但是有一个星座特别的红火——处女座。处女座它有很多的优缺点，为什么处女座的人挑剔、追求完美？未必知道。所以我们打一个比方，其他的这些性格分类就是拍照片，而拍照片就可以看到你长得什么样等，这些都是表象。可是九型拍的并不是照片，它拍的是X光片。所以说它是透过你表象看你内心的动机是什么，九型是一个看我们内心的X光片的透视机。

如果我们看行为的话，大家知道有一些分类：外向或者内向，急性子或者慢性子。但是人可能有时候很外向，有时候又很内向的。譬如你可以很安静坐下来看书，可以看很久，也可以和朋友一起出去疯，出去K歌。很多朋友交九型的时候，就问我是什么人格，我觉得我是多重人格。看行为很难了解，不仅了解自己很难，了解身边的人也没有那么容易。我们并没有真正懂身边的人。经常有人说“为什么最爱我的人伤我最深”、“为什么对我最忠诚的人最后背叛了我”。有的人会有这样的体会，就是因为你没有看到表象背后的动机是什么，所以九型的体系当中就可以了解到，为什么一个外向的人同时也是内向的，一个急性子的人有时候也会拖延，有忠诚的同时也会怀疑。因为一个是核心，一个是主干，它把行为变成一个体系，让你精确地发现你真正内在的部分，这个体系我们用什么去形容它？

这个图是冰山，冰山上面就是我们可以看见的部分，就是我们讲的这些行为。大量看不见的部分在冰山的下面，海水下面就是我们看不见的部分。所以我们平时对自己的了解，都是在行为的层面，也就是你自己工作生活的一些环境，你受到的教育，你的一些职业习惯所赋予你的特点，行为上的特点。可是大量的，超过95%其实都是在冰山下面的，这个部分非常重要，它是我们真正的潜能所在，也是我们内心真正的渴望所在。可是这个部分，我们要了解是非常难的。

很多人一辈子可能都没有活出这个部分，所谓的天才都是把自己的潜能和优势发挥到极致的人。但是一般的人很难发现，因为我们从小到大，为了要适应这个社会，适应环境，我们要满足别人的期待，要在意别人的眼光，所以我们就会戴上很多的面具，扮演很多的角色。在家里要戴家里的面具，在社会要戴社会的面具。这就使得我们都已经不知道自己是谁了，就更难发现自己真正的需要是什么。所以说，要挖掘冰山下面是非常的难，九型就是这样的工具，它可以帮助我们去探索这个部分的自己，你内心真正的渴望是什么。

我们看到有一些人，他们对自己的工作非常擅长，他们的知识特别适合他们的工作，但是他们并没有激情，因为这并不是他们真正想要，他们内心的渴望的并不是这些。所以他们并不全身心投入这些工作，可以说很痛苦。如果自己很顺应自己的感受，顺应自己的需求去工作、去做事，去和人相处。那么这个人的幸福感就会很强，会更加容易成功。有时别人看来好像干的很苦很累，可是他们却乐在其中，因为这是他们真正想做的事情。

我们说了这么多，就是告诉大家，我们今天所要聊的九型，所要聊的冰山下面的这一部分，帮助你去看到的这一部分是真正的自己。

接下来，我们就要进入今天主要的内容：九型到底是什么。九种类型，它们有哪些基本的特点和表现的形态，九种特点所在的职业发展方面，大致的方向又是什么？我们来看一下。

海伦·帕尔默是九型分类说中最高的大师，也是九型的口述鼻祖，他说九型最大的优势就在于它的精确性。在座各位有没有上过两到三天九型课程的朋友？如果你上两到三天的课程，你回去一定会做一件事情。当你碰到你身边的人，譬如你的老爸、老板、老妈、小孩，就会开始贴号。坐出租车的时候，也会看着出租车后脑勺也会贴号，上洗手间听旁边的人声音也会贴号。

我们靠谁去了解自己的类型，你要靠自己探索，这个过程是非常珍贵的过程。当你发现是哪一个类型的时候，你会一下子发现自己的性格模式。这是一种顿悟的感觉，你一下子就会了解你的人生经历，找到很多行为背后的原因，过去的一幕一幕就会像拍电影的一样在你眼前呈现。这个过程很美妙，我们不要相信别人对你分类，要靠自己的探索。

我们接下来看看这张九型图，这上面有九种类型，还有一些箭头、联线，这就是九型系统。很多人就会问我问题，他们刚接触九型就会说。我们每一个人有几个型号？或者是型号会不会发生变化？是不是先天？型号有没有好坏？很多这样的问题。首先最重要的一点，九型是冰山下面的这一部分，所以每一个人知道一个型号，在行为上你可能看书，你可能做测试，你感觉很多行为都像。行为是千变万化的，但是万变不离其宗，越往下，越在底层，是不被你的行为、价值观、环境所影响的，“真相”只有一个，每一个人只有一个类型。型是否有好坏的区分？譬如我碰到的一个学员以前的男朋友是 3 号，婚姻出轨了，就认为所有的“3 号”都不是好东西。其实型没有好坏，1 号到 9 号都有可能是国家总统，但是 1 号到 9 号也都有可能是被关在监狱里面的罪犯。所以型号本身没有好坏。

我们刚才说九型更倾向于先天，是与生俱来的特质，九个类型就是九种天赋，本能。如果你在这个类型，你就是这个职业的水平，其他都是业余，其他人花再多的钱和精力培训都不一定能到你这个程度，这就是先天的部分。也有人问，“老师我觉得以前我是一号，现在我改变了，现在我变成了七号”。我们说型号不会变，可是我们为什么知道我们的型号，我们还要进修。

譬如九种类型是九颗种子，你是苹果的种子，你结出来就是苹果的果实；如果你是香蕉同样，可是你不会从苹果变成香蕉。苹果也分好苹果、差苹果，但是我们知道是哪一个品种之后，我们就可以把我们的果实变得更好，更健康，更甜，更有水分，更饱满。这个就是知道自己型号的意义所在。

像这些箭头，就是我们动态的变化和我们的发展方向，但是这个部分，我们今天没有时间去展开，在我们详细课程里面都会有具体的介绍的。所以我们只是简单地介绍以下这九种类型的人格，到底是什么样的：

一号叫完美型，当然我们说，名称只是一个代码，只是帮助我们记忆的。但是名称无法概括这个类型的内涵，所以我们可以叫它完美型，也可以叫它改革者、规则型。因为一号最渴望的是做对，最恐惧的是做错。所以一号每天都会关注哪里有错。

二号叫助人型。因为二号最渴望的是有没有人有需要，最渴望的是被爱，被别人需要。最恐惧的是没人需要他。所以二号始终关注的是身边一些人，他们需要什么。

三号叫成就型。因为三号最渴望成功，最恐惧失败。所以三号关注的是哪里有机会，哪里有目标。

四号叫自我型。因为四号最渴望活出与众不同的自己，最渴望自己是独特的。四号最恐惧的是平凡、平庸。所以四号总关注生命当中缺失了什么。

五号叫理智型。因为五号最渴望知识，要懂得更多的知识，最恐惧的是无知，所以总在关注还有什么不懂的地方。

六号叫疑惑型。因为六号渴望安全，认为安全最重要。最恐惧不确定性，担忧潜在的问题和风险。所以六号最关注的就是危险在哪里，问题在哪里，

七号叫活跃型。因为七号最渴望的是快乐、自由，所以最恐惧的就是被束缚，被限制。所以七号眼睛一睁开就关注哪里有好玩的。

八号叫领袖型，最渴望的是掌控。

九号叫和谐型。九号什么都不关注，因为无所谓。所以最恐惧的就是冲突，不平静。

所以九种型号就是九种不同看世界的角度，我们叫九型人格也就是说每一个人都是在自己格子里面看这个世界，就可能会格格不入。但是我们都以为自己看到的那个世界就是真相。

现在各位朋友注意一下，我们来做一个小小的互动，你们现在每一个人伸出两只手的食指，现在听我的口令，搭一个“人”字。大家看看这个“人”子是给谁看的？大家有没有看见，刚才你一开始搭的“人”是给谁看的？是给自己。这就让我们发现，每一个人是不是非常执着地站在自己的角度看这个世界，所以你就会发现别人看到的世界和你看到的，其实是不一样的，这就是冲突和误会产生的原因。

前一段时间互联网上有一个贴子很热门，叫“蓝黑、白金裙”，有人觉得是蓝黑色的，有人觉得是白金色的，吵的不可开交，国外有对情侣甚至因为这个事情分手的。我们都非常坚持自己看到的才是真相，无法相信别人看到和自己看到的是不一样的世界。所以学了九型，你就知道，这个世界上有九种看世界的角度，而其他八类人眼中的

世界跟你所看见的世界是不一样的。我们就来举一个例子。

这个九型里面的一号和七号，这两个类型结为了夫妻。一号看的世界是黑白分明的，要么黑要么白。所以一号的格子是最规整的，那个格子长得很有规则，因为一号很有规则。七号是活泼型的，所以七号是讲究自由的，没有约束，七号的格子很有个性，不规则的。那么这两个类型结为夫妻会发生什么问题。

七号每天回家一进家门，鞋就随意一放，然后一号说这个鞋子要放在第二层最左边。然后，七号把袜子也随意一扔，一个在东一个在西，然后一号就说，袜子放在某一个抽屉某一个格子里面。由于七号每一次都做不到，所以两个人每天为这样的事情争吵。一号想不通，怎么就有人做不到。七号则认为我在自己家里一点自由都没有，自己娶的不是老婆，而是娶回来一个管家。两个人一直吵架，一号很痛苦，现在老公经常在外面喝酒，也不肯回家，让他做什么都不做。有一次一号要出差，结果老公跟她说，你终于出差了，这一下好了，我把袜子扔在锅里都没有人管。

所以你学了九型就会发现，很多夫妻吵架其实是因为性格的原因，如果你知道性格的差异，你就能够化解这些冲突。待会儿大家就可以看到，九型对于夫妻的关系是四两拨千斤的作用，非常的有效。

职场也是这样的，在公司里面同样一个事情，分别给两个人布置，结果是不一样，给两个人同样的激励方式效果也不一定好。有的类型就是喜欢压力，比如三号。但是有的就喜欢支持，你支持他，他才会为你卖命，为你考虑周全，比如六号。三号和六号这两种类型就是搭档，同样开拓一个新领域，三号的反应就是这个机会一定要把握住，过了这个村就没有这个店了，赶紧往前冲。六号则要等一等，天上不会掉馅饼，这可能是陷井，要慎重。

有一句话叫换位思考，可是你自己站在自己格子里面换不了位。你自己想吃鱼就拼命把鱼鳃给对方，但是对方也想吃鱼肉。所以九型在职场的运用就是沟通和怎样化解这个冲突。

接下来我们就来看一看这九个类型，他们看出去的世界到底有什么不同？是什么样的九种世界。

首先来讲一号，在讲一号之前想采访一下大家，第一个问题是这样的，从小到大，有没有人约会从来没有迟到过的，考试从来没有作弊过的，过马路从来没有闯过红灯的。这些问题只是让大家明白一号有一个特点，一号是九个类型里面最自律的类型，因为一号每一件事情都要做对，是非常讲原则的。所以一号最怕出错，所以对一号来说就有一个天赋，也就是他发现错误的能力名列前茅。比如你们拿起一张报纸你们先看什么？标题头条。而一号拿起报纸看错别字，并不是一号拿起报纸想要找错别字，而是他一拿起报纸，错别字就自动跳出来了。

我碰到有一些一号说我跟人家约会，不到一秒钟就知道他鞋上有没有灰，校对工作对我们来说难度大，但是对于他来说就如鱼得水。我有一个朋友，我当时没有学九型，因很久没有见就约在一起吃饭。我见他第一面，他说的第一句话，我至今难忘，"好久不见，你头上长了四根白头发。"我学了九型之后，了解他并不是要找我的错，是我的白头发跳出来让他看见。所以一号太容易发现错误。大家平时出差、旅游，住酒店用完毛巾就随手一放，但是一号会用完毛巾叠得非常整齐，有棱有角地放在地上。有的酒店客户经理就打电话给他，你把这个毛巾叠这么好，放在地上有什么特殊意思？然后他说放在地上表示用过。一号对自己的要求很高，他对别人的要求也很高，尤其对他喜欢的人要求更高。所以如果一号爱上你的话，他会开始批评你，因为他希望你跟他一起进步，所以你学了九型你就会理解了，很多时候行为背后原因到底是什么，他是想让你跟他一起进步。

大家想一想在职业上面什么类别工作适合一号？细节的，讲究正确度的。如果让一号算帐，他肯定不会算错。所以一号对会计、财务、质量检验、法官、公检法之类的职业很适合。

接下来我们讲到二号，二号是职业助人型的。因为二号的注意力就放在别人的需要上。比如二号进这个会场就会跟旁边人说，你带笔了没有，我带两支；你口渴吗，我带两瓶水。他会一直关注别人需要什么，如果你身体不舒服，二号马上可以感受到。所以二号是抓紧一切机会帮助别人。

我身边有一个朋友，他是二号的类型，他有一个最好的哥们儿开工厂，资金周转有问题，然后就问他借钱。二号二话没有说就打了 50 万到账上，说好三个月还的，结果半年还还不了。二号就说，每一次看到他就只能绕着走。我说不对呀，他应该看到你绕着走，怎么是你。然后他说你不知道工厂出问题，现在还不了，你说看到我的时候，他有多尴尬，多难过，所以我只能绕着走。所以大家明白二号发生了什么吗？

所以大家想一想，二号更适合技术类的工作，还是跟人打交道的工作？打交道！所以是服务业有很多二号是会很棒。客服、秘书这些跟人打交道的工作都很合二号性格。

三号叫成就型，我们知道三号很渴望成功，三号觉得自己要么不做，要做就做第一。所以三号很有竞争意识，很适合做销售。如果你随便拿一样东西给三号，三号一分钟之内就可以让你相信这个东西是全世界最好的。但是同样一个东西他也可以让你相信这个东西是全世界最不好的。三号有一个天赋叫变色龙，三号面对不同的人，不同的事物，不同的环境可以迅速切换自己的角色。

三号对两个人说话，一个人刚失恋痛苦不得了，另外一个人刚生了儿子开心死了。三号可以同时用两种不同的状态跟他们说话，这就是三号非常厉害的地方。所以三号取得成功会让别人知道，三号恨不得在自己的额头上写上四个字“成功人士”。所以三号说，“我宁可死在鲜花和掌声的成功道路上，不怕艰难万苦，就害怕死了也没有人知道”。所以三号很害怕自己平庸地就度过了一生，很难面对失败。三号对于目标是弃而不舍，义无反顾的。

我身边有一个三号，是最近上课认识的，他是做销售理财经理，这个工作很适合他。他很执着，大家每天都会接理财产品电话，他也是理财经理。他知道我是讲九型的老师，他很想推销产品给我，就关注我的朋友圈，就帮我联系一些合作项目，然后节假日的时候来问候我，隔三差五给我发一些理财产品微信，我并没有理他。直到有一天发生了一件让我非常震惊的事情，有一次朋友去新西兰玩，就拍了一张绵羊的照片，我就发朋友圈，说“我的梦想就是每天的生活和你在一起”，然后第二大他就在我上课的教室里，手上就拿着一只长毛的绵羊送给我。诸如此类，最后我买了产品。有人说三号为达目的不择手段。三号说不是的，我们是为达目的会想尽一切办法。对三号要用正面词汇，是打不死的小强，是自我激励的榜样。所以三号适合去做很有挑战的工作。

四号叫自我型。四号的感受特别的丰富，跟着感觉走。比如梁朝伟、张国荣、周迅、王菲他们都很犹豫。四号一天可以有一年四季的变化，上午是烈日炎炎，下午就是狂风暴雨。四号的情绪波动这么大，为什么不说。四号说，我不说你应该懂，你不懂我说了你也不懂。一般人听一首音乐只能感觉很好听，但是四号就可以听出特别丰富的内涵，听出这首音乐唱出内心深处的呼唤。林黛玉就特别像四号，所以说四号特别想和大家不一样。三号是不成功宁可去死，四号则是不独特就生不如死。

乔布斯就是四号，所以乔布斯的苹果的产品是不是与众不同的，和其他的产品全都不一样，他要做世界上独一无二的东西，特别有创意。所以四号很适合设计、有创意的、灵感，这些艺术类的工作。

五号叫做理智型，五号很想要知识。五号喜欢研究，理论、概念、资讯，五号追求深度，想知道一切事情的原理，时间从什么开始；人从哪里来的，要到哪里去；地球为什么悬挂在宇宙中等等。五号不怎么看电视，五号一回家就喜欢钻书房，特别喜欢看书，不仅书房有书，床头、洗手间哪里都有，他饭可以不吃，书不可以不看。所以他干什么事都需要买一本书。如果谈恋爱就会买一本谈恋爱的书，他烧菜就会买一本烹饪的书等等。五号理论很厉害，可是跟人的互动就可能有问题。

六号叫疑惑型。在中国六号是最多的。因为我们现在的环境问题很大，空气、水、食物都不太安全，雾霾问题这么严重，哪一个类型最坐不住？六号！六号觉得什么都不重要，安全最重要。所以六号一进这个会场首先要看一看监控系统有没有，消防系统有没有，消防通道在哪里，万一有突发事件，从哪里撤离。所以六号永远防患未然，他总想着万一会怎样。

七号叫活跃型，最希望开开心心。七号二十岁前就想明白，人生都是一场梦，一样做梦还不如做得美一点。所以在生活当中非常容易发现七号，因为七号一看就是一个开心果，非常活泼。人没有到就听到他的笑了，所以没有什么事情会让七号忧愁很久。

七号特别适合策划，特适合头脑风暴什么的。所以像广告、公关、创意这些工作，就比较适合七号。

八号叫领袖型，八号是很有力量的一个类型，很有英雄气概，喜欢路见不平拔刀相助。八号都喜欢自己掌控，自己拿主意，就算是错了也要听自己的。

九号叫和平型。“我要和这个世界温柔的相处”，九号的速度比三号、七号慢三倍、九号不喜欢变化，不要和九号谈改革。九号希望日复一日，年复一年，这就是九号的生活方式。所以九号受不了压力，九号经常会说“无所谓”、“顺其自然”、“随缘”、“没什么大不了”。团队里面九号很重要，九号是润滑剂，不管是公司，还是家里，你的朋友当中如果有九号，那么会很和谐。所以《西游记》里面沙和尚就是九号。

我们看到九种类新是基本的特点，大部分的人就简单介绍，越往深就需要花时间体验，就概括给大家说一下。

这是九个类型的人去吃饭，大家看看这是几号。有一个类型坐下来就说服务员点菜，服务员买单，这是几号？八号。坐下来就看环境，这个灯很有品位，这个老板穿的很漂亮，这个碗青花瓷做得很有感觉的是四号。给大家端茶倒水的是二号。还有一个类型这个台布好像没有洗干净，地上还有油渍，这个服务怎么样，一号。你们的包放好，听说这里很多人容易丢东西，六号。你们吃什么我们吃什么，没有关系，九号。给我来一个烧茄子，我最爱吃烧茄子了，七号。

如果你要搞一个什么聚会，最好带七号，如果带五号，你会发现厨房在准备而客厅一群人则在思考一些事情;如果你叫了四号过来,你在厨房里听到客厅里面一点声音都没有,跑出去一看,每一个人都看天花板;你叫了二号,客厅人都没有,都在厨房帮忙,一个黄瓜四个人洗。如果带一群七号人来就很棒,但是这个聚会结束后,你们家应该就要重新装修了。

我们说九种类型,每种类型的人看到的世界是非常不一样的,都是站在自己的格子里面去看这个世界。

最后我们就看九型是如何应用的。如果不了解自己,不知道内心需要,也不知道别人需要,不管是我们自己还是我们的感觉,职场关系、亲密关系都很难取得很高的成就。九型不是用来搞定别人,而是用来处理好内心和外界的感觉,如果把自己的内心和外界关系处理得和谐,那么你和你的家人,和你的同事,和你的老板都能够更好地和谐相处,这样才可以有更高的成就。所以这就是让我们看到自己怎样去了解到你自己最内在的需求,这是很重要的。

最后以我自己的例子分享一下九型在职场上的应用。我自己的职场上的经历会给大家启发。

我是在比较严格的教育下成长的,从小父母就要我考大学,进名校,毕业之后学英语,毕业第一份工作就是在政府机关做翻译,这个工作是铁饭碗,也很对口,但是我很不适应这个氛围,我总觉得自己融入不了,待人接物如坐针毡,内心觉得不快乐。后来去了外企,在通用汽车和麦肯锡咨询公司,最后做到总裁的助理。在旁人看来这是是非常好的工作,可是我还是觉得这不是我内心想要的,我缺乏动力,觉得这不是自己想要的,可我想要什么自己也不清楚。那个时候我的家人非常不理解我,甚至说,你如果再辞职,就不要再做我们的女儿了。情况非常的严重,我身边的好朋友,他们也非常不理解我,他们都觉得我是从外星球来。那个时候我很讨厌自己,因为很多现实生活的物质的追求,那些名利等,都不是我真的想要的,我搞不清楚这个问题。

在一次偶然的机会,参加了九型的课程,三天工作当中我就发现我的类型,其中有一个类型,每一条都淋漓尽致地描述我的性格。那个时候我的感受是没有办法用语言来形容的,那种惊讶和感动,因为我一直觉得没有人可以真的读懂我这个不像地球人的人,我居然在另外一个人口中很系统化地把自己的性格特点都讲出来了。那个时候的感觉,我感觉自己当场就被深深的治愈了,我接纳了自己,为什么别人看起来好的部分,我自己不满足。我开始和身边人分享这个学问,很多人都受益了,因为他们不了解自而感到痛苦迷盲,他们觉得很有帮助。所以那个时候我就决定做一件事情,我要把它作为我的职业,我的事业,我就要传播这个学问。因为如果这个学问传播得好,也许会让很多和我一样的人,可以少一些痛苦,少走一些弯路,可以真的清楚自己要过什么样的生活,感到也会更加的和谐。当我从事这个职业的时候,我每一次站在讲台上分享九型,让大家明白职业生涯的广阔,我内心感到这是最快乐,最有意义的事情。所以我想,因为我自己的类型,我是一个偏情感,偏感受的人,我选对了自己的职业、如果我们的内心需求,我们的兴趣和我们的职业是高度一致的时候,那你就更容易取得成功。

每一个人的职业生涯都很短暂,也就是三十年左右,如果说能够早一点发现自己,你就可以早一些明白你真正适合做的事情,生命只有一次,我们耗不起。只有我们内心和外界更加一致,更加和谐的时候,那么我们才能够真正过得非常的幸福。

人生就一是场旅行,找回自己的原点,找回自己的根,早一刻发现自己,就早一刻找回真正属于你的生命,属于你的天赋潜能,属于你的未来方向,你才可以真正绽放自己。生命的根本动力就是成为自己,因为你不比任何人差,就是等着你发现原来就很美好的自己。就像前面说的冰山,当冰山溶化的那一刻,就是冰山底下真正自己苏醒的时刻、复活的时刻,那个时候所有潜能都因为你的复活而焕发出来。

今天这么短的时间,我们说九型入门容易,但是真正深入下去,是非常困难的,不可能两个小时就让大家完整地去了解整个体系。因为时间的关系,只能和大家交流到此。非常感谢大家。

主持人:非常感谢,接下来就是互动的环节,大家有什么问题可以和顾女士现场交流。

听众:谢谢顾女士精采的演讲,我想请问一下,人是复杂的,那么九型人格能不能把所有人都可以这么区分,是不是有一点简单了?

顾颖丹:首先就好象我们人要分成男人和女人是一样的,他只是从另外一个角度去分类,每一个人都可以找到你其中的类型。但是我觉得我更欣赏一种说法是,你就算不知道你的类型,你也按照这个类型生活。如果是二号,他也不知道自己是二号,可是他就是一直很关注别人的需要,别人开心他就开心,别人难过他也会难过,别人有需要他就过去了,可是他并不知道自己是二号。我们知道自己类型最大的意义是什么?也就是你就明白你“自动化”的模式是什么,明白你的天赋是什么,就是为了让你发现自己的潜能和天赋,同时你就会有更多的自由。因为本来二号看到的世界就是二号眼中的世界。当他知道自己是二号的时候,就可以拓宽自己的眼界,他可以看到除了自己世界之外更宽的地方，这是更大的意义。不是分类，是自我的修炼，可以让自己变得更好。

听众：我想请问一下，九型人格没有必要，用真诚打动别人就可以，自己心中的想法和别人交流就可以了。这九型人格我到现在还不明白。

顾颖丹：我们说九型是博大精深的一个学问，他之所以那么精确就是系统很庞大，今天只有两个小时的时间跟大家概括九个类型大概是什么。完整的课程当中，每一个类型都有很详细的探索，这个时候才可以真正感受到，体验到。

听众：我想请问一下，现在小孩子高中阶段需要职业规划吗？我想请问一下，您的课程当中有没有高中生的性格了解，由于社会的问题，比较复杂的，我们也不懂，到底是哪一些，我感觉听了一下有很多性格都有。有没有关于小孩子性格方面的探讨？

顾颖丹：对于小孩来说，最好是您先了解自己，您了解了自己的类型，再观察他会比较好。因为我们比较建议到二十岁左右再去了解自己的九型会更好，因为这个时候我们有自我观察的能力。但是二十岁以下自我观察能力还没有那么的完善，作为家长，您可以自己先了解。当您了解了之后，您可以去发现他的性格可能是什么样的。九型在职业规划上会给您起到参考性的作用，如果您真想要明白他职业，我们这里还有职业指导专家。九型是从性格的角度帮助您去参考和启发。

听众：您好。前面您提到第一个性格，我是白羊座的男孩子，您刚才说是非常完美的人，我的第一场恋爱，就找了一个“女汉子”，过马路从来不看红绿灯。像我这样个性的人，是非常要求完美的，我想请问像我这样性格的人，应该找九种性格里哪种性格的女朋友。每一次女孩子都是主动约我，我都很无奈，真的是很无奈，最后分手、痛苦的是我。

顾颖丹：首先是这样的，我们可能星座里面会说哪一个星座和哪一个星座配，但是九型没有说哪一个型号和哪一个型号配，家家都有一本难念的经，我们的号也是。不管是苹果还是香蕉、橘子，相互之间搭配都有问题，因为都是不同的。但是我们要把自己变得更好，并且要知道，你这个苹果再怎么长得好，你也想要找一个更好的橘子，你要了解这个是橘子不是苹果，这样你和谁在一起都很好。前提是你要明白自己要的是什么，这个很重要的。这样基于理解的情况下，不管和几号在一起，都是幸福的。

主持人：今天的会议到此结束。

透析职场裸辞风

孙海芳

现为上海市杨浦区首席职业指导师，“扬帆职业指导工作室”主要成员，熟悉各类用人企业招聘流程，致力于企业招聘标准和择才效率的实践和研究，对青年求职面试技巧等颇有心得，曾荣获2010年杨浦区“五一巾帼奖”。

尊敬的各位来宾、各位朋友，下午好。我是孙海芳，来自于杨浦区就业促进中心，是杨浦区公共服务中心的一位职业指导师。

今天很高兴再一次来到东方讲坛，这是我第三次站在这里，和大家面对面做交流探讨。开始之前，请大家欣赏一首歌曲“重来”。这首歌是电视剧“裸婚时代”的主题曲。我相信很多听众朋友看过这部电视剧。这部热播剧反映的是当下青年人的一种裸婚现象。什么是裸婚？指现在青年人不买车、不买房、不摆婚宴，甚至没有戒指，直接跑到民政局领张证就结婚的新的结婚方式。当下，“裸”是一个非常热门的字，很多字与它连在一起成为网络流行词。让我们一起来看一下。

第一张图，裸妆。很多男同志对此不熟悉，但是女同志，特别是爱美的姑娘，对裸妆特别感兴趣。化妆的最高境界是什么？是别人看不出你化妆的痕迹。很多韩剧里的女主人公妆面清新自然，那就是裸妆。

第二张图，裸官。裸官是指某人在国内当官，把自己的配偶、子女送到国外，一个人在国内。裸官贪污腐败的风险系数很高。有新闻报道，国家对此查处力度非常大，一些重要的部门对这些裸官是不录用的。

第三张图，裸年。在座朋友可能对裸年感受不深，一些机关、事业单位、大型国企央企，以往他们薪酬不如五百强的外企，但福利好。自从中央八项规定之后，原有的福利全部取消。比如说原来过年可以发年货，领一箱水果，现在没有了。以前可以同事聚在一起吃年夜饭，现在也没有了。所以称为裸年。

最后一张图片，裸考。在座有很多年轻的面孔，我相信有人有过裸考的经历。有两种不同的裸考，第一种拼的是实力，我“肚子里”有才华，不用临时抱佛脚去复习，可以轻松去考场考试。第二种也拼，不过拼的是人品，就是运气。不通过努力，期望在考场中胡乱选择答案而通过考试。

回顾以上内容，裸婚、裸妆、裸年、裸考，这一些热词宣告着我们进入了“裸”时代。在职场，也悄然刮起“裸”风潮——裸辞。今天我与大家探讨的主题：裸辞。主要讲四个内容：第一，裸辞的定义和现状；第二，裸辞折射出什么问题；第三，裸辞行为可能会造成的成本；最后，将针对不同类型的裸辞者给出建议。

首先我们简单看一下，“裸辞”的含义。裸，原来的意思是指露出、没有遮盖，放在词里有一个引伸的含义，没有准备就做某事。譬如裸考，指没有准备就参加考试；裸赛，指没有热身就参加比赛。“辞”具有不接受，请求离去之意。例如辞职，一般是指职场人没有在任何准备和规划下，不计较后果的一种辞职行为。

接下来请大家看一段视频，进一步了解“裸辞”的现状。（视频）

视频最后一句话印象深刻，现在裸辞行为就像吃了兴奋剂，又像吃了安眠药一样，开始感觉快乐轻松，事后副作用很大。对此，视频中有明星、老百姓以及专家等给出不同的观点和看法。时下这股裸辞风潮有一个明显的年龄特征，主要以“80后”、“90后”为主，尤其当下职场的新生力量，“90后”已经成为这股风潮的主力军。当代的青年人和我们的父辈们就业观念完全不一样。我们父辈们所处时代是计划经济，在那时代求职中个人是没有什么话语权的，都是统筹分配的。所以那一代人推崇的是稳定的、终身制的工作。他们不会考虑辞职，更何况裸辞。在国外，许多书籍上把这个特有的就业观念或者就业形式，称之为从摇篮到坟墓的终身制。一个人一踏入社会，从事一份工作，一直到退休，进入坟墓。

但是现在的青年人是什么样的就业观念？现在的青年人有个性，他们向往自由，这种性格和这种观念在他们的就业方面得到明显的体现。在刚才的视频中，提到一部电视剧《北京爱情故事》，我相信有人看过。很多年轻人看了这部电影后会有裸辞的冲动，更有些青年就直接效仿剧中的人物——裸辞。为什么那么多青年人有裸辞的想法？或者说把它落实到行动？除了他们个性向往自由外，主要是主流媒体宣传和传播的价值观念对他们也有很大的影响。

我们来看几个例子，在电视剧《北京爱情故事》有这样一句话：“青春的岁月里，其实应该干几件疯狂的事，干几件即使满头白发时，想起来也会热泪盈眶的事”。青春、疯狂，趁年轻制造一些年老时可以回忆的事情。

李宇春，很多“90后”、“00后”的偶像。她唱了一首歌《再不疯狂我们就老了》，呼吁年轻人趁着年轻疯狂一把。无独有偶，在国外有一个作家出了一本书，名叫《再不疯狂，我们就老了》。他在书上罗列了疯狂清单，比如跑到拉斯韦加斯找个陌生人结婚，第二天离婚。在家挂张地图，投飞镖，命中哪里就去哪里。郭敬明的作品《小时代》，影评虽差，但票房极高，“90后”都很喜欢这部作品，为此贡献了大量票房。这部电影的主题曲《时间煮雨》中有一句歌词，“天真岁月不忍欺，青春荒唐我不负你”。很多年轻人，把青春和荒唐这两个字划等号。因为我青春，所以请允许我荒唐。他们认为，在年轻的花季雨季里，如果没有疯狂、荒唐的事，就对不起我的“青葱岁月”。

大量的媒体影视剧传播的价值观念，影响了许多年轻人，使他们认为，我在我的一生当中，至少要有一场说走就走的旅行，要有一次说不干就不干的“裸辞”。平时都是老板炒我们鱿鱼，今天我要对老板说：“我不干了”。把一些平时在职场压抑的心情发泄出来，既潇洒，又有腔调。有人在网上做了一组调查，问你敢不敢成为裸辞一族？受访的四千人当中，有三千人选择了“敢”，九百多人选择了“不敢”。而选择“敢”的三千人当中主要是“90后”和“80后”。另一个项目调查“裸辞去旅行”显示，调查对象中有44.23%的人选择赞同，认为人生要有一次奋不顾身的旅行，一定要体验一次。从这两组数据当中可以看出，“裸辞”现在已经不是个别年轻人的想法，而是现在年轻人普遍认同的一种观念。

虽然“裸辞”和“跳槽”都属于离职辞职的行为，但在细节上存在很多差别。首先是顺序区别。“裸辞”顾名思义没有找好下家，辞职行为在于先。跳槽则找好下家才能跳过去，辞职行为在后。从这个意义上说它们的顺序不一样。但顺序是很重要的。有的时候顺序变化，事情的结果就不一样。

第二个是目标区别。“跳槽”的人至少找一个方向，先不讲跳槽的方向对不对、准不准，但是他至少有短期的目标存在。“裸辞”的人往往只知道自己不要做现在的这份工作，至于裸辞之后干什么，想接着做什么工作，是没有打算的。也就是说裸辞的目标意识模糊。从刚才两个比较可以看出，“裸辞”的风险系数比“跳槽”更大一点，因为辞职者没有找到下家。今天讨论的不是裸辞这个行为。裸辞不能说应该或者不应该，每个人的价值观念是不一样。在这我跟大家探讨的主题是，有那么多人去“裸辞”，这个“裸辞”反映出我们年轻人身上的哪些问题？这些问题应该引起的注意和反思。

我是一名职业指导师，在日常工作中，接触最多的就是求职者。很多求职者到我这儿，只有一小部分是在职的，想在辞职之前到职教所了解一下市场，找好下一份工作再辞职，但绝大多数的人到我这来，都是处在失业状态，其中大部分都是“裸辞”者。这些“裸辞”者，不像电视剧电影当中，很潇洒，辞职后会出去旅行。这些现实生活中的“裸辞”者，辞职理由各式各样，我做了归纳和梳理，可以分为三种。

第一种，冲动是魔鬼，失控型裸辞。

案例1：小吴，男，1992年出生，大学专业是工商管理。用小吴自己的话讲，找工作的经历简直是一部愤怒史。毕业实习的时候在一家旅行社工作，帮客户订机票的时候把别人的身份证填错了。他因此受到领导的批评，他当时认为不是什么大事。没想到，单位因为这个事扣了实习工资，他一气之下就“裸辞”了。毕业以后他进入了一家大型百货公司，负责基层的商铺管理工作。一开始他对工作很有信心，由于刚毕业缺乏经验。有一次遇到两家商铺争吵，他没有处理好，受到了上司的批评。他觉得领导批评错了，一气之下又裸辞了。过了一段时间，他入职一家物业公司工作，当了一名物业管理助理，工作还算稳定。但是有一天，因跟女朋友吵架失恋了，受心情影响，在小区与人吵架，然后再次“裸辞”。

案例中的小吴非常典型，失控型裸辞者，他生气辞职、委屈辞职，失恋辞职。现实生活中，像小吴这样的青年很多，他们之所以做出“裸辞”行为，是受到自身情绪的影响。在工作中和上司、同事发生冲突和矛盾，情绪不受控而辞职；在生活中遇到不顺心的事，也把消极负面的情绪带到工作中，引发工作中的矛盾而辞职。大量的失控型“裸辞”反映的是职场新人情绪管理方面的问题，冲动是魔鬼。遇到事情情绪失控，进而做出辞职这个行为，是我们不善于管理自己情绪的一种表现。冲动的时候做出的决定很大程度上可能是错误的决定，很有可能让你事后后悔。

案例 2：四五年之前，我接待过一个女孩子，中专学历，长得很漂亮，却一直找不到工作，我很奇怪。后来深入了解之后知道，她原来是烟草公司正式编制的员工。一个月的收入保底五六千元以上，她裸辞原因是她们这个部门叫营销二部，单位组织的架构变化，她这个部门取消，她被调到总部，她对调岗不满意，第一次领导跟她提，她不去。第二次再提，她还不去。提得多了，她就辞了。到社会上一看，凭她的学历和经验，要找到一份和她原来一样的工作，或者收入待遇差不多的工作，几乎不可能。两三千可能会有，五六千几乎没有。她就很后悔，她一直拿过去的标准来找工作，肯定找不到。所以她一直把那个标准作为她找工作的标准，一直处在后悔状态中。这是失控型裸辞的后果。这是第一种裸辞，失控型裸辞。

第二种，现实很骨感，完美型裸辞。

理想很丰满，现实很骨感。现在的大学生刚刚走出校门，他们对于岗位，现实的就业情况并不是很了解，总是把工作幻想得比较完美，要求工资高，工作轻，离家近，压力小。但是职场是现实的，不会像大家想象那么美好，现实和理想之间的差距，就造成了青年人思想上的落差，然后产生裸辞的行为。

案例 3：小苏是典型的完美型裸辞一族，曾经因为多种理由去炒老板鱿鱼，比如一家单位觉得太远，不愿意每天早起坐公交地铁。很多求职者在离职原因都写，单位太远。这是非常差劲的想法，你从你上班到单位的第一天，你就知道单位在哪里了，你去面试的就知道单位在哪里了。单位没搬家的情况下，单位一直在那，你现在做了三个月工作才说单位太远，对于这种辞职理由太过牵强。这种离职原因不会被下一家单位认可，因为变的不是企业，而是你自己的想法。另一次离职的原因是这家单位没有食堂，每天中午要去外面吃饭，由于公司周围没有什么好吃的所以就辞了。还有一次辞职的理由是因为单位规定上班时候不可以用 QQ,他觉得联系不方便就毫不犹豫地“请辞”了。如此这般,他找了一家辞一家,始终没有找到一份十全十美令他满意的工作。由于裸辞的次数多了,他现在去面试,单位总是问,“为什么没有工作多久就辞职?”小苏却不知道该如何回答。

可以看出,完美型裸辞一族都是比较挑剔的人群,想找到完美的,十全十美的工作。但是现实生活中,这种完美是不存在的。所以他们就会提出各种各样的离职理由,比如说环境差、收入低、路程远、工作忙。案例中小苏的辞职理由更让人啼笑皆非,没有食堂、不能用 QQ,这种挑剔盲目的完美,只能反映出他不知道自己要什么,他不知道什么东西对目前的他来讲是最重要的。

裸辞的人只知道我现在不要做这份工作,但是自己不清楚自己需要什么,这是缺乏职业目标和职业规划的典型体现。不少裸辞青年在离开老东家之后,他也不知道自己干嘛,反正辞了,就休息一阵,休息三个月,六个月,甚至一年。然后又浑浑噩噩地,很没有目的性地重新投入求职大军,这样一来一回,浪费的是自己的时间。辞职的次数一多,就会有辞职后遗症。案例中的小苏,现在他去面试,很多单位不要。一家企业的招聘负责人认为,频繁裸辞是不负责任,没有责任心的一种表现,这样的求职者稳定心不强,对企业的忠诚度不够。因此现在很多企业在招聘面试的时候,一看到裸辞的求职者很谨慎,往往既看你能力怎么样,还要看你的忠诚度和稳定性。我们的青年人一定要知道,随着裸辞的次数和频率的增加,就业难度的系数正在增加。

第三种,压力山大,逃避型裸辞。

这种青年在职场当中会遇到很多职场的困难,比如销售业绩完不成,领导很凶,不知道怎么和同事合作,他面对这些困难的时候,他就选择逃避。案例当中的徐小姐她觉得工作内容太琐碎,又让我当老师上课,又负责行政方面的工作。按照她自己的话来讲,裸辞只带给她一时的轻松和快乐,短暂的快乐之后,剩下更多的是迷盲、恐惧,一次一次的面试失败。从而她需要面对的是更多的烦恼和更大的压力。事业的压力,家人给他的压力,经济方面的压力等等。可见裸辞并不是解决职场问题的好办法。

面对工作压力大,工作内容烦琐,职场适应,职场人际危机,很多年轻人会选择一走了之,这种逃避型裸辞,反映出现在 90 后新一代就业人群抗压能力的问题,和解决问题方式比较消极等一系列的问题。如果说在职场中,你遇到问题,就选择逃,就消极对待,那么永远也学不会解决问题的办法。如果说一味地逃避,一味地消极对待,往往会陷入一种恶性循环,就像案例当中的许小姐一样。因此我认为还是要正面面对它,在克服困难和解决问题的过程中获得个人的成长。

以上讲了三种裸辞类型。在网上有一个关于裸辞的公式：魄力＋才力＋财力＝快乐裸辞。这个魄力比较容易理解，它讲的是一种勇气，敢于裸辞的勇气。但是仅仅有勇气是不够的，是没有办法实现快乐的裸辞，需要有才力，这个才力指的是个人的知识、经验、能力、技能。一个人学历高、能力强、专业技能突出、相关经验丰富，他敢于裸辞，因为他有自信心，他能很快找到下一份工作，所以他才会有前面的勇气。财力，是指裸辞之前要准备一定数目的钱，这笔钱至少能够维持你在裸辞期间的各项开销。如果你是一个家庭的顶梁柱，你还要承担一个家庭的生活费用，如果你没有这笔钱，裸辞之后，你的生活就会陷入困难，你怎么可能会快乐、开心。

要实现快乐裸辞，除了有一时的勇气之外，还要有真正的工作的才能。更要有坚强的后盾，生活的保障，金钱。

职场人在裸辞前，究竟该准备多少准备金，在网上有这样一个调查，结果显示，只有 14％的人说没关系，潇洒裸辞，不存钱没关系的。将近九成的人认为，裸辞之前还是需要准备一笔经费。在这批人当中，其中 47％的人表示，要存一到三个月当地平均工资，有 15％的人表示至少存一年以上的当地平均工资才敢于裸辞。从最近四月份上海刚刚公布的数据，上海 2014 年月平均工资为 5 451 元，准备一年的准备金要六万五千元以上。今天有专业的银行理财专家给裸辞者进行了一笔成本的核算，我们听一听。（视频）

这位理财师的算法，没有几百万、几千万准备金根本就不敢裸辞。当然他这种算法我并不认同，但是对于他提出的，对裸辞的成本进行一个核算，这一点我是非常赞同的。我们很多青年人做了裸辞的行为，或者说他有裸辞的想法，但是从来没有想过在裸辞后，会损失些什么。我在这罗列出了五项裸辞成本。

第一项，求职成本。大部分的裸辞者都是“80 后”、“90 后”，因为还很年轻，所以不可能“裸辞”后，一辈子就不上班了，你迟早有一天要重归就业市场。求职是有成本的，我在这里简单的列出三点：

第一是简历成本。前阵子我出去办了一个签证，拍了一张证件照 20 块钱，四张两寸照片。一张照片成本是五块钱。再加上一张纸，五毛钱的复印费，两张要一块钱，有的出去投简历，外面加一个封面，七算八算，这一份简历基本成本在七块到八块左右。你想，你裸辞之后，下一份工作什么时候找得到，是个问题，是一个月两个月，还是一年两年。你去一个大型的招聘会，一投十份出去了，八十块钱没有了。虽然很小，但是这个成本是存在的。

第二是面试的交通费。上海地铁最低票价3元钱，一来一回6元钱，一个月出去面试几次，100元钱左右就交给地铁公司了。

第三是面试服装费。我们现在年轻人比较喜欢休闲装，面试是正式的场合，要求正装。买一套正装，也是成本。我们青年人很多为了去面试，会准备一套职业装。现在职业装的价格高的上千块，低的通过淘宝也要一两百。

刚才这三样是看得到的，还有你找工作用的时间、精力，花在路上的时间，还有承受的压力这些都是求职上需要花出去的成本。

第二项，生活成本。这也是裸辞之后最大的开销。在失业期间，你要承担的基本生活费用，比如说衣食住行，特别是外来人员，很多上海人才引进的人员，如果这时候你失业，你的房租是一大笔开销。伙食费，上海本地人，吃父母、住父母就可以了。附加的生活费用，通讯、上网、打游戏、交通费用、社交娱乐费用等等。如果你是30岁上下，已经有子女了，还要承担子女的教育费，老人的赡养费，这些费用是一笔大的开销。

第三项，试用成本。我们重新踏入职场之后，要重新就业，就业前要签订劳动合同，一般单位要与你签订一个月或六个月不等的试用期。根据现在国家的政策，试用期的薪资，企业可以给你打八折，每个月损失20%的工资。其次，刚刚到单位，为了搞好人际关系，请同事喝喝下午茶，搞个小活动，不可避免。

第四项，晋升资历成本。在试用期，你是不可能有晋升机会。过了试用期之后，你的晋升成本，晋升的资历是从零开始积累的。有很多青年裸辞的原因是因为在单位没有上升的空间，没有职业发展，永远让我做最基层的工作。可是裸辞到新单位，你的晋升的通道，晋升的资本也是从零开始积累的，尤其是一些大型的国有单位，排资轮辈的情况还是比较明显的。

第五项，保障成本。大家都知道，一个人到一个单位上班，单位会为他缴纳社会保险费用。很多人对社保这块不关心、不在意。其实这对每个人而言都是切身的利益。单位为员工缴纳的叫五险一金，即：失业保险、养老保险、医疗保险、工伤保险、生育保险、公积金。对于单位来说，缴了六样东西，所以叫五险一金，对我们个人来讲，工伤保险、生育保险个人不用缴纳的，除去这两样之外，另外四个个人要缴费的，所以称之为四金。就拿其中失业保险做例子。根据现在的政策，单位给职工缴纳一年的社保，职工可以享受两个月的失业保险金。我们年纪轻，现在就业机会多，趁着年轻的时候，找一家单位给你社保多加一点，万一到了年纪大，身体原因、家庭原因，迫不得已失业了，你个人可以领取两年的失业保险金。按照最新的标准，一个月的失业金有一千三百多块钱。最关键除了给你一笔钱之外，你还可以获得和在职职工一样的医疗保险。如果你现在裸辞了，你在裸辞之后的几个月，或者说一两年之内，没有企业给你缴纳社会保险，你损失的就是这笔保障费用。所以说裸辞之后，失业会造成个人的保障成本的上升。

第六项，风险成本。在这里给大家罗列了三个方面的风险：首先是再投入的风险。我们说裸辞有两种，一种裸辞之后找到新工作，对于找到新工作的裸辞者而言，新的单位的一些业务，你并不是很熟悉，你需要花时间去学习。有的人是跨行业找工作。比如原来做的是保安，有一张保安上岗证、消防上岗证，他现在跑过去做营业员，你要重新去考证读书，花出去的学习时间、经验、精力都是你需要再投入的成本。

第二种风险是裸辞。在没有准备下辞职了，如果你的才能，就业的能力等竞争力不是很强，就有可能会发生你工作很难找的情况，存在长期失业的风险。长期失业就会导致一系列的问题，一般在离职之后的三个月内重新就业，这是黄金期。三个月之后没有找到工作，个人会产生焦虑的情绪。如果半年，还找不到工作，你就会开始着急，心里到极限了。准备金用完了，这时候个人一系列问题就出来了，比如有的人本来心态蛮好的，觉得我找工作找什么标准的。但是一旦到六个月以上还找不到工作，很多标准开始放弃了，病急乱投医，只要有工作，先做了再说，开始盲目寻找了。销售也面试，导购也面试，你越是盲目地找工作，你面试的结果往往是失败的。一次一次受打击的是你自己的求职信心。这样将导致一个恶性循环，对个人的职业生涯发展是非常不利的。

第三种风险是法律风险。很多人认为，我离职是单位炒员工的时候需要提前三十天书面通知员工，事实上，员工如果解除劳动合同，必须以三十天书面的形式告知单位，如果是在试用期，员工也需要提前三天来通知单位。如果是因为个人的裸辞行为，造成单位的经济损失或者名誉损失，单位有权利追究你的责任，甚至提出经济赔偿。所以大家要有这种法律风险方面的意识。

裸辞之后你要找工作，有的人很快找到，但是因为你忽然玩失踪，原来单位的劳动关系并没有解除，退工手续没有办，会影响你到下一家单位入职的时间，最终损失的还是你个人。最关键的，现在单位在招聘的环节会设置一个步骤叫背景调查。你面试都通过了，复试谈过了。最后一个环节是给你上一家公司打电话，了解一下你真实的工作情况。你想，如果你在上一家单位是裸辞的，单位会怎么描述你，可想而知。原来可能已经到手的工作机会，就有可能在背景调查这个环节被失去。这些风险需要重视起来。

面对裸辞的高成本、高风险，我们青年人需要认真理性的对待这六项风险。

最后我对“裸辞”者提一个建议：对于失控型“裸辞”者给予的建议是情绪管理。每个人都有情绪，也没有好坏之分。但是，情绪引发个人的行为和行为所产生的结果，是有好坏之分的。通常我们把情绪分为积极情绪和消极情绪两大类。

积极的情绪表现为积极、自豪、快乐等。积极的情绪可以使我们的生活充满甜蜜和快乐。我们常说：“笑一笑十年少”。人高兴得时候，会显得很青春，精神气爽。消极的情绪表现为悲伤、焦虑、妒嫉等。消极的情绪使我们的生活变得非常抑郁、压抑。在悲伤的时候，其精神状态是非常差的，有的时候还会失眠，睡不好觉。在这放了一张图片，林黛玉。林妹妹就是一个消极情绪特别多的人，整天哭哭啼啼。林妹妹非常多愁善感，消极情绪一多，对她身体也会产生不良的影响，最后抑郁而终。

在职场中，情绪如果波动得非常剧烈，会影响到我们职业生涯的发展。就如一冲动就裸辞，结果工作就没有了。因此管理情绪对于每个人而言都是非常重要的。那么情绪到底来自于哪里？它来源于我们自己，你要做情绪的主人，还是要做情绪的奴隶，取决于我们自己。美国总统富兰克林·罗斯福，家中曾经失窃，被窃贼偷去了很多东西。一般正常人遇到这种情况会想怎么那么倒霉。如果是我遇到这种事情，我也会先埋怨的。罗斯福的朋友知道这件事后，写信安慰他。他却回信给朋友说，“亲爱的，谢谢你来信安慰我，我现在很平安，感谢上帝，因为第一，贼偷去的只是我的东西，他没有伤害我的生命。如果人在家里的话，可能不是入室盗窃，而是入室抢劫了，会很危险；第二，贼偷去的只是我部分的东西，而不是全部的东西；第三，最值得庆幸的是做窃贼的是他，而不是我”。

从这个故事当中我们可以懂得一个道理，对待同样一件事情，不同的想法和心态，就会产生不一样的情绪。再举一个例子，工作当中你被领导批评了。有些青年碰到这种事情会生气，愤怒，然后跟领导说不干了。如果换个角度来考虑，这个领导对你指出不足，说明领导是认为你有改进的空间，有上升的空间。如果说你做了错事情，但领导从来不说你的。那你在他眼里是无药可救的，应该有这样的想法。

针对失控型裸辞，管理情绪给出三个方法：

第一个，延迟法。其秘诀是先处理心情，再处理事情。如果说工作当中产生一些想法，让你产生裸辞的想法，千万不要在自己有情绪的时候去做决定。因为你在有情绪的时候,你是没有理智的。我们不妨冷静下来,给自己一段时间。很多人说裸辞之后去旅行,干嘛裸辞去旅行,放假可以吗?有年休假的,请两天假,或者这件事情暂时不考虑,让自己冷静下来,完全冷静之后,再来考虑这件事情。如果等到那个时候你的答案和最初的答案是一样的,再裸辞也是可以的。

第二个,调整法,改变思维,调整心态。就像先前说的,境由心生,很多时候我们的情绪是因为个人的心态造成的。建议在工作中,如果是产生消极情绪,不妨换个角度,来思考问题调整自己的心态。

有首歌叫“海阔天空”,当中有一句歌词非常好,“冷漠的人,谢谢你们曾经看轻我,让我不低头,更精采地活。”不要因为别人看轻你,就产生抑郁、消极的情绪,看轻自己。因为别人看轻我,反而成了一种动力,让自己活得更精彩,这才是积极乐观的态度。

第三种,宣泄法。我在网上看到一个有关林肯小故事:林肯在不开心的时候会写信,写完信不寄出去而是直接烧掉。因为他在写信的过程当中,就是发泄的过程,他把平时不能说的,或者想表达的,通过写信的方式已经发泄出去了。一个人在情绪发泄的过程当中,情绪并没有好坏之分,但其行为的结果却是有好坏的。比如,我今天不开心,就找个人打一架,这种发泄方法肯定是不好的。今天跟老板不开心,我裸辞,这个行为也是一种发泄行为,因为你想发泄自己心中的愤怒,想表达对老板的不满,但是你伤害的是你自己,你断掉的是自己今后职业生涯的发展,我建议各位在情绪宣泄的时候,最好采用一种既不伤害别人,也不伤害自己的方法。

针对完美型裸辞者,我给出的建议是做好职业规划。哈佛大学有一个非常著名的25年的跟踪调查,把智力、学历、环境差不多的年轻人放在一起,发现其中有27%的人没有目标,60%的人目标模糊,10%的人有清晰的短期目标,3%有清晰的长期目标。25年后,我们再来看这群年轻人时,那些3%有清晰的长期目标的人成了社会各界精英人士;10%有清晰的短期目标的人成为专业人士,如工程师、医生、律师;27%没有目标的人,他们生活在社会的最地层,还在经常抱怨社会。从这个调查研究当中可以看出,目标对于人生是有巨大的导向作用。可以说,有什么样的目标,就有什么样的人生。西方谚语说,如果你不知道你到哪儿去,你通常哪儿都去不了。完美型裸辞的人,它的辞职原因都是非常细小的,如为了吃饭的问题。可是工作并不是为了找一个好吃的食堂。如果让完美型裸辞者树立清晰的职业目标,完成比较清晰的职业规划,接下来如果再遇到裸辞的事情,就要考虑裸辞的行为结果是朝目标迈进了呢,还是离目标越来越远了。如果他今后每一步都围绕他的职业目标、职业规划来开展的,做好自己的职业规划，那么就能避免盲目的裸辞现象。

针对第三种逃避型裸辞者，给出的建议是提高抗压能力。实际上，压力是无处不在的。生活中的压力无处不在，如我们现在就医的压力，医疗资源非常紧缺；购房的压力，房价贵，房价新政出来，有的人还是买不起房；养家糊口的压力，CPI，物价上涨的压力，生活中的压力等等。职场当中的压力也有很多种，比如时间忙不过来，领导管理方式粗暴，让你感觉有压力；团队之间竞争，都会让你产生压力，最后团队合作的一些压力等等。人在一生当中，在不同的阶段，也会有不同的压力，小学生有学习的压力，有考试的压力。到了大学毕业了，有就业的压力，有婚恋的压力，到中年了，有职业转型的压力，有子女教育的压力以及赡养老人的压力等等。

我们从前面这一系列的问题可以得出，压力有两个特性，第一，压力无处不在；第二，压力人人都有。青年人，用裸辞这种方式来逃避职场压力，实际上是无效的。因为裸辞行为并不能解决这种压力，只是一种压力转换。虽然你暂时是从繁重的工作压力当中解脱出来，却转换成了失业的压力，经济的压力，转换成其他压力而已。另一种，裸辞之后，原来的问题根本没有解决，比如原来你跟人际沟通有问题，你到了新单位，重新开始，而你的人际沟通依旧是个问题。你在原来单位，老是出差错，工作能力不够，到了新单位，你的工作能力并不能突飞猛进。所以光凭裸辞解决不了这些职场的问题。

如何消除我们的压力，可以从两个方面着手：

第一种方法，直面压力，提升解决问题的能力。首先找到工作中那个压力源，压力的大小除了压力源之外，和我们个体的承受能力是有关的。同样的一个工作压力，有的人忙不过来，整天的加班加点；有的人同样的工作压力，做起来得心应手，也能准时下班。这个区别就在于个人的差异，个人对业务不熟悉，工作效率不高，缺乏时间管理的能力，针对这种情况，我们找到个人的压力源之后，需要对号入座，把原来的问题拿出来，个人需要提高自己的业务能力，提高自己的时间管理能力。

逃避型裸辞的青年人可以尝试这种方式，找出自己的压力源，到底是什么压力让你产生裸辞的想法，然后缺啥补啥，把自己能力短板补上，随着我们能力的提高，你今后感觉到的压力会越来越小。

第二种方法，宣泄压力，掌握几种减压的方法：

一是影视减压法，特别是面对考试的时候，我会看一些韩剧，像以前放的《蓝色生死恋》，压力很大的时候，一边看一边哭，就把我的情绪随着眼泪宣泄出去。去年有一个很红的综艺节目《跑男》，很轻松，虽然内容没有营养，就撕撕名牌。但是在看的过程中，笑一笑会使情绪好很多，这种是最简单的减压的方式。

二是运动减压法。我自己常做的是游泳或瑜珈。大家知道客服这个岗位，经常被人投诉，压力很大，有的客服中心会建造拳击室，把击打的目标，想成老板，把心中的怨气就发泄出去了，这种方法也很好。

三是倾诉减压法。职场遇到困难之后，你一直压在心里，会出问题的。不妨找个人说说，可以找自己的家人、朋友，也可以找我们心理咨询师，职业指导师，把职场的一些问题和困惑倾诉出来，听听第三方中立的意见和建议。

四是喊叫减压法。有的人喜欢到山里，有的人喜欢到海边，最方便是在家里阳台上喊一喊。

五是环境减压法。到大自然的怀抱里，感觉非常宁静，把所有的烦恼和压力暂时抛开。利用假期，利用自己年休假，到大自然的怀抱当中去，给自己的心情放个假。

今天我讲了四个内容：第一，裸辞的定义和现状，第二，讲了三种类型的裸辞类型的青年，讲他们身上的问题。第三，梳理了裸辞造成的成本。第四，给出了三种建议。

最后，对所有的青年朋友说一句话，希望大家能够真正的领悟裸辞的意义，实现快乐裸辞，顺利开启下一站更精彩的职业旅程，谢谢大家。

主持人：接下来有点时间，进入互动环节，大家有什么问题可以和孙海芳女士进行现场交流。

听众：孙老师你好，谢谢您今天给我们分享了这么多关于裸辞的内容，您刚才说到，完美型的裸辞，要做职业规划。应该怎么做？有没有一个比较好的方法？

孙海芳：谢谢你的提问，职业规划是非常大的题目，青年人，职业规划不是等到我们要就业的时候再来想的问题。在国外，很多职业的课程在小学里就已经开始了，那是最早的一种职业规划的课程。我建议我们的所有青年人在自己高中，至少在高中，考大学填写志愿之前，确定好之后可能的职业规划方向。

目前很多青年，往往都是大学毕业之后要找一份工作。职业规划做的方法有很多，首先你要决定一个自己的职业目标，这个职业目标的确定应根据个人的能力、特长、兴趣、爱好、个性等，甚至考虑到现在岗位的稀缺度。如果为了自己今后职业发展更顺利，哪些岗位是紧缺的专业，这些市场上的信息，都要考虑在内。我觉得如果是这位女士对职业规划的内容感兴趣的话，不妨可以到就近的就业促进中心，请职业指导专家对你进行一对一的职业生涯的规划。

听众:孙老师请教你一个问题,我在工作中处理问题的能力比较差,例如同事布置我做一件事却没有讲清楚,最后做得不好,这个错全加在我个人头上。这个问题怎么处理? 谢谢。

孙海芳:谢谢你的提问。像这位同学的问题是很普遍的。现在“90后”、“00后”,不像“70后”这一代,我们当时没有电脑,没有iPad,我们是面对面交流的。现在很多青年人在一起的时候,同学聚会,大家都低头看手机,面对面交流比较少,再加上大部分是独生子女,从小到大生活的比较孤单,沟通和交流反而成为现在很多职场新人的一个难题。

对于这类问题,可以从几方面来提升自己的工作能力。第一,你可以去了解一下,看一些书籍,有一些职场沟通的技巧。你刚才说了,跟同事沟通当中,他把一些错误归在你身上,那么他在和你沟通的时候,你有没有进一步提问。比如说领导布置你一项任务,我经常问领导什么时候完成。不要到时候,他说给你布置的,你没有按时完成。你要学会追问的技巧。他没有告诉你问题的细节部分,你要想到。因为在沟通当中是语言沟通,所以谁是谁非,讲不清楚。在大部分企业中,公司的邮件是不删除,特别比较重要的工作任务上,不妨通过公司的官网邮件发给他,或者让他确认某些细节。这些邮件可以作为你工作的凭证。还有,现在我们杨浦有一个就业训练工厂,它会帮助青年提升他的职场软能力,其中非常关键的一点,就是青年人的办公室的人际沟通,团队合作的能力,如果你感兴趣的话,可以了解相关内容。

听众:我是杨浦复旦大学的学生,现在在做中国大学生创业。请问,有没有一些免费的有关入职前期准备的培训资源。我想可能一两年后,我会有所需要。

孙海芳:因为我们每个部门的工作有些联系,但是对于创业这个工作,杨浦有一个公共实训基地,杨浦的政策,可以到国定东路200号进一步的咨询。在杨浦每一个街道的社区创业园区,会给一些优惠的创业政策,每个街镇都会有,不妨可以到街道去咨询一下。关键是你要有一个好的项目。

主持人:今天的互动到此结束,如果大家还有问题的话,可以现场咨询今天到场的现场咨询专家,最后请各位用热烈的掌声感谢孙海芳女士的精采讲座,同时感谢各位的参与,今天的讲座到此结束。

学会与压力共舞

——职场负面情绪管理秘笈

卜静怡

CIPT 注册国际职业培训师、国内五大培训咨询机构签约培训师、性格色彩密码(FPA)授证讲师。曾任 8 年某知名跨国媒体公司培训部经理。讲座擅长与人沟通并有完美的技巧,潜移默化地运用自己的经验和见解,让学员在快乐中学习、在反思中成长。

大家好！非常高兴能在上海图书馆与大家见面。今天我在这里和大家共享的一个话是职场的压力管理。

我今天讲的理论东西不多，理论的东西网上找找都有。我今天讲些实用的，马上就可以用的，甚至今天晚上回去就可以用的。我今天讲四个方面的内容：因为压力和情绪永远在一起，要有一种自我认知的感觉；要察觉自己的一些状况，培养好心态；去掌握一些释放压力的技巧；最后，我们每一个人工作的最终目的就是为了生活，我们需要做好的平衡。

我先问一下大家，什么是压力？对压力有什么样的认知？

听众：我觉得做一件事情的时候，又做不好，这个时候会产生压力。

卜静怡：就是做一件事情，把握性不好，对预知不太明确，所以就产生一种压力。从字面上来讲压力是什么？有什么感觉？

听众：压力的话就是自己感觉自己承受不了，就感觉从心和身都感觉很累。

卜静怡：压力到底从什么地方来呢？我想先请大家看一段短片，看一看到底什么是压力。这是一个实验，从字面上来说，压力是人们对刺激所产生的一种心理和生理上的综合感受。当这个感受超过自己个体力所能及时，才叫压力，如果能够掌控的，就不叫压力了。

那么怎么处理呢？我们来看一下这个小人，大家觉得这是你吗？有一些人觉得说不是，我可没有这么多的压力。那么这个小人有没有被压力压倒，他是在干嘛？还是在前进吧，表明他还是可以承受的。我们从现场找两位听众来体验一下压力。我要找一个人上来唱法文歌，我就请这位眼镜哥哥，请上来吧。我还要找一位女士上来跳肚皮舞，我请第二排的这位卷发的美女。大家给他们一点掌声好吗？我先问一下眼镜哥哥怎么称呼？

听众：小崔。

卜静怡：小崔会不会唱法文歌？

小崔：我不会。

卜静怡：感觉怎么样？如果一定要唱会怎么样？

小崔：有压力。

卜静怡：这位美女呢？怎么称呼？

听众：小金。

卜静怡：会不会跳肚皮舞？

小金：不会。

卜静怡：如果要跳怎么样？

小金：压力山大。

卜静怡：虽然他们现在是笑眯眯的，事实上如果今天我一定要你跳会怎么办？

小金：硬着头皮上。

卜静怡：那还算不错。事实上这两位是幸运者，我不是故意为难你们，只是让你们上来体验一下感受。

我们可以看见小崔上来，他就感觉好像不知道怎么办。我们对未知的事件，对不知道会发生什么，就会产生一些消极情绪。所以我们会想什么？我们听到一个信息的时候，往往会怎么样？比如说领导跟你说，下午到办公室去一次。有一些人会觉得太好了，可能要加薪了，有些人会觉得要惨了，上次的事情要受批评了。当被要求作出选择的时候，压力就来了。当我们做一个随便的选择，向前向后，如果我刚才对小崔说，你是可以选择唱一个法文歌，也可以选择唱英文歌，或者也可以选择唱儿童歌，当有选择，他可以掌控的时候就不担心了。但是我对他说选择一个法文歌，或者是一个西班牙歌，他就有压力了。所以当我们处在不确定的时候要做选择，都会产生一些压力。

还有在职场上有很多时候，我们本能地会有压力。比如说当我们的职业生涯发展到一定阶段的时候，我们都希望有一定的提升，但是如果说这次的晋升不是你，而是另一个人，而且你跟他还合不来，就会产生压力，需要去重新建立关系。我们再来看一下，当我们已经把事情做得很多了，已经甚至是精疲力尽的时候，再给我更多工作的时候，一定会有压力。所以我们讲压力时时刻刻都有可能会影响到我们。

举一个职场的案例，我培训过的一家公司，一个同事叫 Dan，进公司三年，因为他业绩做得不错，在年初的时候就被提升成为一个主管，带着一个 5 人小组去冲业绩。但是到了 4 月中旬了，他的年销售指标才完成了 28%，有 2 个下属将在 4 月底离职，也就意味着他缺少人手了。指标已经明显垫底了，他是负责宁波地区，如果其他地区业绩都在成长的话，老板就要来找他，每谈一次话都会觉得有压力。所以 Dan 希望自己通过公司新的政策好好冲一把。他最近每天是早出晚归，拼命地工作，但是他发觉他自己从来没有遇到过的情形出现了：失眠。我想问一下在座的，有没有人失眠？这都是压力捣的鬼。可以看到，职场上发生的情形，家里也不稳定了，因为收入受到影响了，妻子会抱怨生活质量下降，本来每月会出去吃一次饭的，现在不去了。

大家可以看一看，假设你是Dan，你会不会觉得有压力？这是现在很多职场的年轻人都会面临的压力。

我现场做一个测试，请问在坐的各位年轻人有没有要还房贷的？压力大不大？举手的人还可以，还好。好的，我认为压力来自两个地方：外界和自身。是外界的更多，还是自身的更多？事实上很均衡。我们每个人都扮演不同的角色，我们也对自己的生存空间需要负一定的责任，比如说房子、车子、孩子的教育，社会环境的竞争，还有科技的发展。有一句话叫“长江后浪推前浪，前浪死在沙滩上。”业务的竞争也在不断地增加。再来看一下我们自己，有一些人对自己有特别的要求，这跟他的价值观有关，跟他的道德观有关。有一些人责任心非常强，有一些人对家庭有责任感，这些都是跟个人的价值观有关。当然还跟性格有关，有一些人比较要强的，有一些人则期望得过且过。

也许在坐的各位听过关于性格分析的课程。这边有好多次的培训跟性格有密切的关系。因此，我们看一下心理成长。现在都在讲原生态的家庭对我们有非常重要的影响。事实上当我们没有学习的时候，我们都是在用一个本我在生活。但是当我们学习，我们懂得了可以超越自己。我们想想看，在我们六七岁的时候，大多数人都会发觉父母的关系可能不太完美的，可是随着年龄增大，会发觉他们越来越好了，是因为经历了磨合。但是如果你今天早一点懂这些小的技巧，我们可以让生活变得更好。所以心理成长有时候也会让人产生压力。比如有一些人很担心婚姻，或者很担心到外地去工作，就是怕个人的习惯不一样，事实上都是受过往经验的影响。

我们看一下身体的状况产生的影响，身体很好的时候，做任何事情也不担心。但是人出现身体的状况，这些就让我们产生压力。这些压力来了之后，就会让我们的生理、心理和行为上发生很大的变化。

今天我们是从一个非常个人的角度来考虑这些，没有对和错。我们可以看到，心理上紧张、焦虑、恐惧、担心、害怕、不安全等，这些都会影响到我们的行为。再来看看我们生理上很多的疾病事实上都跟压力有关，跟休息不好有关。所以每家公司都有年假，是为了能够让员工休息一下，放松一下，继续再做得更好。不过我相信很多“80后”的年轻人好像对年假的概念不太重视，有的时候我们都会觉得我们的工作很重要，实际上所有的安排都会有逻辑，有规律。

为什么会有胃痛，会有头痛，会有颈椎病？这些疾病对个人的行为上也会产生一些影响。有一些人会有抽烟、喝酒，有一些人要依靠药物。事实上如果他摆脱这样的环境，症状就可以得到缓解。我们举一个简单的例子，成龙的儿子叫房祖名，他也有很大的压力，他的压力主要来自他的父亲，他没有办法突破，所以在没有人引导他的时候，他就出问题了。很多行为上的问题，追根循源都是会跟本人的内在有关。

我们做一个小小的体验，跟我一起，闭上眼睛，搓搓你的双手，让它变得暖一点。用我们的双手摸摸我们的脸，按摩一下，好温暖吧。再来，用我们的手摸摸我们的头顶，好久没有摸它了，按摩一下吧。事实上我们的身体，每天跟着我们，承受了很多痛苦，可我们并没有关注它。再把我们的手摸摸我们的颈部，摸摸自己的背，敲一敲。事实上每天它们都很辛苦。再请大家摸摸自己的胃，如果经常没有按时吃饭，有时候我们的胃会很痛。对自己的身体说："有时候真的对不起你。"用我们的双手去摸摸我们的腰，我们要懂得跟自己的身体在一起。事实上只要两分钟，我们就可以跟自己的身体做一次小小的对话。

让我们思考一下，当你的胃不舒服的时候，通常你会感觉发生了什么。当你头痛的时候你会感觉发生了什么，它们的发生都是有原因的。

通常我们感觉到压力过大的时候我们身体会感到僵硬，这是身体告诉自己已经很辛苦了。再让我们看一下，人在旅游的时候很少会有头痛，也很少有人在打麻将的时候头痛。因为你的身体肾上腺在分泌你需要的激素。

所有的消化系统的疾病其实都跟压力有关。有些人一旦生气，胃就容易痛。这些都是因为荷尔蒙这类激素分泌过多了，身体一旦产生酸性物质，最会影响的就是我们的消化系统。失眠的原因有时候可能是我们的中枢神经太兴奋了，在睡觉的时候永远达不到那个最安静的波段。所以我想问一下大家，对待失眠的有什么好方法？除了吃安眠药和喝酒，还有什么方法？

听众：听古典音乐。

卜静怡：非常好。等会我会推荐两首非常有价值的音乐给大家，一首适合男生听，一首适合女生听。

其实压力对孩子成长会不利，对夫妻关系也会不利。有一些人已经或正处在这个状况下，回家累得话都不想说，这是不对的。所以请各位要知道休假的重要性，休假是让我们可以跑得更远。

免疫系统中，现在已经发现的所有疾病其实都跟压力有关。因为当你没有领会到你的身体发出信号的时候，身体会自动调节，会产生一定的应激，产生应激过当就会发生一些意料之外的事情。生活在当今的社会中，只会越来越紧张，越来越有压力。我们需要学会一些方法去应对。

职场上的压力无外乎就这六种。有没有可能被晋升啊？薪资有没有办法上调？我的上司工作风格怎么样？我被赏识重用？我的工作业绩有没有被给予一些正确的回应？我的人际关系处理得怎么样？我们通常讲在职场上应该是先会做人，因为人际交往比较难训练，工作方式是比较容易训练的。

我昨天在一家公司做培训，大家都说很欣赏我现在这个状态。事实上我做了12年的销售，每一个职位，每一份工作都有一定经验的积累，都有一个适应的过程，所以今天你所做的都是为将来在做准备。所以不要说我是不是喜欢，我擅长这个工作，既然你接纳了，就去做吧，带着好心情，作为职场人是可以去调整的。再讲一句不好听的话，那份工作是你自己选的，没有人逼你选择这份工作，所以你要带着一个好的心态去面对。

在婚姻关系和职场关系之间，很难说哪一个压力更大。我等会给大家看一些数据，职场上的压力你是比较容易去掌控的。但人不可以没有压力。正面说压力是动力，但是我们今天这样讲也不太完美，我们也不希望有压力，但是人到底可不可以没有压力呢？如果你也不要做任何的事情就能过得很好，你会觉得你的价值感不在了。通过一个实验可以了解人是不能没有压力的。今天在座的有很多老先生、老太太，他们不是来学习减轻压力的，他们是要学更多的东西，学一些有价值的东西。

接下来做一个非常有趣的实验，称为"感觉剥夺实验"。50年代有一个心理学家想通过这个实验来看待人们怎么对待舒适。在50年代，20元美金相当于今天的2000元。这个实验做了什么呢？做了一个设置，人只要躺在一个特定的房间里面，你要上厕所了，马上有人来为你开门，给你上厕所。你要吃饭了，马上就有人为你送进来了。在这样的房间里面，有人会记录你的生理的状况。

大家猜一猜，一个人在里面，最多能待多少时间？人在里面住一个星期就能赚140美金。大家觉得一个人能在里面待多久？

听众：三个小时。

卜静怡：很孤独是吧。事实上这个实验好多人进去以后马上就逃出来了，为什么？实验的结果，几乎没有人超过3天。知道为什么吗？后来这个实验的对象从学生慢慢延伸到美国生活在底层的人，看他们能坚持多少天，结果也超不过三天。刚进去的人全部是睡觉，好不容易有那么舒适的，不冷不热的地方睡觉了。不过成年人知道，我们的睡眠是有限的，你不能像婴儿一样睡18个小时，可能2、3个小时睡醒了就睡不着，睡不着了之后就会产生一些不安，胡思乱想，想想外面的朋友在干什么。接下来就开始制造一些感观上的刺激，开始吹吹口哨、唱唱歌，制造一些声音，因为感到孤独。最后人们开始出现幻觉，担心万一这个设备坏掉了怎么办，是否会有人来救我，因为这个房间自己是打不开的，担心自己的生命，毕竟20块美金并没有自己的生命值钱。所有参与试验的人都产生从孤独到害怕的感受。

因此，当一个人没有压力的时候，希望能够过得很开心，但这是不可能的，每个人或多或少都需要有压力。我们来看看这张照片，大家觉得唐骏的压力大不大？唐骏其实有一段时间，有两年的时间是生活在非常痛苦的压力之中。因为“学历门”，不过他后来走出来了。我们来看看唐骏，这是一个非常有名的人物，可以看出他的背景非常好，“打工皇帝”、第一职业经理人等。他后面的每份工作都非常棒，现在在做公司总裁。但是，我们看看唐骏出的这一本书，《成功是可以被复制的》。大家看看书上这张脸和这张照片有没有区别？这是2012年年底的时候，他做了一档电视的脱口秀叫《唐骏来了》，是给“80后”看的。我看到这档节目的时候就发现，他好像一下子憔悴了很多。因为在之前的2010—2012年唐骏受到“学历门”的打压，所有的机会都不给他。但他还是走出来了，用了这样的方式解释他的“学历门”事件，并在2013年8月1日出了一本书叫《重新出发》，在书中详细交代了他学历门的事件，表示他面对压力并且放下了。压力每个人都会有，当压力出现时，一定要认清这个压力给你造成什么样的影响，同时要想办法解决它。放下来以后，仍然回到了正常的唐骏时代。

压力与每位息息相关，我们一定要找到压在我们身上那一根真正的稻草是什么。一则寓言故事讲到，一个骆驼，虽然它很能承重，但是如果给它太大压力，最后压倒它的，是一根稻草。

最后这一根稻草是什么？你清楚地知道你的压力是什么？我有一次给一家非常著名的500强的快销公司培训，我们做了一个统计，职场人士是不是职场的压力对他们来说最大？销售业绩、绩效考核会不会最大？事实上统计结果告诉大家，这是现实。统计得出，家庭关系占1/3，人际关系占23%，所以这些才是真正压力所在。每一位职场人士通过学习，找到这份工作，应聘这份工作，基本上都有能力去胜任这份工作，而另外的压力，会让我们更觉得受不了。

这是一个非常严肃的问题，这个问题需要大家回去以后认真地回顾一下，我真正的压力到底是什么？事实上职场上没有终身制，即使像日本这样的企业，都有一些流动率。你要考虑这个跟你的价值观是否一致，或者是学到什么，是否有机会在那边发展，可以适当调整。但是我们要真正学到东西，其实是通过很多辛苦工作的，这样可以学得东西更多，为将来做准备。所以希望大家去分析一下，什么是你真正的压力。压力，没办法避免，也不可以逃避，更不能演绎，你不要放大，也不要缩小，而是要真正地认识它。

压力是要靠自己调整的，所以给到大家讲讲化解压力的四个方法。

第一个是察觉为先。你是不是感受到。刚才有一位女生说房贷没有压力，太棒了，不是你力所不能及的就不是压力。

第二个是平衡。刚才说的关系里面看看你生活中存在的关系，有工作的关系，有朋友的关系，有家庭的关系，什么是你认为最重要的，你要去做一个平衡。

第三个是处理得当。你要学会能力，学会方法。

第四个是阳光心态。你要用积极的心态去面对。所以讲到阳光心态，我们就来看看怎样调节自己的情绪，这是我们可以做得到的。

什么是情绪？情绪是内在的一种认知，一种感觉，经由你的身体表现出来的一种状态，即内在的感觉，表现出来的状态。情绪有两个特点，第一个是非常的快速，第二个是非常的强烈。有人可以说我哈哈大笑，笑出来可能就只有一分钟，一秒钟，但是不能收一半，情绪是非常快速的，是控制不了的。

我们来看一下，人类到底有什么情绪。我们做一个测试，觉得我们正面的情绪比较多，还是负面的情绪比较多？

听众：正面。

听众：一半一半。

卜静怡：谁说一半的？也不完全对。事实上我们是希望我们都有正面积极的情绪，但是不幸的是我们人类有称之为九大基本的情绪，事实上积极的情绪只有愉快和喜爱两个，大多数都是负面情绪。在座的有上班开车的吗？

听众：我开车。

卜静怡：请问开车开不开心？

听众：开车累。

卜静怡：他的眉毛已经皱起来了。事实上开车刚开始可能很开心，还有刮风下雨打不到车的时候很开心。但是实际上很多时候都不开心，第一，要养车；第二，你是车的奴隶，再累也要把它开回去；第三，当加油的时候，公司即使给再多的补贴也不够；还有最恐怖的就是交通，现在这个路谁愿意开车！堵得碰到前面的人不守交规的，心情就糟糕了。所以大家其实希望，我有一辆车我要开得好一点，开心一点，但负面的情绪会更多，这是正常的。

这些情绪怎么来的？请问有没有人学过情绪怎么表达？需要去学吗？都是与生俱来的。哪里来的呢？是刺激来的。

我们先讲一下，为什么人会有愉快、痛苦的感觉？我们如何让不好的负面情绪远离自己。第一个，身体的细胞会记得。现在的高科技可以告诉大家，所有的胎儿在妈妈的肚子里都是微笑的，拍出来的照片都是微笑的。因为胎儿觉得非常的舒适、温暖，而且特别的安全，吃喝拉撒不用担心。我要告诉大家的是，不管是什么条件，剖腹产和自然产，当他生出来的那一刻，他都是受到了惊吓。再好的措施，他都会从一个温暖的地方，来到一个冰冷的地方。还有医生还要在屁股上打两下，原因是让他哭一下，没有人跟他说要打他了。这就是记忆，细胞会记得。

所以你要给你的身体什么样的细胞？是让自己愁眉苦脸的，还是开开心心的？你的表情会表现出来。我们可以看到哭，婴儿为什么会哭？没有人教他，他都会哭，因为没有安全感，他从妈妈肚子里出来没有安全感，人也是一样。奉劝在场的爸爸妈妈、奶奶爷爷，再也不要骗小孩了，请把他当一个跟你一样大的人。我儿子经常问我，妈妈我到底是你生的吗？因为他小时候，一不听话，我就会说，你再不听话就把你扔到垃圾筒里。这是我们下意识的一句话，孩子产生了恐惧，长大后会缺乏安全感。

我们再看一下，潜意识是怎样慢慢会变成一种记忆。有一些人长得愁眉苦脸的样子，因为他细胞的记忆全是愁眉苦脸的、痛苦的事情。有一些人就是很阳光的，因为他天天都想着怎么样让自己变得更开心，细胞会记得，它不会骗人。

要了解刺激源，什么是让自己高兴的，什么是让自己不高兴的。这个刺激源有强有弱，当我们可以控制的时候，是可以去调整的。我们从压力谈到了刺激源，比如说要去还房贷，我能够把它想得愉快一点，刺激源也不一定是负面的。你觉得工作是多么愉快的一件事情，我有我的使命，并为我的家人创造一个好的生活环境，你的脸就阳光了。所以我们要找到刺激源，它有可能很强，但是要懂得去了解它和认识它。所以情绪也是一种能量。

不管是正面还是负面的情绪都是一种能量。举个例子，愤怒大家都觉得是一种负面的情绪，但是这也是有对比的。比如说一个小偷手伸到你的口袋里面了。这个时候你愤怒了。你不可能跟他说，这是我的钱包。你可能大叫一声，可能打他的手等。其实很多的情绪，是与生俱来的，但要用对地方。

下面问大家一个很有意思的事情，希望大家配合一下；有多少人曾经吃饭刮发票刮到过钱的？5 块的有吗？太多了。我们再看看，20 块的有吗？100 块的有吗？500 块？有没有 500 块的？那三位是 100 块是吧。你是多少？

小高：3 000 块。

卜静怡：给她掌声一下吧，3 000 块。请问这位女士，怎么称呼？

小高：小高。

卜静怡：小高，这是什么时候的事情？

小高：4 年前。

卜静怡：请问小高当你初刮到 3 000 块的时候心情怎么样？很开心吧？

小高：可以吃霸王餐了。

卜静怡：事实上小高不是没有看过 3 000 块钱，而是觉得那一天特别幸运。想知道你当初高兴的情景和今天的高兴有什么不一样？平淡很多了。她不可能每天早上起来就想到中奖得到 3 000 块钱。好的情绪和不好的情绪都会来，也会走，所以我们没必要把不好的情绪记得很牢。

我们要懂得情绪来了就会走，不管是正面还是负面的，但是如果你用正面情绪影响他人，就得到正面的反馈，负面情绪影响他人就得到负面的反馈，甚至跟自己也是一样。在婚姻关系里，相信你们都有这样的体验，说另一伴回来高不高兴，不用讲话，一看他的表情就知道了。我们说情绪管理，是管理自己的情绪，同时也是在管理他人的情绪，这一点很重要。

这里有一个案例，在心理学中有一个非常著名的故事，叫踢猫效应。对我们处理婚姻关系、同事之间的关系都非常有价值。

这个故事代表什么呢？我们来看一下这个故事背后的原因是什么？早晨爸爸在吃饭的时候，女儿不小心把咖啡喷到了他的身上。我想问一下我们这边，请问你有结婚吗？

听众：结婚了。

卜静怡：请问一下有没有孩子？

听众：有。

卜静怡：男的还是女的

卜静怡：通常来说爸爸一般都会宝贝女儿，因为女儿更贴心，更会撒娇。我们讲这个案例里面，其实在平时的情况下，爸爸是不会打骂女儿的。但是在这种情况下，他把女儿责骂了一顿，同时又去怪老婆说，你为什么把咖啡放在这个地方，为此他们夫妻两个人又发生争执了。然后爸爸回到房间里去换好衣服，回来看到女儿还在那边哭，为此女儿没有乘上去学校的车，爸爸只能自己开车送女儿去学校。为了赶时间，他超车又被警察罚了款。最后好不容易赶到了公司庆幸没迟到，可一看公文包忘记带了，心情一塌糊涂。然后老板平时跟他讲这些事情，他不觉得是事情，但那天又非常的生气，又加了一小时的班，回到家里一看，家里又冷冰冰的。类似这样的事情，在我们的身边几乎都会发生。

请大家想一想，为什么他有这样的问题？是警察不好吗？是女儿不好吗？是这个太太把咖啡放的地方不好吗？其实是他自己造成的。确切地讲是他的情绪造成了这一切。那么为什么会有这样的情绪，有可能昨天晚上他已经跟太太发生了不愉快，他借这个机会把这个情绪发泄出来。

我在做服务礼仪培训时就讲过，大多数投诉都是从投诉一个产品开始，但最后就变成投诉这个人。比如说这个产品坏了，我去换这个产品，然后接待我的小姐态度很不好，然后就发火。本来想想这个 50 块钱也就算了，你们的工作人员态度太恶劣了，一定要请你们赔礼道歉，最后都是态度。所以这个故事中的事情到底是什么呢？事实上跟女儿一点关系都没有，放到平时，抱抱她算了，把衣服换了就可以了，不会去打她。

所以，我们要学会控制自己的反应。人都有喜怒哀乐，但是你没有办法控制别人。我再讲一个很有意思的故事，现在很多人对航空公司班机误点不发火。因为那些空姐也很可怜，跟她说也没有用，她也控制不了。就像你无法控制这个马路上的车少一点一样。除非你把造汽车的公司关掉几个。所以有的时候我们控制不了情绪，但是我们可以控制反应。

“二八”定律同样可以用在人们的生活中。其实生活质量的好坏，20％是由自己的机遇决定，80％是由自己的反应决定。所以我们要学会做情绪的主人，虽然这九种情绪在你的心里可能都会有，但是我们要学会做情绪的主人。

再讲一个很有意思的案例。我儿子和我老公的沟通非常不好。因为我老公比较传统，希望用过往的方式教育儿子。现在的小孩可不是那么容易教育的，因为他懂的东西可能比我们更多。我只能跟我先生说，我们现在已经没有能力教育小孩，我们只能去引导他。我说有一个方法，请你把儿子想象成你的总经理，你就知道怎么跟他说话了。不然以老子的这种口吻，现在的“90 后”孩子不可能接受。所以在家庭中教育也是一个问题，我们要多学习。

如果说我们今天只讲一个技巧，是希望大家能够学习一个思维模式：转念的六步法，看到任何的事情，请不要急着决定，想一想事件背后的原因。思维模式转念六步法：①真实事件；②负面的想法；③可以有负面的心情；④要自我辩论一下；⑤要正面的想法；⑥正面结果。碰到任何的事情，我们有这样的一个思考过程的话，也就意味着我们做任何一件事情都会略微慢一点。如果你在公司是管理层，在做任何批评下属的决定前都慢一点，因为站在员工的角度思考一下可能当事人并没有错。比如说业绩完不成，刚才的案例里面只有一半是考核业绩，并不是说业绩完不成就没有用了。

下面给大家看一个真实的案例。我念一下。一家国企，老王在公司工作了十年，两年前从老总的专职司机转做大客户的销售后的维护工作。老总升职上去以后，他就做一个大客户维护的工作。有一天下午，老王接到老总的指令，要做一份明年的老客户维护计划书，老王做好后，却在下班前来到我这里请求我将这份计划书装修得美观一点，因为上次老总说他所有的报告都上不了台面。说我是这方面的专家，这次帮他修饰一下，很要紧的，明年他准备去参加一个培训。虽然那天晚上我还有其他事情，不过对我来说也就 1 个小时的事情，大不了晚点睡吧。深夜 12 点钟，我终于把完美计划书发到老王的邮箱里了。

大家期待着第二天老王怎么样？至少要感谢一下吧。可是，第二天真实的事情是老王见到我的时候，没有反应，板着脸。

这位听众，你会怎么办？总有一点不舒服吧。为了帮他加班做到晚上 12 点，然后老王早晨没有一点反应，这是一个事实。你可以有自己的一些负面的想法，忘恩负义的家伙，下次没机会了，可以吗？你也可以让自己生气。但接下来怎么做呢？想想看怎么做？我们找一位资深的听众，你会怎么做？

听众：跟老王打一个招呼，询问什么地方得罪他了。

卜静怡：这是很好的，还主动去问他。事实上我们如果想想看，可能是邮件到了垃圾邮箱里去了，或者是说他没有收到，或者是被挡掉了，或者是老王收到了，但昨天晚上跟老婆吵架了。我们不知道，所以他不可能心情很好。各种各样的原因都可能发生，因此大家就想一想，到中午再看看吧，等他到中午的时候再来给我做正面的解释。所以你就会暂时放下心来。不然你总是耿耿于怀，负面的情绪影响了自己的心情，影响了自己的身体细胞，你表现出来一定是不开心的。

所以这六个步骤，请大家想想，这是我们在心理学上用的非常好，就是叫作急事要略微缓行。

另外再讲一个重要的点，在个人的情绪管理里面，往往都是用自己的情绪去揣测别人的心情。艾利斯有一个著名的 ABC 情绪理论。假设一个结婚的女生跟婆婆住在一起，老公会非常痛苦，经常会担心她们两个一不小心就给脸看了。如果一个婆婆每天都看见媳妇一回来就说："回来了，我们吃好了，饭在桌上，赶快吃，记得热一热，我先睡觉了"。但是，有一天这些话不说，做丈夫的就惨了，媳妇就可能跟丈夫说，你妈妈怎么回事，今天给我看什么脸？事实上有可能是婆婆这天血压高了，有可能婆婆这天心情不好了，血压不好了。有没有想到，婆婆今天没有给我笑脸，是不因为她不舒服？

我在这边讲一句话，如果跟婆婆住在一起的，请你一定要把婆婆当妈妈。因为婆婆想让你对她的儿子好一点，一定会对你更好。

我们讲情绪的部分，要在做每件事情碰到不愉快的时候，要悟一悟自己当时的状态。我是否在愤怒的状态，因为愤怒也是不一样，有一些愤怒是要出来的，有一些愤怒是要"后会有期"的。所以要体验一下自己的状态，同时要懂得跟自己和解，让自己慢下来，不要让他人影响你的反应，这是没有修养的。

接下来我们看一看，怎么做一些调整。简单来说调整有两个部分。第一个是心理的调节和行为的调节。首先是心理的调节，其次是行为的调节。心理的调节不管我们过往做得怎么样，一定要这样跟过去的自己说再见，做一个今天的自己。首先是要跟自己过去告别，宽容过去。第二个要理性思维。不管你是什么性格的人，都要学会要理性思维。第三个是社会支持系统。我觉得每个人一定要有非常好的社会支持系统。什么叫社会支持系统？你可能有一个闺密，可能有一个要好的同事，可能一些好的组织。有些团体里面其实就是可以让人们去疏泄自己的一些烦恼。现在有很多公司都非常注重员工的心理建设，会把一些课程发给员工，让员工的情绪得到疏解。当做了这些以后，我们自己还要懂得，尤其是今天身在职场，还没有退休的，我们要懂得今天我们所做的一切都不是为公司做，不是为企业做，不是为老板做，而是为自己做。因为你只有这样做了，才会积累经验。

永远记得这样一句话："不是得到就是学到"。你做同一件事情，跟同一个人每次去沟通结果也未必一样，这些都是你的经验。所以好好把握你在职场上的每一份经验，我们有更大的空间，这是关于心理上的部分。

关于行为的部分也很多。因为今天在座的有一些老年人，所以也想给老年人一些建议，生活要规律化，做一些比较轻快的娱乐活动。比如说年轻人可能是比较喜欢旅游，对很多老年人来说搓麻将也是蛮好的，但是要适度，每天搓 2 个小时就好。我们今天年轻人一定要给这些老人家一些掌声，他们都非常爱学习。我知道你们是一个小的团队，爱学习，其实人要不断地学习，也是一种生活方式。所以我们要有一些自己的爱好。女生我蛮建议大家学习做些家务的，现在很多的女生都不爱做家务，其实做家务也是一种释放。

建议大家有时间去做做运动，因为唯有运动可以产生更多的内啡肽，这是人体自身可以制造的，类似吗啡的物质，所以运动可以让你产生愉悦的感觉。当我们累的时候就摸摸头，让我们身体动动，都会产生内啡肽。有一些职场上的人说喝咖啡好了，但不如自己来的好。所以请大家要多做运动。

还可以做做呼吸运动，一定要学会腹式呼吸，什么是腹式呼吸？有学习过瑜珈的就一定知道了，所有的副交感神经大多聚于腹部。怎么来做腹式呼吸呢？教大家一个方法，把一只手放在腹部，另外一只手放在胃部。我们先做一个深呼吸——先把胸打开了，吸气，这叫深呼吸。我们再做一次，都把胸打开了。腹式呼吸代表吸气的时候要把肚子顶起来。做的时候很难，这个时候你就会发觉你的吸气的时候隔膜往下了，呼吸不但打开你的胸腔，也把你的腹腔刺激到了，大家在躺下的时候可以多练练腹式呼吸。尤其是当老板要跟我们谈话了，要上台讲话感到紧张了，请你先做做腹式呼吸让自己缓解紧张。

还有大家一定要学会微笑，微笑是有技巧的，我们有时候讲，你假装笑笑，你就真的笑了；你假装幸福，就真的幸福了；你假装很痛苦，就真的很痛苦。我们要让自己学会微笑，微笑是非常好的语言，也是我们抵御忧郁等的不愉快的好方法。

这里我再透露一个小的秘密，今后各位就有经验了。你们知道为什么所有的服务行业，空姐、银行都要求把他们的头发梳起来？为什么？因为他们在做服务的时候，一旦有眉毛皱一皱就表示他们不耐烦了，如果被他们的领导看到那优质服务要扣分。如果弄一个平刘海在那边，就没有办法看得出。所以梳这种头，是有道理的。

我想做一个现场调查，家有小孩的请举一下手。小孩不高兴的时候最希望我们做什么事情？抱他。如果有婚姻关系、伴侣关系的时候，生气了，或者是不高兴的时候，一个拥抱就化解了。请问大家，你多久没有抱过你自己？好久。你的身体其实是需要的，所以怎么来做呢？尤其是我们心情不好的时候，一定要做一件事情，大家做的时候一定要很享受这个过程。左手摸摸自己，然后右手摸摸自己，然后抱着自己，闭上眼睛，然后紧紧抱着，好享受。男生也一样，男生不要那么坚强，因为你们的肉体跟女生也是一样的。

当我们做了自己拥抱自己这个动作以后，每个人都是笑咪咪的，这是人类最基本的需要。原以为拥抱只能从别人那里得到，其实自己也可以，所以各位一定要好好珍惜。

我们讲哀伤是非常糟糕的，因为愤怒可以释放出来，哀伤则统统都是折磨自己的。

比如说我们的心情不佳，我们可以来听一段音乐，想象自己穿着一条白裙子，男生穿着燕尾服。当我们心情不好的时候可以用古典音乐去影响自己。

现在的音像设备很好，很多人都懂音乐，事实上你要学会用你自己的音乐。我在这里跟大家讲一下，每一个星座，都有自己的星座音乐，与你的灵魂是会匹配的。

如果你有失眠的情况，可以去网上下载下面这两段音乐，能帮助你们睡觉。男生女生都可以用的，马丁的《催眠的花园》，基本上听两分钟就会睡着，因为是一句中文，一句英文，而且那个是有心理暗示的，大概 43 分钟，完全是一种正能量，告诉你怎么爱自己，你的细胞是阳光的，人也是阳光的。女生我推荐张德芬的《每日放松冥想音乐》，大概是 38 分钟，后面的部分她是模仿男性的打呼，很容易让人睡着。在婚姻关系里面，有很多女生一听到男人打呼才睡得着。这个音乐都是让你非常静下心来的，这个频率都是在睡眠波段，这个非常有意思，大家不要小看。如果你是经常坐飞机的人，就会发觉有很多的男士，一上飞机只要有人打呼，他马上睡着。因为那个空间绝对安全，没有人吵到他。所以失眠是意味着你想得太多，你的大脑处于兴奋状态，所以你要跟着那个波段去听你就会进入睡眠状态，这是人正常的时候。如果实在睡不着，你再来咨询我。再次强调音乐很重要。

现在社会压力这么大，每个人都要有一些幽默感，你真的是有幽默感的人吗？你会自嘲自己吗？事实上每个人都是柔软的，所以多让自己学会一些放松的，好玩的东西。幽默的东西，可以帮助我们去缓解压力。

我们来看一下漫画，很显然，这个猫咪是一个杀鱼犯，它戴着一个希特勒的帽子。它要把这条鱼弄死，带了一个电热的插座，在弄死这条鱼之前还要跟鱼玩一下。它就跟它说，潜水的，快出来一下，不然插电了。虽然鱼知道出来也要死，因为它离开水也会死掉的。大家看一下这个鱼的眼睛，有没有恐惧？它觉得很好奇。事实上这个叫做示弱。你是一个懂得示弱的人，则表明你是非常强大的人。所以在职场上也好，婚姻关系也好，尤其是女性要懂得以柔克刚。怎么样来做一个女人，都要学习，我们职场上要学习，生活中同样也要学习。

所以人生多一点快乐，有时候很多烦恼，仔细想想，其实明天它就不见了。所以希望大家每天都能够开开心心，笑口常开，面对压力，我们无畏惧，我们都有一些方法能去解决的。今天的讲座就到这儿结束了，谢谢大家！

主持人：非常感谢卜静怡女士的精彩讲座，接下来我们就进入互动环节。

听众：我有一个困惑，压力惯性的问题。工作上的压力，有可能带到家里、生活中，就是无形中可能会带到生活中，因为是和我的工作有关。我是做飞机的制造测试的，压力很大，所以回去之后精神状态很差，人家一看我那一张脸都知道。所以我想知道怎么样去平衡我生活和工作上的压力？

卜静怡：非常好，这个问题，可能大家都会碰到。我跟大家讲，如果是还没有结婚，我建议你去真正了解自己的性格。我们往往是不了解自己的，每个人都有个性。但是我们都没有找到自己的个性，包括我们如果讲在时间管理里面，我们每个人的生物钟都不一样，不能去找一个共性。事实上你今天问这个话题已经是非常大胆了，平时都放在心里好久了。这种人是比较容易自我消化的，但是当他碰到自我消化不了的问题，是一个非常大的问题，所以要了解你的性格。

上海图书馆这边应该也会经常做一些像性格色彩分析，如果了解了这个分析方法就知道如何应对。不然老用职业的方法去要求个人，是没有办法解决这个问题。另外还要更多地从了解自己开始，弄清什么是你最重要的，什么是可以放下来的，列出一个优先顺序，然后就可以放下自己。有些人通常是一个完美主义者，什么事情都希望做得更好，但是限于时间有限。建议你今后找太太要找一个非常懂你的人，不然的话会很有压力。

我再讲一下，在婚姻关系中，通常没有学过这个的时候，我们找的都称作“对角线”，婚后容易会出现问题。所以我们尽量要找与自己的价值观，或者沟通模式是一样的人，这样才会减少这些问题。

为什么要找跟自己一样的人呢？早期叫互补，这个人很安静的，这个人很活泼的，但是一旦结婚以后，会出问题。这个不是你的能力问题，而是你对自己放不下。谢谢！

听众：老师你好。我想请教你，如何去缓解类似于服刑人员的压力？

卜静怡：这是一个非常大的话题，有很多的机构，你应该也是一个机构的吧？

听众：我有服务对象。

卜静怡：现在服刑的人，他们的信息面也非常的广。既使是他犯了错，也不能代表他们没有知识或者无知。建议从他最根本的利益去思考，什么是他最重要的，要找到他认为最重要的点,再慢慢去跟他沟通。比如说他看中的是家庭,是权力,还是人际关系,要慢慢地帮他打开,说教是没有用的。其实我们讲,如果能够知道他最内在的需求,许多问题就能迎刃而解。马斯诺的五大需求有了解吗?如果有了解的话,一定要了解这种人的最内在的需求是什么。谢谢!

听众:卜老师我的抗压能力太弱了怎么办?

卜静怡:在什么方面?

听众:遇到困难感觉都很不顺的时候。

卜静怡:小的困难没问题吧?

听众:没问题。是大的问题。

卜静怡:是指哪方面?人际关系还是工作?

听众:都有吧,主要还是工作压力,因为我是做销售的。

卜静怡:这是一个很好的问题,为什么做销售?

听众:销售,能挑战一下自己。

卜静怡:要挑战自己,又不接受压力。我给你几个建议,第一个你喜不喜欢钱?讲真话。我以前做销售管理的时候,给人家培训第一堂就是这么问的。我是一个很俗的人,我喜欢钱,所以才能赚到钱。钱跟钱之间也是有语言的,它们也会讨论的,钱喜欢到有钱人家里去,如果到穷人家里去,它们就会被放在银行,放在坛子里面,或者是棉花里面,存一个定期什么的,让钱变得没有价值。但是放在有钱人家里,可以让它流通,钱可以和钱一起。所以你要成为一个销售,要从喜欢钱开始。当你有一个目标,我要做到多少业绩的时候可以做一个调整。现在你又不喜欢钱,又不挑战自己,就做不了销售。

立一个目标,比如说 2015 年我要赚多少钱,你不会很有压力,因为所有的压力都是你自己造成的。目标要清晰,一个是要赚多少钱,然后赚多少钱做什么,你马上就会有决定了。所以做销售千万不要混,否则你自己痛苦,上司也痛苦。

主持人:非常感谢卜女士的精彩回答,如果你还有更多的问题,会后可以和她联系,最后以我们的热烈掌声谢谢我们的卜女士。谢谢大家!

大学生求职的五要诀

孙 炯

现为上海市普陀区就业促进中心职业指导专家。曾在大型企业从事人力资源管理工作，有十余年人力资源相关工作经历，对企业招聘流程、简历撰写、面试技巧比较擅长，尤其对大学生求职技巧颇有研究。

各位同学,大家好!

根据统计,公共招聘网上的岗位75%是大专以下学历。而据就业促进中心统计,应届毕业生学历情况是每年有85%左右的学生是大专及大专以上学历。这两个比例恰好相反,85%的人要去竞争25%的岗位,如此看来,现在大学生就业有较大的压力。

同时,现在学生找工作,学校会推荐,但是不包分配。而中考高考不同,中高考时,我们填一下志愿,学校会按照成绩的高低排序,能进哪个学校就定了,不会错过。但是找工作就不同了,找工作有时候需要一点运气,还需要一些方法,当然更主要的是还需要一定的态度。这也就是今天和大家分享“大学生就业五要诀”的原因。

“大学生就业五要诀”是一种就业方法,但是你了解以后,能掌握多少?能给你的求职带来多大的帮助?最重要的还是你自己的态度。“大学生就业五要诀”是针对大学生求职中多数人都碰到的五个问题:第一,有没有确定求职的方向;第二,如何寻找合适的求职途径;第三,求职的技巧掌握了多少?第四,碰到求职陷阱怎么办?第五,如果找到工作,如何应对职场上的“黑招”。如果这五个问题基本可以解决,那么你的就业效率会非常高。

第一个要诀,多参加招聘会。明确职业方向,需要知道哪些信息?

大家会对一些问题产生困惑,比如哪些职业方向可以选择。这些职业发展的前景怎么样?当然要挑前景较好、较稳定的工作。除了专业,企业对我们还有什么要求?说到职业方向,最好去问谁?如果你要了解自己的职业方向,最好是问问指导老师。据有关统计资料显示,有这么几个主要的职业方向:毕业以后创业;出国深造;进机关事业单位做公务员或事业单位编制人员;继续深造,升学;最后一个是进企业。我们在普陀区一所大学里调查了一下,大约75%的人进了企业,以这个比例来看,我相信在工会管理学院里,这个比例会更高一点。但是具体信息最好问老师。

我曾听到有学生这样问,“老师,您觉得我做什么比较好?”这样问无可厚非,但是请大家注意,如果这样问,老师会很难正面回答你。因为这样问是在潜意识里把责任推给老师。如果学生工作职业没有选好,会归咎于老师的指导,都是老师的错。因此我们在问这些问题的时候,应该动点脑筋,问的具体一点。比如“我想考公务员,我想了解一下我们学校上一届或者前一届的学生当中,能有多少人是进机关事业单位的,他们进了什么单位?”这样对老师来说就容易很多。或者在人力资源管理方面,问“老师,我们学校上一届学生里有多少从事本专业工作,他们分别在什么单位?”

还有一个很好的方法,但是较少人用,因为这个方法需要厚点脸皮。你可以问老师要一份关于学校的校友通讯录。如果有，用拍照的方式把通讯录拍下来。按照自己的职业方向打电话给自己感兴趣的职业和企业，打电话给那些同学，相互了解一下，聊聊天。这个方法绝对有效。有的同学觉得这种方法是骚扰别人，所以不好意思做。其实，刚毕业一两年的人，这正是他们工作经验积累的阶段，感触良多，如果你的问题恰当或语言沟通能力比较好，我相信他们会愿意跟你沟通。如果你认识师兄师姐更好，这里有很多大一大二的学生，你们现在就有一个任务，去接触你的师兄师姐，因为他们的今天是你们的明天。

除了以上问题，自己也要做一些功课，即使拿到校友通讯录，上面的工作也不一定都适合自己。因此在明确自己职业方向之前，有必要去了解一些必备的知识。

首先你们必须了解企业关于构架的知识。例如，我毕业于食品检测专业，对口企业是食品公司。这就是食品公司大致的构架图。第一个职位是总经理，总经理对我来说是一个挑战。接下来是市场营销部，产品研发部、生产经营部、种植技术部、人事财务部。部门经理对我来说也很有难度，市场营销部，因为专业背景，我可以尝试一下市场助理、销售。市场营销部有两个职业可以选择，产品研发部、生产经营部、种植技术部都可以尝试一下。如果是食品专业学生，而且学得很好，可以去产品研发应聘助理。生产经营部，除了助理以外，还可以应聘食品采购，食品检测、原料采购、种植技术部、技术助理等，因为有专业背景。人事财务部助理也可以应聘，因为有食品检测工作背景，而且对食品了解；行政负责行政事务，主要工作和其他部门打交道，因为有专业背景，跟其他部门的人或技术部门打交道会相对容易，因此这个部门，也有岗位选择。

我们换位思考，食品公司，检查食品质量的单位，我们都可以尝试一下。比如说食品检测部门——食品安全局。但是食品安全局不可能对每家公司进行检测，他会把检测的工作外包给一些专门从事食品检测公司，这些公司也是我们的求职目标。这样一来，这个专业可以应聘很多职位。一旦了解公司构架以后，你会发现有很多工作可以去应聘。如果你是学社会管理。根据构架图，除了社工还有一些其他职位可以选择。市场营销部，如果是学社工，服务型工作，可以尝试客服。应聘哪个行业，再补行业知识，现在客服都提供培训。如果是做社工，人事可以做，社区管理，做社工学过管理的，人事行政可以尝试，都是文字工作，也可以尝试。

除了公司以外，还有一个知识需要了解，选择什么行业。有人说："男怕入错行，女怕嫁错郎"。现在时代不同了，对男对女都一样，都怕入错行。根据统计，大多数人，从事的第一份工作或者第一个行业就是他未来整个职业生涯将要从事的工作。因此第一份工作或者第一个行业很重要。工会管理学院的专业比较对口的行业。如食品检测、社工、酒业等。

还有一些岗位是没有专业要求和专业限制的行业，如健康护理。我们现在已经进入老龄化社会，2014 年、2015 年已经进入退休的高峰。以后老年人的健康护理，这个行业肯定是大有可为。还有殡葬、销售、博彩业、公共安全、医药、政府采购、美容、健康服务等，这些都没有专业限制，都可以尝试。

哪些职业相对来说职业寿命比较长，薪资比较高一点，起薪比较高；哪些薪资相对低一些？这是来自公共招聘网的数据，薪资高低每个行业不一样，但还是有脉络可寻。办公室行政人员月薪是不到 2400 元，低于平均薪资。应聘最大年龄是 36 岁不到。如果你将来立志从事办公室行政人员这样一份职业，包括办公室助理、人事行政等工作，你应聘的最大年龄是多少？不到 36 岁。因此，36 岁以后你再去市场上求职的话，你会发现要找一份工作很难。办公室行政人员会转行，转到其他职业上。或者升职，升上管理人员。办公行政人员供求比是最小的，3∶1，一个岗位三个人竞聘。

专业技术人员的职业寿命会比较长一点，你可以应聘到 41 岁，比办公行政人员大了 6 岁。因此古话说的好，有一技在手走遍天下都不怕。此外，以下几点也很重要。

一是团队合作能力

除了行业、职业以及专业知识以外，企业最关注是你的团队合作能力和主动性。团队合作能力是面试时必测的。例如某企业面试的流程可能是这样的。首先是来自各个学校的求职者，先打乱，做小组面试，互相自我介绍，大家先熟悉一下，然后接下来小组面试完以后，按照人员的专业、应聘的岗位进行个别面试。因为后面的面试是有快慢的，有的人早出来，有的人晚出来。有一个小组所有早出来的人都没有走，全部在等最后面试完的人出来了才一起走。这个等待可能要等一个多小时，因为面试的人最早最晚可能会相差一个多小时。结果这个小组基本上全部都录取了，录取的原因就是企业觉得这个小组的人都具有团队精神。你不等也很容易的，理由会有很多，但是那都是借口，只有具有团队精神的人才会留下来等待。

二是主动性

微信上有篇文章。对大家实习可能有点启发。有个助理对主管说不想做了，因为每天都在复印和打印中度过，没有学到任何东西。那个主管告诉实习生，当年他做助理的时候，也是这样想的。主管向这位实习生叙述了自己怎么升职的过程。他做助理的时候，每次复印东西，他都是复印两份，一份给领导，还有一份留下来做统计。过了一段时间以后，老板就发觉与这个助理之间特别有默契感。老板心理想什么事情，那个助理都会提前给他准备好了，秘密就在留下来的复印件上，因为他复印的东西一般是公司的文件，时间长了，助理在整理以后就知道这个老板每年做些什么，什么季节什么月份大致上做什么事情，于是身为秘书的他就提前做好了准备。差不多两年不到的时间，这个助理就被升主为管。你觉得复印是浪费时间的工作，有人却利用这个机会，升到主管，关键不在于你做什么，而在于你是怎么做。这就是主动性。

关于主动性这个话题，我给大家推荐一本书《给加西亚的一封信》。这本书不厚，有兴趣的同学可以看一下。

三是尽快明确职业方向

要尽快明确自己的职业方向，其实方法有很多，首先你要了解自己，可以去问问你的亲戚，问问你的朋友，问问你周围的人对你是怎么评价的，以此来了解自己。也可以做一个心理测试，这都是了解自己的方法。我这里推荐一个更好的方法，就是多参加招聘会。这就是我今天要讲的第一个要诀——参加招聘会。因为在招聘会上，企业不会问你无聊的问题，他不会说今天天气真好，明天会不会下雨，昨天足球看了吗？他所有的问题都会围绕他的岗位要求来问的，你看招聘广告，你可能不明白他要做什么，甚至于很多企业招聘广告也不知道写的对写的错，甚至有的是抄下来。但是面试的那个要用人的主管，他问的问题肯定是围绕岗位要求的，他得对自己的下属，对自己的工作负责，因此，会有很多专业问题问你。通过交流，通过这些问题，你就知道这个岗位、职业是做什么的。就可以衡量一下评估一下自己是否适合这个职业。如果不适合，或者你明确了这个岗位，那自己未来还需要什么，努力的方向确定了；如果你被问到的问题，基本是你的缺点，那么你在未来的学习当中是否有明确的学习方向。最后，在参加招聘会的时候，你还需要磨炼自身的求职技巧。因此招聘会的作用是非常大的。

第二个要诀，招聘渠道。选择合适的求职途径，图上是我们常见的一些求职途径。

“霸王面”，我不知道你公司是不是有招聘需求，但是我来了，你面也得面，不面也得面，这叫“霸王面”。其实招聘会就是“霸王面”的一种是。

我们总结一下，最“靠谱”的求职途径是人脉，11％的人都是靠熟人介绍进了单位，这类人脉包括父母的人脉，父母亲戚的人脉，你的师兄师姐，你的老师等。通过这种方式寻找求职机会相对来说比较靠谱，因为有熟人在面试单位工作，你给面试官的印象会比较好，相对来说你的面试就容易一点。

最高效的求职是校园招聘，企业既然到你们学校招聘，肯定是要招人，基本招到人才才会结束。因此这是最高效的。校园招聘和社会招聘不一样，社会招聘问你有工作经验吗？校园招聘绝对不会问你这个问题，它是最对口的招聘方式。最热闹的求职途径是网络，手指轻轻一点邮件就发出去了。以前我做人事的时候，发一个招聘信息，第一天有时就可以收到八百份简历。有一次我跟外企人事聊天，他说他第一天甚至可以收到三千份简历，而且之后基本每天维持在一千份左右。于是我问他怎么处理这么多简历？他说我只看前三十份，因此网络招聘是最热闹的，但是不一定是最有效的。最锻炼人的求职途径是招聘会。招聘会，一开始的时候，你会被拒绝，会觉得很受挫折，每个人都需要经历这一步，但是关键就看你怎么面对挫折。当你受到挫折的时候，你被问倒的时候，把这些问题积累起来，如果是自己的缺点，想办法通过学习把自己的短板补上，当你再去面试的那一天，你就比别人领先一步。

这是 2015 年秋季招聘的时间表，都是大公司，互联网招聘期最早是在 8 月，最晚在 12 月。这个说明你找工作应该什么时候找。你们是大专，三年级就毕业了，三年级上半学期就要早起了，因为企业 8 月份开始招人了，其实企业很明白，好的学生只有那么点，下手慢就没有了，因此你下手也要快。你快一点，好的企业还在等着你，你慢一点，大三早一点，我们专业课还没结束，我知道有很多同学有这些想法，要以学习为主，到下半学期，过了年再找工作发现工作机会就很少，好的单位已经招到人了。因此，这是接下来我说的第二个要诀，如果三个字，多快早。

第一个招聘渠道要多。因为你不知道哪个求职渠道是最有效的。曾经有一个销售统计了一下，他说一个月打多少电话，就赚多少钱，最后平均下来一个电话可以赚 20 块钱，但是如果他只打一个电话，能不能赚 20 块钱，概率很小，你得多打才可以，因为他不知道哪个电话是有效的。你同样如此。求职途径不知道哪个是有效的，哪一个会给你最后带来结果，因此多多益善，渠道越多越好。

第二个下手要快，如果你是大学生，大一已经开始构思自己的简历，这个构思不是很成熟，但是对你绝对有帮助的。因为你思考这个问题的时候，同时在思考自己未来的方向。一旦你方向确定的话，你所有的动作都是有的放矢，效率相对较高。

第三个要诀围绕岗位要求竞聘，准备要早。求职的准备，面试的准备，简历的准备，一定要早。等校园招聘会开始的时候，你的简历还没准备好，就会比别人慢一步。

关于求职技巧有很多。当你有很多个手表的时候，你往往说不出准确的时间，因为每个表的时间是不一样的。求职技巧也是这样，网上的求职技巧有很多，每个人都会有自己的体会，讲的都非常有道理，但这都是针对他们的，不是针对你自己的。你自己还是要自己考虑，针对自己的条件找出最合适的求职技巧。有一个原则，你在求职的时候，要紧紧围绕岗位要求说。围绕岗位要求回答面试提问，做到四点。

首先，能够看懂招聘广告。其次，不要用“万金油”的简历。只写一份简历，投这个岗位是这个简历，投另外一份岗位也是这个简历。再次，面试前的准备不可少。最后，多参加招聘会。

只有看懂招聘广告，你应聘的时候，你讲话的时候才会有的放矢。怎么看懂一个招聘广告？举个例子，这个广告是招前台文员，看到这个广告，大家看出什么来。这是一家小公司，因为他说是招前台文员及又是前台接待、行政助理、人事助理。只有小公司才会这样，大公司通常是“一个萝卜一个坑”，一家大型公司，一个人事助理忙人事是顾不过来的，可能一个人事部有几个人在做同样的事情。只有在小公司，一个岗位才会兼做几个岗位的事情。

对于前台文员的要求。你如果看到前台文员，不看上面的招聘广告，你想的是外貌要好，有一定的沟通能力，要会计算机的基本操作。但是他都没写，他写的是有一定责任心，做事有较强的条理性，处事信心和耐心。你先要想一想，这个招聘广告是谁写的？私家小公司，人事助理只有一个，这个招聘广告是人事助理写的吗？不是，因为人事主管把人事助理辞退了，不会让他提前知道。最可能是人事主管写的，人事主管写这个招聘广告的时候，由于是小公司，我猜他应该没有非常明晰的企业制度，写招聘要求的时候，首先要考虑上一任人事助理做的不够的地方，缺乏责任心，做事没有条理性，做事不够细心和耐心，因此你在求职的时候，求职的重点就抓住了。18～26 岁的女性本科，有没有 18 岁的本科毕业生，科大少年班有，科大少年班不会应聘这种公司。专业偏经经管理类专业为佳，只有经济管理。我们知道这个人事主管要招细心耐心的人事助理。

在应聘的时候，你知道这些，你的应聘策略就出来了。你在简历里要着重强调你的经验，细心并具有责任心，我学习成绩非常好，说明我对学习非常负责任，我对自己负责任，因此，相信自己将来在工作上也会同样认真。同时，你在实习过程中发生什么事情，能够体现你的责任心，可以写点出来。如果你住址距离单位很远，但是你交通很方便，你应该怎么办？不要把地址写出来，写一下你的住址到单位大概需要多少时间，坐地铁 20 分钟，虽然路很远，但时间并不多。所以，写一下上班路程大概需要的时间就可以了。能看懂招聘广告，你的应聘策略就出来了。

薪资不同，要求会不一样，因为薪资不一样，竞争的激烈程度是不一样的，应聘的人数也是不一样的。比如 2 500 元/月，来应聘者比较少，要求也抬不高，于是只要求会操作电脑就可以了。3 500 元/月的岗位，相对来说比较正规一点，工资相对来说比较适中一些，来应聘者会多一些，这个时候可以挑挑捡捡，于是就开始看重你的沟通能力，看你做事是不是麻利干练。如果你是应届生的话，4 500 元/月的工资不算太低，超过平均工资了，这个岗位的竞聘者会很多。如果是一个大型国有企业，而且又是金融行业，应聘的人一多，除了沟通能力，除了基础的东西以外，接下来最看中的是你的形象。

这三个岗位虽然是同样前台客服，但是由于薪资不一样，你在寄简历的时候策略也要不一样，如果应聘 4 500 元/月的工作岗位，多写点证书会比较好一点。因为是小公司，又是做前台又是做行政的，你证书多一点，他会觉得你实用一点，各个岗位都可以顶，比较适合公司需求。3 500 元/月的工作岗位要体现你沟通能力，体现你的责任心，如果你有实习经验把实习经验放在重点会比较好，他一看这个小同学在五百强公司里或者在大企业里实习过，说明他受过正规训练。2 500 元/月的岗位应聘的时候，如果你对自己的相貌有信心的话，在简历上贴一张职业化一点的照片，这样在应聘时可能会加分。

同一个岗位相对的简历要求是不一样的。首先要看懂招聘广告，理解侧重点在哪里；其次是万金油的简历不可取；其三，相同的岗位，不同的薪资，应聘的策略和简历的重点也是不一样的。

同样是网络编辑员，左边是网站的图片编辑，只要会 photoshop 就可以了，右边是医药网络编辑，这时最重要的就不是会 photoshop 了，有医学背景就变得更重要了，因为医学是专业知识，其次重要的是文笔要好，同时英语要过关，最后才是计算机能力。如果你有同样一份简历，应聘两个同样的工作，可能一个合适，一个就不合适。因此好的简历，一般都是针对招聘岗位的要求，要紧紧围绕岗位要求来写的。

面试前的准备，既然定了策略，看懂了招聘广告，面试准备就很重要。面试前的准备技巧有很多东西，我只讲一个，因为面试的第一印象很重要，有 50%以上面试的第一问题是自我介绍。比如说你为什么来应聘这份工作，你的优势在哪里，劣势在哪里，介绍一下你自己，其实就是一个问题。自我介绍你只要根据岗位要求，介绍自己就可以了。但是这里面有一点提醒大家，美国曾经做过一个测试，对一百对夫妇测试，让妻子临出门前说七件事情，看丈夫回来做了几件？大多数丈夫做了一件事，第一件事或者最后一件事，也有少数人做了两件事情，第一件事情和最后一件事情；极少极少极少的人做了三件事情，七件事情都做的丈夫一个都没有。

在面试的时候，我相信大家会有很多优点，都希望把这些优点一一罗列出来，可是面试官记住几个？因此在面试的时候，要把握住重点，说自己最好的，或者最有竞聘优势的优点，其他的优点，略讲就可以了。这样反而会给面试官留下比较深刻的印象。比如我叫孙炯，今天来应聘这份工作，我觉得自己最大的竞聘优势是什么什么。其他的方面，还做了哪些准备，还有哪些优势，这些都带过，这样才可能给面试官留下深刻的印象。各位同学，如果是一个初出茅庐的求职者，如果面试经验不是很丰富，平时在学校中上台演讲经验不是很丰富，很有可能你第一次面试都不知道说什么好的，讲话时候有可能甚至结巴。因此在面试前，最好对着镜子，就一些常见的问题，多练几遍，这对提高面试技巧绝对有好处。

邓小平爷爷曾经说过，实践是检验真理的唯一标准。你想得再好，知识了解再透，面试技巧知道得再多，没有实践过，你永远都不知道自己到底行不行。因此不停地面试，不停地实践都是为下一次的面试成功做准备。我有一个大学生的朋友，他第一次应聘是公务员的岗位，这个岗位非常好，工商联，只要考出公务员，就进公务员编制了。这个岗位对大学生来说非常好。他是重点大学毕业的，工商联的领导进来以后，他第一个打招呼的也是这个人，看了简历以后最看重的是他。可后来发生一件尴尬的事，有三个面试者，面试的另外两个站起来和领导握手打招呼，可他却坐着和领导打招呼，最后他没有被录取。后来我问他怎么回事儿？因为他平时不是不懂礼貌的人。他告诉我太紧张了。在紧张的时候，人的血液会从大脑流向四肢，那时候人的表现就像原始动物一样，无疑会给面试带来麻烦。因此你不停的实践，对自己的面试会有好处。这个同学再面试几次以后就不紧张了，很快就找到了工作。

第四个要诀，警惕“求职陷阱”。如何面对招聘陷阱？你面试多了，找工作找得多了，人家说“有人的社会就有江湖”。现在外面有很多的招聘陷阱，这里列了四类。

第一类巧立名目乱收费，问你收培训费、押金、服装费等。

有一个求职者跑到我这里，他是外地人，带了三千块到上海。他听说上海工资非常高，确实上海平均工资在全国数一数二的，至少是前三位，他跑来的第一天，三千块就全部被骗完了。他报警，警察过去的时候，那个骗子已经走掉了。这里收中介费，到那里收服装费、培训费，再去找那个公司的时候，那个公司不在了。再问的时候，那个保安说这个公司走掉了，这个地方是临时性的。

第二类，招聘广告玩文字游戏。比如年薪，试用期，与实际薪资是背离。

我有一个朋友定了一个年薪十万的底线，月薪三千，到年底分红的时候，老板告诉他一个坏消息，今年亏了，没有分红。试用期薪资背离的事也有。一份人事岗位，试用期三千，转正后八千，在试用期的时候，他们单位叫他做一件事情，因为他是有人力资源管理经验，他不是一个大学生。叫他做一件什么事，他说，我们企业制度很混乱，你帮我们建立一个企业制度。好，他用了三个月，千辛万苦建立起企业制度。快到三个月的时候，突然发现电脑权限被管制，三个月一到，企业就把他开掉了。后来他了解，建立一个企业制度，找中介公司，或咨询公司要20万。那个企业招他三个月才花了九千块。

最后我们总结出来一条，在试用期间不做实际性事情；企业也想出来一个办法，对于高级人才不设试用期。

第三类，保险直销舌如簧。

如果你经常在外面应聘的话，难免碰到这样的情况。不是说保险这个职业不好，"保险"这个职业淘汰率非常高，你没有渠道，没有一定的沟通能力的话，要在保险行业生存下来，是有难度的，特别是应届生朋友。

我曾经问过一个做保险的人，他在那里招聘，我问他你们这里如果竞聘，多少人能留下里？他说8%。我说多少人能做到你的位子？25%。8%里面的25%。这个比例是不是很低？因此对自己没信心的话，还是稳当一点比较好。

第四类，镜花水月的培训。

很多培训企业说，我们的培训是免费的，我这里就碰到过这样的例子。有个学生很好，很有忠诚度，那个企业说我们培训是免费，培训完以后给你岗位。他就培训了，当中有好几个公司叫他去面试，他都拒绝了。培训结束以后，企业没有给他工作，至少没有给他想要的工作，他的培训项目，跟他的专业没有太大的关系。他凭这份证书到外面找工作，这个证书对他也没有太大帮助，他前面的时间都白花了，这就是机会成本的损失。

为什么企业免费给你提供培训，因为这个培训是政府补贴培训，不用付钱，但是企业可以问政府要钱，他才不管这个培训是不是符合你的专业，是不是对你求职有帮助，它只管收钱。因此大家碰到这种培训的时候要引起注意。

总之，应聘前做功课，做哪些功课，应聘前跟公司大楼的保安聊一聊。要知道大楼的保安属于物业公司管，因此他是愿意说实话的，应聘的时候，你对这个公司不放心，和大楼保安聊一聊，问问这个公司的情况，会有助于你了解这个公司的第一手信息。

上网查询对这个公司的评议，了解这家企业在业内的地位，看是否像他所说得那么好。这个公司是否有发展前途，一般业内人士都知道。还有一些专业人士，是可以向政府部门求助的，劳动保障部门的求助电话是12333，市民热线是12345，你都可以求助。

对社会中介需谨慎，根据行规，社会中介不应该向求职者收取中介费，他们一般是向企业收取中介费。中介如果要问你收费，第一个月工资的30%。你可以告诉他我是来赚钱的，我不是来花钱的。

找到工作以后，不一定能过试用期，过了试用期也不一定能留下来。首先要看看这个企业的现状，其次企业也会考查你。在职场里，特别是小公司招实习生的时候有很多“黑招”，这里罗列了一下，大家看看，这是常见的企业黑招。如果以后你碰到，有一个了解，可以提前做准备。

第一，加班没有加班费，这个在日资企业里特别的多。日本人会设一个标准工资，这个标准工资基本上不可能完成的，由于你没有完成常规时间的工作任务，因此你自愿留下来加班，这不是加班，是因为你手脚太慢了，自愿留下来，把应该在工作时间内没有完成的任务给完成了，所以加班没有加班费。

第二，不交社会保险，这也很多，大家都能看的懂。

第三个，永远过不了的试用期。我那个朋友的例子，他试用期没过的原因是什么？企业利用它的经验做这件事情把他辞掉以后，企业招一个人事主管，一旦企业制度建立以后，只要维护维护就可以了，这个时候企业的工资是不是又可以降下来了。季节性的工资，比如服装行业，一些服装行业，批发零售业特别常见，在旺季的时候，人手不够招几个人，淡季的时候就把你辞掉了。还有一些非重要岗位，有一家台资公司。他一直在利用实习招一些人进来，做一些文职的工作，这些人实习期过了以后，或者见习期过了以后到哪里去？到餐厅做服务员，因为那家企业是餐厅连锁。

第四，凭发票抵工资。我曾经碰到过一次，他拿了一叠的餐饮发票，他问我发票有吗？凭发票抵工资，他是要节约成本。我们都知道，工资是税后的，发票是税前的。如果税后工资放到税前可以少交税。既然是发票抵工资，这个公司不给你工资单，也不会给你交金，如果五险一金要60%，也要一千多块，如果工资三千块，缴费缴1 500块左右对企业来说是很大的成本。这个公司叫你发票抵工资的基本不是大公司，管理一般不会规范，因为为了逃税，劳动合同都不会签，考勤不会考，工作证不会给你发，因为这些都是证据。如果这些东西给你后，你是可以告他的，可以到劳动仲裁部门告，一告一个准。因此这些东西都不会给你。不给你他的管理相对来说比较混乱。因此这样的企业都不是好企业。如果碰到这样的企业你就要考虑一下。

第五，劳动合同巧立名目。这件事情发生在20世纪的90年代，改革开放的时候。那个时候我们计算机没有完全普及，还没有宽带，计算机还是一个高新科技，一个职业。有一家外资公司进来以后，招一个编程人员，月薪一万多块，九几年的时候房价两房一厅十几万，他月薪一万。那个老板很欣赏他，还送他去美国培训，培训费20万美元。这个人回来以后，他做了一件对不起老板的事情，因为他觉得自己翅膀硬了，他准备跳槽，开始到处发简历。因为当时刚刚改革开放，国内企业一般没有这样的企业，基本外资企业需要这样的人才。但是外资企业的老板都是外国人，外国人有自己的同乡会。他们跑到异国他乡，遇到自己国家的人会感到亲切，他们经常交流，有一次交流的时候，人家问他，“皮特，你是不是对你们的员工不大好”，他说“怎么回事儿，我对我员工很好，给他20万美元培训。那他怎么会跳槽?”企业知道这件事情，那个老板很生气，于是，这个人就从这个岗位上，原来的技术核心岗位上被调离，调到文职的档案管理的岗位，他投诉过的，到劳动部门投诉的，劳动部门打开合同一看，从事什么什么专业相关工作，技术工作也是相关工作，相应的档案整理也是相关工作。他那个岗位三千块一个月，而且最关键的是什么？最关键的是这个是技术工作，你半年不做，这个知识就淘汰掉了。你再找工作就很难找了。最后的局面是双输，这个老板把钱付了，这个人也输掉了。他不是说不想跳槽，他可以跳槽，但是老板把合同一拿出来给他一看，培训费20万美元，上面劳动合同上写的，如果毁约，把20万美元拿出来。九几年，人民币和美元1∶8，差不多150万人民币。要卖10个两室一厅才能凑齐这个钱，因此劳动合同一定要看清楚。在劳动合同中，有引起地方企业可能会做手脚，如岗位名称、工作时间、薪资、工作地点、培训费用、服务期约定，敬业限制，签约主体等。如果签约主体不是这个单位，就是第三方派遣。有一个人就是这样，他在那个公司做不下去，退工的时候退完了才发现原来那家公司给他交的是小城镇保险，那个缴费制度非常低，他原来在普陀区工作，可退工退到虹口区。后来一看签约主体不一样，他在签约的时候没有注意这些导致了严重的后果。

第六，逼你裸辞。我碰到一个例子，女孩子结了婚以后怀孕，生小孩。女孩子一般怀孕的时候，请假会特别多，一会儿保胎，一会儿不舒服。那个企业就“不爽”，每次请假的时候，真的都有请假条递给企业，企业没办法。这时候企业想了一招，上班以后，她突然之间发现企业不再交给她任何的事情，把她的办公桌安排在靠近厕所的走廊里，就坐在那没有任何事情，就坐在那里不能离开。这样是不是很难受，这其实比坐牢还难受，最后没有办法，她自己辞职了。还有一种裸辞，企业以黑名档案为要挟，你不辞职，就在你档案里放黑材料。这是真实的事情。企业会以这种为要挟威胁你，让你裸辞。因此我们说劳动者是弱势群体。

第五个要诀，谋定而后动。在实习期实习生，发生工伤事件，依据保险法规定在实习的时候还不是劳动主体，企业没有为你缴纳工伤保险，如果万一你发生工伤的话，是按照事故责任情况来进行分担的，由学校和单位进行商量，根据责任情况赔偿。碰到这种情况，解决办法很简单，谋定而后动，先谋后动。谋首先要想清楚，哪一个对你更重要？如果你碰到一份不加金的工作，是现在积累工作经验重要，还是现在加金重要。如果你能找到一份加金的工作，同样也很好的，比这份更好，我恭喜你，没问题。但是你觉得找工作很难，好不容易找到这份工作，和自己专业对口，而且又能够积累点经验，我劝你一定要想清楚，因为你现在不加金，可能是为了以后赚更多钱，加更多的金，找一些专业人士帮你出出主意，签劳动合同的时候，你可以说，这个不太好，拿回家仔细看一下，第二天再还给你。回家马上找一些专业人士，或者向就业促进劳动部门进行咨询，我们专门有窗口咨询，或者打 12333 咨询一下也可以。

动有几个要诀，一个是适当的隐忍，你碰到这种情况的时候不要冲动，你马上辞职的话，好的企业有硬性条件，看到你失业三个月以上，没有找到工作，他不会要你。还有的好企业，一份工作在两年以内的，不到两年就跳槽了，他也不要。很多好企业多会有这样的硬性指标。因此你要碰到这种情况，该隐忍的适当隐忍一下，有句话说得好，你把脾气发出来叫本能，把脾气压回去叫本事。先隐忍下来，把退路找好了，再动，再辞职。这个动里面还有一个要点，企业有时候会黑名单，因此，即使你要动了，也是要好聚好散。第一，企业是强势群体，你是弱势群体，你要防他恼羞成怒。第二，有时候你的后一家公司会打电话给你前一家公司了解情况，如果前面一家公司闹的很僵，你觉得企业会为你说好话吗？会对下一份工作不利了。因此，谋定而后动。

五个要诀已经讲完，再重新总结一下：

第一个要诀，多参加招聘会。在招聘会注意几个问题，首先，和企业交流，通过交流，你就可以了解这个企业是干什么的，了解我是否适合这样的企业，确定自己的职业方向。其次，招聘会是没有限制的，在招聘会旁边听别人是怎么回答问题的，企业大概会问哪些问题，磨炼求职技巧。

第二个要诀，招聘渠道。寻找合适的招聘渠道，渠道要多，我们说全面撒网，重点培养，渠道多，下手要快，准备要早。

第三个要诀，围绕岗位要求竞聘。我们在求职的时候，切记要紧紧围绕岗位的要求来竞聘，任何话都要围绕岗位要求展开，企业说，“昨天你球赛看了吗？”你也可以告诉他，“我没看，因为我正在做一份毕业设计，而且这份毕业设计和今天应聘的岗位还有点关系呢”。这样企业的注意力就被你吸引过去了。你不要以为企业问你球赛看了吗，是对足球感兴趣。企业有时候会问一些无关招聘的话题，他的目的只是让你放松警惕，因为在面试的时候，人和人是面对面的，他会有一种对立情绪，你在紧张的时候，你是不会把本性暴露出来的，人在暴露本性的时候，只有放松的时候。他会问一些这样的问题，其实他的目的只是让你放松而已。

第四个要诀，警惕“求职陷阱”，要诀是多看几块“表”，大楼保安、业内人士、专业人士、政府部门。

第五个要诀，谋定而后动。重点在“谋”和“动”，适当的隐忍，要想清楚什么对你来说，现阶段对你什么更重要，找一些专业人士咨询。首先，适当的隐忍，其次，好聚好散，找工作，骑驴找马，找到以后，再辞职。

这是我给大家分享的全部内容。谢谢。

主持人：谢谢孙炯先生的精彩演讲，下面是互动环节。

听众：我想问一下，刚才你讲到要仔细看合同的时候，倒数第二条是什么？

孙炯：几个要素，岗位名称、工作的时间、薪资。因为年薪和月薪是不一样的，我月薪三千，年薪十万，到一年结束的时候说，我们亏损了，没有分红，这个很重要。后面是工作地点，因为有些企业想逼你辞职的时候，会让你到外地工作，他没有设工作公司，到分公司工作，那时候背井离乡，逼得你辞职。培训费用，服务期限，服务期约定，竞业限制，签约主体，关于服务期和竞业限制的问题，大家可以看一下上海最新版的劳动合同法，这里有相关约定。

听众：你觉得创业比较好，还是就业比较好？

孙炯：这个问题蛮大的，我先告诉你一些数据，大学生创业能坚持过三年的不到1%。创业成功的大学生在大学期间已经开始在做创业了。我有一个朋友，他在大学期间就利用京东网，帮助组装电脑。毕业以后，他就开了一家电脑公司。但是开电脑公司第一桶金和前期的工作，在大学期间已经完成了。如果你大学期间没有做过什么创业准备的话，我给你的建议是先就业，再创业。你先了解这个社会，先了解你将要创业的行业情况，然后再创业，这样把握才会更大。如果你没有经验就直接创业的话，你的资金一般来自父母，或者同学，不管是父母还是同学，钱来得都不容易。因此你要对这些钱负责。如果你没经验的话，我建议你还是先就业再创业，较为稳妥。

听众：在你的话中“不是木桶”是指什么意思？

孙炯：木桶原理大家知道吧，一个木桶能存多少水，取决于最短的那块板。但是，在职场里，我们不是木桶，我们晋升是看如何发挥你的长处，另外，木桶的拼装也非常有讲究，一个人会有很多优点，也会有缺点。你可以找一些能够发挥你优点，我们说扬长避短的工作。比如说我的沟通能力不是很好，我就不去应聘销售。沟通能力是我的短板，我的技术非常好，我就应聘技术部门。我们不是木桶是这个意思，在企业里发挥会自己的长处，扬长避短。

听众：刚才老师讲到，职场里的“黑招”，辞职的情况下，可能会遇到公司“黑”我的档案，除了跟公司好聚好散，还有什么有效的方法解决这个问题？

孙炯：最好的方法是好聚好散。

听众：有什么法律途径可以走的吗？

孙炯：法律途径是等好聚好散以后，他把你的档案退掉之后再走。谋定而后动，你要找专业人士出主意。我们这里都是大学生，如果你不做人事工作的话，你对这个专业绝对是不了解的，你碰到这些问题，肯定会有很多疏漏。我认识执业公司企业经理，每个月公司进出人员很频繁，怎么处理劳动者有自己的一套方法，不找专业人士对付不了他们。你要防他“黑档案”，好聚好散以后，等档案退回以后，再告他们也不迟，因为在两年内是有效的。比如不给你加金，在两年内诉讼期是有效的。

主持人：现在互动环节到此结束，如果各位同学有问题，可以在场下和专家交流，再次感谢孙炯老师的演讲，今天活动到此结束，谢谢大家。

职场上人际法宝之让他人快乐

马 芸

CIPT注册国际职业培训师、CPCP企业教练、职业生涯规划导师。为上海资深人力资源管理师及企业管理者，擅长组织发展建设。有近20年的工作经历，在集团性企业、跨国公司、大型国有企业历任人力资源经理、人力资源总监、首席运营官等职。丰富的经验使她对企业的经营模式、人力资源管理、品牌运作、运营分析等有着深入的理解，为企业、高校做过多次人力资源专业培训。课程理论与逻辑性强，教学方式活泼生动。

大家下午好，很高兴认识大家。我的名字叫马芸，和阿里巴巴的马云音同，字不同。希望我未来朝着他的目标越来越近，希望大家有机会往成功之路上走向成功。

我是吃草的马，我的云上面有一个草字头，我不是在天上飞，更多脚踏实地做一些事情。可能是人力资源出身的习惯，我有18年的人力资源管理的经历，是1997年开始工作，在18年职业经历当中，我有三个行业的经历，第一个行业是金融，第二个行业是第三方咨询公司，第三个行业是房地产设计。我有五个转折点，这五个转折点，是我整个职业生涯的变化，跟大家做一些分享。第一个转折点是从金融行业的业务转为了第三方人力资源；第二个转折点是从第三方的咨询公司HR转入在企业内部做人力资源，这是从第三方进入企业内部看企业的转折；第三个转折点是从企业的HR步入了企业内部运营，从整个公司的业务角度去看人力资源；第四个转折点是从运营的角度转为职业培训师，最后成为一个独立创业者。这里面是一步一步从企业内部运营的员工转为职业经理人，成为追求梦想的人。

在今天开始话题之前，问在座的大家两个问题，第一个问题是，你怎么看待让他人快乐。第二个问题，在以往的职业经历中，有没有让你快乐的人或者事情？我准备了一些小礼品，回答问题者可以得到小礼品。

听众：自己微笑，带给别人也是微笑的。

马芸：你在以往的工作当中，有没有碰到过让你觉得快乐的事或人？

听众：应该有。

马芸：有的，能给我们分享一下吗？

听众：我是投诉部门。

马芸：你是投诉部门，接收到是抱怨，你希望客户给到你微笑。

听众：对。

马芸：谢谢你。还有吗？

听众：我先说第二点，我工作蛮多年了，但是在前两年碰到一个人让我有很大的变化，他是一个很特别的人，他与其他人有一个很大的不同点，他遇到问题以后会从你的角度考虑问题，为人处事让你觉得很舒服。

马芸：他给到你一种你被他理解了的感觉。

听众：被他理解，同样他会通过自己的努力去帮你解决问题。

马芸：帮助你解决问题？

听众:对,让你提高,很无私的感觉。

马芸:你感觉受到他的帮助,而且自己有了提升。

听众:后来他做另外一些事情的时候,有时也需要和大家合作,我发现大家都很愿意跟他合作。他遇到问题以后,我们都会尽自己最大的努力帮他解决问题

马芸:你看到了当他付出以后,大家反过来给他一些帮助。

听众:对的,确实是这样。

马芸:谢谢你。在座还有谁想要分享?如果这样的话,刚才两个不同的例子,给到大家什么样的感受?我们可以看到,刚才虽然只是短短的两个例子,但是我们抓到不同的点,首先是我们发现每一个人快乐的点是不同的,为什么?因为两个人有不同的背景,不同的职业需求。第二个,在整个职场中,我们讲的职场快乐,不仅仅是简单的高兴,心情放松。而是做到令对方满意,达成对方需求的含义,最后达成共鸣。我们今天要讲的让他人快乐这个主题,不是简单的大家脑海中的印象的那种让对方微笑,实际上背后存在的很多职场当中可能需要的要素。

这是卡耐基的一句话,“一个人事业的成功,只有15%是由他的专业技术决定的,另外85%则要依靠人际关系”。大家看到比重关系是截然不同,前面是敲门砖,后面是决定你成功的大的因素。

先看整个人际交往的过程,在整个人际交往的过程当中一般来说分为五个步骤,我相信刚才一位女士给我们分享的案例,已经让我们窥探到当中的一些奥妙了。在整个步骤中,先从陌生开始,我们认识他了,慢慢的我们接受了他成为我们的伙伴,再之后当他和我之间建立信任关系之后,他令我们快乐了。为什么快乐?他触动到这位女士的需求,而她的需求是支持、帮助她提升。最后我们发现,反过来,这个人得到了什么?得到了合作者。我们看整个人际关系的过程当中,慢慢地五个步骤就产生化学效应。今天特别把中间第四个黄色部分给大家分享,到底如何让他人快乐。

让他人快乐和职业发展成就因素的关系。

大家看这张图,其实我们都知道,在整个职业发展成就因素当中有两个不可或缺的因素,一个是个人,他需要有些什么样的因素在里面?第二个,他要知道他自己能够做什么?我可以做什么?第三个,他是否愿意做这件事情。这三部分是他自己的认知以及对自己的技能、自己的意愿三部分的整合。如果他能达到这个程度的时候,我们再跟企业去匹配,整个企业当中,有企业的战略,企业的文化,企业的体系,企业的人,

怎么跟他匹配也是个问题。这里讲得比较抽象,之后会举例子给大家。

在座所有人当中,从事人力资源方向的请举手。我今天举的例子是关于人力资源的例子,我们知道作为人力资源,实际上当真正碰到一些事情的时候,不可避免也会进入一些误区。

之前我有一个朋友,是非常资深的人力资源经理,他曾在世界五百强公司工作,然而最近一次跳槽,却非常失败。因为他之前在应聘的时候,他看中这家公司有几个因素,一个因素是他的孩子今年上小学,接下来需要花很多精力陪伴孩子,因为他在苏州工作,经常要来回赶,每天坐着火车,工作地点离家太远。他要找个相对来说时间上能够控制的工作。另一个因素,他当时的薪资很高,希望薪资不变,他希望在新的环境当中,能够有一个稳定的薪资增长。第三个因素,他希望在整个工作当中,能够把自己的能力发挥出来,因为他是一个很有目标导向的人,希望受到公司的认可。

在整个的面试过程中,他面试好几轮,见了直属上司,人力资源分管副总,也见了公司其他部门经理,也见了公司的老总。在这个过程中,这个公司的老总非常好,对他非常温和,而且愿意倾听他的声音。他觉得很好,未来在这个公司当中和大家相处很容易。同时,这个公司离开他家近比较方便,上下班时间稳定基本没有加班。而且对方给出非常满意的薪资。

从我们的角度感觉,这是一个非常理想的工作。事实情况却令他非常沮丧,仅仅是很小的两点因素。第一点,这家公司要求全员考勤。不管是什么职位,进来之后每天上下班打卡,这点让他很不适应。他觉得自己是人力资源的高管,他应该有自觉的自控能力,公司应该对他有极大的信任度,怎么通过这样的方式要求他每天打卡。第二点,他没有独立的办公室,正巧他去的公司面试的时候,面试之后这家公司搬到更大的环境当中,但是公司并没有考虑人力资源经理这样的职位,整个人力资源是大办公室,他很不适应。

说实话他在跟我们交流的时候,我们发现,实际上他这个人非常在意被认可,他觉得在这两点上,感受到公司没有认可他。他很不适应。大家看到没有,当一个人我知道我可以的时候,他发现企业的战略文化体系和人不匹配。刚刚看到的考勤、办公室和文化有关,因为老板很好,希望和大家融合,这个公司大家并没有很明确,每一个高管都有办公室。同时体系要求很严格,要求大家上下班考核体系。

在这上面显示出两点跟他不匹配,这个原因出在这里。当我们看到这个人在企业环境当中,员工像一个植物,或者是一朵花,员工希望在这里茁壮成长的时候,根茎获取养分的能力不够。这个枝干是帮助我们更多地取得企业的信任和资源,然后帮助我们更茁壮地成长。这个问题主要出在个人,他并不快乐。我们就讲到,跟今天讲到的主题,他不快乐,让别人快乐的关系在哪里?刚才看到前面那张图,只有当我们自己快乐的时候,我们才可能影响到周围人,然后周围人才可能反过来给到我支持,也就是说互相之间合作在这个基础上慢慢前行。

现在我和大家一起分享一些例子。

第一个案例,这是一个真实案例,我尽量把我自己身边遇到的一些情况跟大家做一些分享。Mary 是名牌大学金融专业的毕业生,她毕业以后,立马被一家证券公司录用。证券公司一开始是把她分配在总经理办公室,她觉得非常开心。没想到刚上班,总经理要求她在一个月之内把积累的文件整理归档。Mary 有很强的自我驱动力,她一开始也很认真地做这件事情,很快把所有的文件,分门别类整理好,按照档案的管理规则去装订。慢慢她感到,这个工作太枯燥了,觉得自己的价值没有发挥出来,而且她看到同期进来的同学,或者同事在一些业务部门或者其他岗位上做得非常带劲。她的抱怨就出来了,她想自己是一个名牌大学生,是读金融专业,竟然让我做文员的工作,再这样下去就要辞职。这是她的现状。

你们觉得她接下来有没有什么变化?有没有什么感觉,如果接下来快乐地在这家公司工作,有没有需要改变的地方?故事之后发生了什么?

听众:首先要转变角度。

马芸:要转变角度。

听众:文件归档会了解到公司很多信息,重大决策,将来走上更高的位子。这是有利的方面。

马芸:你是做什么工作的?

听众:我是做金融。

马芸:你有过这样的经历吗?

听众:这样经历没有,类似经历有。

马芸:你当时按照你今天的想法去转变自己的?

听众:对的。

马芸:我觉得今天在场有一个非常明智的听众,确实 Mary 最后是这样做的。谢谢你的回答。也帮助我们解答了这个故事之后发生的事情。这个 Mary 突然发现,我既然可以接触到总经理所接触到的文件，何不通过在这个文件的整理过程当中，去了解整个公司的经营状况，了解整个公司的业务布局，甚至知道公司未来的趋势，我可以通过自己的能力分析，这对我未来进入具体的岗位以及对公司有全盘的了解。她的思维改变了，很愉快地投入工作，而且不仅完成领导要求的工作，同时在这个过程当中，竟然学到很多企业管理的知识。这是其他部门员工没机会接触到的。

听完这个故事，大家有什么启发？通过这个故事，有没有给到你们一些对于职场的感悟？在座有没有谁说说自己的一些感悟？

听众：我觉得给我的感悟，作为刚刚毕业的大学生，对自己的定位要准确，要有好的心态，还要学会换个角度看问题。

马芸：要换个角度看，在不顺利的环境当中，他可能带给了我们什么？这个故事给我们什么启发？我们会发现机会在抱怨当中，我希望在座所有人未来碰到抱怨的时候，记住这句话，我今天抱怨了，我在这个抱怨的过程当中，实际上就是机会，我们看看在这个当中有没有机会给到我。我们要学会在窘境当中学习，这是一种能力。同时，与自己比较，尽量不要与其他人比较，否则你的心态会更坏。而且我们要乐观地坚持，有时候我们再走一走就会发现很多你之前没有想象到的东西。

在这儿与刚才那位听众一起我们分享的是一样的。我们发现，我们要换位思考，我们要保持良好的心态。我讲到 HR 的例子，那个 HR 现在抱怨了，他在这两个机会当中，看到了其他的机会的时候，他有可能就不会抱怨的。他发现整个公司要求每个人都打卡，说明这个公司，人人平等，作为他来说他可以平等地跟管理者对话，他可以看到这个企业文化好的地方。没有独立办公室，他可以跟团队更加紧密地合作交流，有什么问题可以直接去解决问题，而且我也能看到我的团队工作当中发现什么，这是另外角度在窘境当中了解发现对他工作有利的地方，对他工作开展更有帮助，他开展工作更轻松。他换个角度，就不太一样。

首先我们可以看到，如果我们要学习让他们快乐，首先自己要有能力让自己快乐的心态，这是一个基础。

这是美国心理学家麦克利兰教授的冰山模型。我们通常看到对方的行为，包括自己和别人接触的时候，我们的行为背后有很多内容去支撑，我们日常当中，我们能通过与对方的互动，看出这个人具有哪些知识，他有哪些技能可以把工作中的事情做好。背后有很多层意思，这个人的态度，价值观，这个人对自我价值的认知，这个人的性格。

最后内在的驱动力、动机。为什么和大家分享这个图？在这个图当中，由上至下，最大的关键点是越到下面，越难改变。在平时应聘的时候，有的公司会要你做性格测试，有的公司进去以后马上有新员工培训，告诉你整个公司理念是什么，价值观是什么，我们公司的文化是什么。为什么公司没有做到对你内驱动力的评价，是因为那些东西很难改变。所以很多公司，首先在性格测试这一栏，把一些人筛选出来，待进到企业来以后，因为随着价值观的植入，是慢慢容易改变的。这个时候，这个公司就会去嵌入这些活动在里面。

我们今天所讲的，让他人快乐是一种能力。我认为，至少我们应该从态度层面先去改变，然后再教会大家一些技能。让他人快乐的能力有了，慢慢去培养，行为就展现了。

下面跟大家分享一个小故事，科学家做了这么一个实验，他们把一个跳蚤放在试管里，试管上用玻璃盖住，很高。这个跳蚤在里面会跳，一下就碰到那个玻璃了，它慢慢就降低了跳跃的高度。过一阵以后，科学家把跳蚤拿出来放到比较低的试管里。在这个试管里，同样盖上了玻璃，这个跳蚤又在里面跳。大家想象一下，这次它会越跳越低，这次又碰到了，比前面高度要低一点。这时候科学家再把它拿出来，放在更低的试管里，这时候跳蚤继续跳，慢慢它发现又撞倒了，再跳低一点，这么来来回回，降低高度。最后跳蚤不跳了，科学家把这个跳蚤从试管里拿出来，这个时候是没有试管的，但是跳蚤也不跳了。没有试管挡住它怎么不跳了？实际上这个跳蚤的行为慢慢的被它的态度以及技能给影响了。这说明一个道理，环境改变一个人的态度，在这里也就是环境改变了跳蚤的态度。跳蚤的态度改变了它的行为，最后，它的行为变成习惯性行为之后，就不跳了。这里面的逻辑是，环境改变了态度，态度改变了行为，行为改变了习惯，习惯就是当你不断重复这个动作的时候，慢慢第一时间的条件反射。习惯最初来源于环境。让别人快乐是一种能力的话，今天先让自己建立起快乐的态度，实际上在建立这样的环境。因为你有了这个态度以后，你已经给自己创造了可能让别人快乐，互相快乐的环境，然后再转变我们的态度，对待别人，之后我们再去建立行为，这些行为做多以后会成为很好的习惯，职业习惯。而这个习惯就是我们刚才看那个花茎，这个花茎就慢慢成熟了，就算有任何的风雨飘摇，它还是非常的坚强。

第二个例子，在坐经常碰到，是一件很小的事情。总经理要求秘书安排会议，明天的上午九点开部门经理的会议，帮我通知到所有部门参加。

秘书 A，马上回家拟了一个邮件通知书，马上预定会议的场所，以及会议所需要的设备。他参加了会议，并做了会议纪要。最后，会议结束后，他把会议纪要整理出来发给所有参会者。流程没有错，他做的非常到位，每个节点都做到了。

B秘书马上追上去，问老总，这个会议是平时的例会，还是更重要的会议？老总说很重要，正好是集团领导下发一个任务，明天立马通知到所有部门经理，让他们知道这个事情。秘书B这时候追问第二句话，有没有什么我需要帮忙准备的资料？有的，我现在还没有把所有的资料拿到手，你帮我问集团要资料。这个秘书的行为是，接下来他第一个跟集团去沟通有关获取集团下发的一些相关资料，经整理后打印出来。然后他立马去通知了所有在公司的部门经理，并对部门经理提醒一句，这是紧急会议，非常重要，如果你们手上有一些事情可以推掉，请务必推掉来参加这个会议，如果明天不能参加，请告诉我，我会帮你协调。在会议前30分钟，秘书B给到这些部门经理再次电话确认，确认一下30分钟以后能不能准时到达会议室。接下来的流程差不多了。

我们看一看秘书B所做的事和秘书A有很大的不同。这个故事中的A和B两个处理事情的行为背后，给到你们什么样的感觉？你们觉得最大的区别在哪里？如果你们是总经理的话，肯定觉得B做得比A好。那么这个A和B，到底有什么区别？有吗？

听众：积极和主动。

马芸：能积极的配合工作。

听众：完成任务不是被动接受任务。

马芸：完成任务，不是被动的接受任务。这两点说的非常对，我们看到了秘书B非常积极主动的去了解领导的一些需求，而这些需求是一开始任务下达者并没有主动表述的，作为任务下达者，为什么他不会主动表述呢？这他并不说明他对秘书没有这个需求。这个秘书挖掘到领导的潜在需求。多问几个为什么？你这个重要吗？还有什么需要我准备的吗？这个为什么背后有一个PIN的原因，他很懂得问“为什么”的技巧。其实他是非常专注整个任务的结果，而不是仅仅被动接受任务。我们会发现经常有一些人，走了流程，似乎每一步都做到位，但是结果不能令老板、上司、同事满意，这是因为他没有从任务的结果去考量这件事情。

在这里给到大家一个工具，这是我这么多年来的心得。一般来说，在这样的流程当中，我们以往在公司内部，在做内训，有很多公司称这个内训叫项目管理。通常公司在做项目管理的时候，培训的原因是在项目管理当中，他们有可能是一个多人协调，多团队协调的过程。同时，他是一个多任务的过程。所以他发现很多人实际上没有经过这方面的培训，所以没有这种意识，所以在做内训时有一个任务，项目管理的培训。

我今天把它拿出来是想告诉大家，在整个职业生涯规划过程当中，或者在你整个职业生涯中，你每天所做每一件事情，甚至每一件事中的每一个步骤，它都是项目管理，希望今天大家带着这个知识回去，未来可以练习一下，这个是一个项目管理的意识。

项目管理第一步有任务下达，第二步是提问，我再次问这个任务背后的含义，和对方对接，我们要达成一致，这里面不仅仅是字面上的意思，我们要问“为什么”，背后有三个定义：首先这个人所处的职位，他的需求；其次，这个人的利益点，他关注的利益点在哪里；最后，他的需求。我这样讲太抽象，给大家举个例子。

我们这个团队前一阵刚刚接了一个拓展的项目，客户当时给到我们的信息是，因为我不知道你们拓展团队的专业性，我们第一个先做一场，这场做完如果顺利的话，接下来做后面两场。我们团队当中，有一个同事是专门负责跟所有拓展老师的接洽，包括场地、车辆等等，因为整个拓展过程当中，我们做的是一种复杂性的拓展，会有不同的团队配合，我们是做了一个项目“组织的概念”。这个女孩做的是大项目当中的小人物，她要确认这些资源是否到位，确保整个拓展的顺利进行。

她做的事情是这样的：客户在当天拓展结束后，还有后面两场，时间是 23 号、24 号。那个女孩子第一时间和拓展师沟通，23、24 号时间有没有？这个时候，其中有一个很重要的拓展师跟她讲，23 号这一天已经接了其他任务，可能参加不了。不过他会负责推荐一个和他一样资深的拓展师带队。从女孩的角度，她当时做的第一反映，这个人已经给了一个替代方案，没有问题，她并没有跟团队其他人解释这件事情，也没有提到这件事情，因为在她心目当中，她认为这件事情处理完了。

但是，当天我们发现另外一个拓展师临时有事情也不能参加，这缺席的两个人在拓展团队里属于最重要的人，一个已经不能参加了，找了一个新手替换，有可能他的能力是很强的，但因为我们没有合作过，心中没底。另一个也是资深的，但因故不能参加了。而他推荐的另一个人也不能参加。这样一来我们就不能确保项目按质按量完成，同时，也没有办法向客户交代。如果我们和客户说，临时替换两个讲师，客户会怎么想。今天向大家举这个案例，是和我今天讲的内容有很大的关系。我们在与女孩沟通的时候告诉她，要有防范风险意识，以后这种事情不可以再发生，为什么当时没有如实及时反映情况？她说自己觉得这个事情解决了，没有必要讲，我认为换个老师并不重要。

这里面出现什么偏差？这里面出现责任的跨界，这是在整个团队当中，责任跨界。她的职责只是跟这些人联系而已，真正的决定并不是这些人去操作，或者当出现问题的时候，解决的责任在于其他同事，她越俎代庖，自认为可以用一些解决方式去解决了，首先责任界线越过了。可以说这个人很有主动性，是解决了问题。但是，因为这不是他负责的事，他应该把这个解决结果告知有这个责任的人，现在有这样的情况，给负责人再次判断的机会。但是她没有这么做，这是从责任层面讲，她在这件事情上做得不恰当。

再看项目管理出现的问题。项目管理和大家离得比较远，实际上我们想想看他的任务是什么，他拿到的任务是，我们需要再次确认所有的拓展团队是不是到位。第二个，这个时候提问，“为什么”没有做？有时候，我说的提问不是真正的我需要与任务下达者沟通，而是要站在他的角度想一些问题。在整个的工作当中，任何一件小事就是一个任务。有些小事，你既是任务的下达者，又是任务执行者，你多提 WHY 是很有感觉的。“为什么”怎么提，谁提出这个任务的，谁是团队当中负责整个协调的人，他为什么下达这个任务，你要跟其他的人沟通，是不是这些资源还在？任务下达者要对接客户，他在意的是客户满意度，不能让客户感觉到有风险，对自己的团队不信任。最后他需要的是所有的团队成员都按部就班，不要出差错，不要替换人，这样最安全。

任务下达者的位置，利益和需求，这三点完全是匹配的。如果这个同事当时已经想到这一点的时候，实际上这里面就有问题了。因为替换了老师，有可能客户会不满意。替换了老师，导致整个团队并没有达到需求稳定性。这些信息，我就要有义务的去协调。这是项目管理第三步，资源，他要协调。首先要找一些跟这个人同样有能力的老师，了解他的背景信息。还能要去跟这位老师对接，问别清楚这位老师能否暂时替代临时不能来老师的职责。他要控制风险，如果这些老师都不行，风险有可能怎么去替代？最后导致的结果是什么？有可能，今天我们跟他沟通下来，用这样的思维方式在跟他沟通的时候，最后给到我的结果是，如果我当时这么考虑了，如果当时用“三个定理”的原理沟通了解，我会告知大家有这么一个变化，一定把这个事情放在很重要的阶段跟大家交流。

大家看看，这个就是了解任务背后需求的工具，希望大家未来可以锻炼一下。我们在做这个练习的时候还会做其他练习。举一个例子，一个人有一天在回家路上，接到妻子的电话，让他买点面包回家。一般来说，这个人随便买一些就可以了。有的人情商稍微高一点，会问妻子喜欢吃什么面包，我给你买，要几个之类。在问的过程中，我们会挖出什么信息？有可能老婆回答，不是我吃，正好我朋友来了，他有个儿子饿了。有可能说不是的，女儿明天参加春游，我忘了给她买，你给她买一点。当你在去提问“为什么”的时候，你会发现导致后面你的资源，使用的风险，结果完全是不同的。第一种挑了老婆喜欢的面包。第二种挑了一个小朋友喜欢的面包，第三种挑了女儿春游的面包。这些结果是完全不一样的，这种结果导致了作为任务的下达方满不满意。其实这种开心满意，不是他能立即感受到，但是他立马会觉得今天这件事情你做得很好，如果每一件事情都这么做，你让周围的人开心了。我们的开心不是简单给你讲讲笑话，今天有的同事感冒了，我告诉你吃什么药，不是生活上的关心。当你与他互动的时候，能够满足他的潜在需求让他开心。职场当中让他人快乐是非常重要的因素。

最后一个故事，是一般普通同事之间的对话，相信很多人都碰到过这样的情况。Angela 和 Jack 在一起，这时候 Mary 跑过来跟 Angela 说，我电脑文档出现了问题，你帮我解决一下。Angela 说好，我帮你解决，但是解决半天没有把这个问题处理好。这时候 Jack 看到了，来帮助解决，这么简单的问题，你们电脑水平真差。有可能他的口气比我更深一些。我相信在座的，也会碰到这样的情况。明明他帮了你，到最后发现你并没有感激他。是什么原因没有感激？他沟通的方式有问题。另外，这个 Mary 是什么感受？这个 Angela 是什么感受？Jack 以后再请 Mary 和 Angela 合作的时候，估计他们不会愿意和他一起合作，因为他们之间有了隔阂。这里面最大的问题出在尊重上。

这个是我在整个 18 年职业生涯当中，做 HR 看到最多的一类案例，我们为什么会发现，招了一些高智商、高学历、高技能的人，但是在工作当中，他一个人独立做事情不错，可一旦把他扔到团队当中，就会发现他不能和别人合作，这就是尊重的问题。尊重体现在行为当中的点点滴滴，它其实是价值观的问题。这就是刚才看的冰山里下面一个层级，你们看现在有很多公司企业文化里，都有团队合作、互相尊重。只有在这个前提下，你才会有一种态度，有尊重的价值观，有了尊重的态度，你才有了尊重的行为。

刚才讲的是技能层面的东西，都是可以练的，如果你没有尊重他人的思维，你即使做出的行动是帮了别人，但对方可能也并不会领情。这就是为什么现在很多父母从小培养孩子要尊重别人。尊重不仅仅是态度上的尊重，还要尊重对方的观点。我们发现高智商的人往往不懂得尊重，因为他们太优秀了，他们觉得很简单的事情，为什么其他人处理就变得那么难？他们本能地以从上往下的眼光来看别人，他们并没有尊重对方的立场，没有尊重对方的能力，也不会站在对方的立场和能力下体会。

另外，我们要练习建立客户思维，这是很多公司在做的大量的培训。我做过客户服务的培训，即使有些不是客户服务的部门也在做客户服务的培训，现在很多公司在推广内部客服的概念。现在部门和部门之间需要磨合,原因是在和对方沟通的时候,是站在自己部门的立场上,并没有把对方的部门作为内部客户去看待,所以没有客户思维,但是客户思维会带来很好的客户反馈。一旦你把他作为客户,其中的潜在台词就是:这个人是你的衣食父母。因为只有客户会给你带来业务,客户会给你带来利润,客户会给你带来奖金。这个时候你自然而然从客户的角度去考虑问题,去帮助他们控制风险。当我们有客户思维的时候,那么尊重他人是可以达成的。

刚才讲的这三个故事给到大家金字塔的作用,如何让他人快乐,我们有三个步骤,第一个步骤,首先有让自己快乐的能力,有让自己快乐的态度,有改变环境的态度。还记得那个跳蚤的故事,我们千万不要轻易的被环境所影响。

第二个步骤,我们要学会问"为什么",这是可以练的。回家之后,你们可以思考一下,随便拿一个任务单出来,试着问"为什么",看看你下达的任务。你回家,你妈妈说快来吃饭了。这时候可以想像,母亲叫你去吃饭,她的利益点是哪里?她的利益点是希望你能够健康,不要影响身体。她的需求是什么?需求是你最好现在马上去吃饭,菜不要凉了。这个时候你会怎么办?你可能就去吃了。有可能,你们回去试试看,这个动作是可以变的。问"为什么"是大家掌握的第二个内在技能。

第三个步骤,当我们有了心态,会说"为什么"的时候,一定要尊重对方,千万不要以为自己有多高大上。举个例子,如果走在路上,看到有一辆保时捷开过来,开车的是一个 20 岁左右的年轻女孩,大多数人会想肯定又是富二代,或者二奶。这是你心中"小恶魔"在起作用,你没有尊重对方,你没有觉得这个人开车是行使他自己的权力,你是从自己的角度去鄙视这类人群。尊重是时时刻刻发生在我们身边,有了尊重他人的心态,很多时候容易解决问题。这是我们今天主要讲的三点,如何让他人快乐的三个步骤。

主持人:非常感谢这位嘉宾的精彩演讲,接下来进入互动环节,大家有什么问题,可以举手。

听众:环境对一个人的态度。

马芸:态度影响行为,行为影响习惯。

听众:我听到我们不要被环境影响,我们是被动地被环境影响,还是我们可以去改变环境,还是我们不被环境影响?

马芸:作为我看到很多人的状况有两点,当你觉得这些关系在影响你的时候,首先是你自己愿不愿意被影响，这是你自己的意愿。有些人容易受环境影响，当我们理解到环境有可能影响我的态度的时候，你有这个意识的时候，你会自觉地把不好的环境屏蔽掉，你要有这样的意识在里面。但有时候环境非常恶劣，这个时候，你如果不想被影响，你可能要做的是，要么改变环境，要么就是离开这个环境。用其他的环境来替代这个环境，这也是一种改变。

我讲这个道理的原因是在于，让大家知道，环境跟行为之间的关系，然后你可能更客观地去判断这个环境对你来说要不要改变。因为有时候你会发现，这个环境对你的行为是没有太大的影响，只是心态的问题，那么你要调整你的心态。不要被动地被环境影响，环境影响一个行为，是必然的，如果你没有这个意识，我们需要在这个过程当中，有意识去建立自己正确的态度，轻易不要被环境影响。我讲的环境是你自己想象的环境，每一个人对环境的理解是不一样的，我可以说环境本身没有变化，但是每一个人对着环境的看法是不同的，你应该把环境客观还原，把环境创造得更适合你一些。

我作为 HR，企业为什么创造一些办公环境，我们看到谷歌的环境是不一样的。这是一个简单的，我们对环境抽象的概念。实际上环境是立体的，不仅仅是空间的概念，制度也是一种环境，因为在制度当中，你会发现你的工作行为被制度牵绊，这是制度的环境。人有人际关系潜在的环境，为什么有些企业里面会有一些政治斗争，甚至会有一些潜规则。这是一种软环境，这些环境对你都会有影响，你慢慢在当中碰壁了，你慢慢对这件事情态度就不一样了。本来我很积极的工作，但是企业流程很官僚，很烦琐，慢慢发现我不要做了。我卖力做半天没有人说我好，慢慢就改变了做事的态度，接下来就不做了。不做我会发现很多，我认识很多的职业人士，在十年前我认识的他和十年后完全不同，十年前是积极主动，十年后不做了，原来所处工作环境导致他不做事情，现在有了新环境以后，发现他做不了。这里面我们看到了，环境和行为之间、习惯之间的关联度，如果有这个意识，当你认识到这个环境有危机的时候，要么改变这个环境，这个改变动态的原因有可能是你对他理解不对，有可能环境跟你的理解是一致的，它就是不好，你要改变环境，你要调整。

一种环境不适合我的性格，对我的职业发展没有帮助，我接下来就应该跳槽。第二份职业，他就要主动地想办法和领导沟通，试图改善公司内的流程，或者为改变公司的文化付出努力。但更多的人是被动的，受企业环境影响看大家都这样，我也跟着这样。但是也有些人是不受企业环境影响的，努力把自己的活干好，在有限的职业经历里，把能学的学到，为以后的跳槽积蓄能力。但也有些人会把自己的优点慢慢磨合掉。

这也就是为什么，HR 在做面试的时候，会发现很多公司在问，现在面试不再是简单的问问你职业经历，我们会问更多，甚至有一些公司用 BEI 的面试方法，情境还原，问你在以往工作当中发生的场景，了解到你那个场景当中，所有的行为，你的对话，所思所想，通过这个来判断你在以往的环境中是怎么操作的。然后通过这个来判断你到我这企业里面，与企业环境的容纳度。现在面试不再问你在什么公司做，这个公司的背景，你的职位，做了哪些职责。有些“面霸”经常面试，他会知道投其所好。而事实上没有像他面试时所表现的那么好，到了实际工作当中也就变质了。即使知识结构在那里，技能在那里，但是行为完全变质。

听众：我是一个做志愿者团队的，这两年一直做一个公益团队的事，经常碰到上海本土大学生，融不进团队中。而且新招进来的学生志愿者，完全不尊重老的志愿者，讲话很冲。我虽然是团队里年资最轻的，但是我一直很尊重他们老的志愿者。现在碰到问题，无法融合这个团队，老的一批志愿者工作非常好，非常能吃苦。但如何去解决这些青年学生志愿者，让他们学会通过简单几件事学会尊重，融合到没有经济效益的纯粹的公益志愿者队伍中。

马芸：你的问题是，如何尽量的让这些新的志愿者进来以后，通过尊重的方式和大家融合起来。我们可以看到不懂得尊重的行为，和他的技能知识没关系。尊老爱幼是在学生的教育中一直灌输的，这个理念他肯定知道。所以说，这是他的态度，价值观出了问题，实际上并不认为，尊重对方对他来说是对的事情。怎么判断价值观这个词，我们用最简单的一句话表示，我对这件事情好的标准是什么？我怎么叫做好？他跟前辈沟通的时候，它的语气，他并不认为不好，他在价值观上没有认同，他觉得挺好的，这是价值观出现了问题。

第二，自我认知，自我形象是什么？他可能认为我和你平等的，因为“90 后”，受到的教育是人人平等。他不认为我到新的团队，就因为你的经历比我高，我就矮你一截。他认为大家是一样的，是在一个水平线上，并不认为因年龄比我大，经验比我好，就要听你。这是有问题的。

第三个，个性、性格。这个人本身不是一个很开朗，影响力很强的人。

最后一个内驱力。刚才讲到，这个东西由下至上，越来越容易改变，由上至下是越难改变的。基于刚才的情形，你如何做这件事情，改变他们，我认为至少两点。

首先在选择志愿者上要调整，你在选择志愿者时要选有价值观认同的人，要对你这个团队，这个公益团队的价值观是认同，我们为别人服务，我们要尊重他人，我们要尊重我们的前辈。这个东西，你要在筛选的过程当中了解这个人是否有这个态度，是否有这个价值观。下面三个层级更难改变，在你这个层面上相信有高深的人，现在有很多心灵工作坊做内驱力，做个性的改变，从源头上改变这个人的认知。但是从现在一般的日常工作当中，做这个太难了，而且这个改变是要长期的。对你来说，首先在人上要筛选，筛选价值观跟我一致的。

第二个，当这些人进入团队以后，你要创造这样的环境，经常让新来的年轻人看到，我们团队互相之间，每一个项目，每一次合作当中，都先由资深志愿者给我们做一些分享经验做表率。所以你要创造环境，让他们慢慢改变态度，让他们觉得这样做挺好的。当他态度改变了，行为才可能改变。

听众：马老师你好，今天听了这堂课收获很大，我对下属期望过高，一方面我希望他们工作做得更好，另外一方面我希望他们更快乐。但是在要求高的同时，只会更加严格要求他们，从而会导致不快乐。这个问题怎么解决比较好。谢谢！

马芸：您在跟团队沟通，任务布置当中，因为你提的是高效，但是有可能会同时带来压力。我不知道您在跟他们沟通的时候，是采用直接的很严肃的语气，还是用其他的方式下达这些任务？

听众：用更严肃的语气比较多一点。

马芸：你觉得他们不快乐，以往跟你的下属沟通过吗？

听众：有，但是他们给我沟通并不太多，有时候感觉有点怕我。

马芸：你怎么知道他们是不快乐的？

听众：从表面上就能看出。

马芸：举个例子。

听众：工作上我对自己经常是严格要求，所以我希望他们也做的更好，有些细节做的不好，我都会批评。这种在他们看来要求太高。

马芸：这些是你自己的判断，还是跟他们交流下来。

听众：是直观的感觉。

马芸：最后一个问题，他们不快乐的时候，跟你之间在任务的结果上有什么影响？

听众：不快乐会导致他们在工作中的不愉快，工作效率会低下。

马芸：你对他们的工作效率不是很满意。

听众：是的。

马芸：从刚才的对话提问中，大家对工作效率这个词的定义是不太一致，我不知道你平时在下达任务的时候，对工作效率是怎么定义？是给到他们最后的时间节点，还是效率当中涵盖了对细节的把控，一些完美要求。

听众：两者都有。

马芸：这样对你的团队来说不是效率的问题，更多是有质量的要求。效率和质量同步都有了。这个时候，对你的团队来说，这些人能不能在同时兼顾效率和质量，这些能力具不具备？

听众：在能力上还欠缺，这也是我感觉到的。

马芸：如果是作为能力欠缺，我们今天讲让他人快乐，我们要让他们感受到被支持被认可，你觉得作为下属，领导什么样的方式才能让他们感受到被支持、被认可。

听众：今天听了这堂课，首先对他们尊重，他们能力达不到的时候尽量降低一些要求。

马芸：其实降低要求并不是唯一的方法，有可能你鼓励对方以后，对方能够达到你的要求。我是认为在您刚才讲的尊重的基础上，你可能理解他们的状态。第二个尊重，你可以把你的顾虑跟他们讲，听听他们有什么好的解决方法。并不是强加给他，这个任务要求这么做完成，我认为的效率是这些细节都要完成。在他的认为，有些细节是过于苛刻了，有些细节不要做，一样能达到这个质量。我会有更好的方法，但是从来没有在你面前表达过。尊重不一定对他状态的尊重，更多让对方能表达他的想法。你需要倾听，听他们的想法，共同做这件事情，因为他是接受任务方，刚才讲的项目管理，更多被接受方，在项目管理当中有一个项目经理的要求，我们在下达任务的时候，确认对方是不是理解我对这个任务的要求，另外倾听对方可能对这个任务有什么反馈，我们共同制定整个过程当中的细节，你告诉他，在哪个节点上会介入，会控制，这几个节点肯定不能放。他会发现，有可能在整个过程当中，并不是时时刻刻被你诟病，有些东西是可以放开，让他作主，如果人有了当家作主的感觉，他主动激发驱动力就会出来，有可能跟你配合更好一些。

听众：回去要做一些修正，就可以解决。

马芸：你刚才说能力有欠缺，可能需要在能力上做一些培养。

主持人：谢谢马女士的精彩回答，互动告一段落，大家如果有问题，稍候和马芸女士进行个别交流，最后以热烈的掌声感谢马芸精彩讲座，同时感谢各位的参与，今天的讲座就到此结束。

企业为怎样的职场新人投资

张婴文

英国国际管理公会 IPMA 讲师，国家心理咨询师课程讲师，曾在复星集团、中海物业、上海房地产行业从事人力资源管理、教育培训、市场拓展等工作，能很好的把心理学知识运用于职场人际关系沟通中，并形成了自己独特、富有成效的和影响力的沟通模式，授课方式亲切自然，生动流畅。

各位听众、各位老师，大家下午好！站在这里非常激动，因为上海图书馆是我们每个爱书之人，爱知识之人心目当中最神圣的殿堂. 今天有机会来到这里，非常感谢上海图书馆的领导和工作人员对我的信任，我想在一个半小时的时间里和大家分享我 25 年工作的一些成长经历，以及作为企业领导者和 HR 部门的负责人员，如何来看待企业新来的年轻伙伴，我们如何看待他们，会为他们做什么，希望能够给在座各位一些启发。

昨天我父亲跟我说："女儿你明天要去东方讲坛，要去上海图书馆，"他说："你知道吗，这是一个很厉害的地方?"我说："我知道的"，他说："你要好好准备，好好讲。"我老爸已经 80 岁了，他一直认为上海图书馆是非常神圣的地方。所以非常感谢有这样的机会。

在我的职业生涯中，我曾经是劳动局人力资源的口试考官，也曾在青少年心理咨询，亲密关系咨询这一块做一些公益的工作。我目前自主创业，做一家管理咨询事务所的合伙人，之前在复兴集团和中海集团从事人力资源的相关工作。这是我的一些背景情况介绍，非常希望在接下来的一个半小时中我能够把自己这些年成长的感悟，以及所在企业在人才发展和人才培养方面的一些做法和思考能够和大家进行分享与交流。

首先我非常想知道在座各位，我们今天坐在这里，在这样一个阳光明媚的日子我们没有去喝咖啡，没有去晒太阳，没有去做其他任何你喜欢且轻松的事情，而坐在这里听一个已经快要 OUT，过时的人来叨叨一些东西，你们对今天这个讲座会有一些什么期望？有没有人愿意和我做一个交流？当你听到这个题目——"企业为怎样的职场新人投资"？你听到这个课题的时候你心里的疑问是什么？或者说你想得到的答案是什么？有愿意跟我合作的，或想成为我"托儿"的朋友举个手。

听众：我是来自上海博世汽修学校的一位负责人，也是这所学校的老师。我今天参加这个活动主要是为我的学生而来，因为我们学校有创业班，有很多的学生的年纪也是比较大的，我希望在今天这次交流当中能够给我的一些想创业的学生给出很好的建议，包括比较实用的指导或者推荐图书等。

张婴文：非常感谢，时间关系我们只能请第一位举手的伙伴来做这样的分享，我努力来达成你的目标。

今天我讲的内容主要围绕三个方面来展开：第一个话题是：作为企业而言我们如

何判断你是一个值得投资的人。大家知道我们每个人都很希望到了企业以后得到企业的重视,能有人教我们,有人带我们,我们希望企业给我们很多机会,也希望企业给我们很多培训,让我们未来的职业道路可以走得顺利和成功。我相信这是每一位初入职场的人,甚至在这个职场上若干年以后,人们仍然会有这样一个想法。这是从员工的角度来看这个问题的。那反过来我们从企业的角度来看这个问题,企业会想你是否值得投资,是否值得为你花精力,花钱需要思考什么样的路对你更合适。企业一定会思考这样一类问题,因此我的第一个话题是:企业是怎么判断你是一个值得投资的人。

第二个话题是:当企业判断认为你是一个"高潜"人才。你是一个值得投资的人,企业会做什么?因为很多小伙伴从大学毕业,进入职场,他对企业有很多想像,他觉得应该会如何如何。因为我们的孩子,特别是我们中国的孩子,我们从小到大习惯的是妈妈扶着我们走路,爸爸喊着我们走路,我们是在爸爸妈妈的呵护下走每一步路的。所以他会理所当然的认为到了企业以后应该有老师,应该有师傅,应该有领导,应该有人手把手搀着,教导,耐心指导,悉心爱护,带着他去走,但是事实不是这样。我们去看看不同的企业,我们民营企业在做什么,我们国有企业在做什么,我们外资企业又是如何为高潜质人才做投资的。

第三个话题是:如何成为这样的高潜质人才。如何博得领导一笑,如何让 HR 眼睛一亮,如何能做到呢?我也来分享一下我自己的感受。我们今天下午就是这三个话题。

企业是如何判断一个值得投资的人

首先企业是如何判断你是一个高潜质人才,也就是说你去了企业以后你在什么位置。企业会用这样一个坐标把所有的人放在这个坐标系里,这个坐标的横坐标叫做潜力,至于什么叫潜力我们待会儿再说。用简单的一句话来讲,这个员工是值得培养的,他有前途。我们的纵坐标叫绩效,绩效是一个专业名词,是我们 HR 的名词,翻译成普通人的话是:交给你干的活你干得挺好,领导挺满意,扫地扫得干净,打印文件打印得清楚。绩效高,代表我不仅仅只是打印一份文件,在打印这份文件的同时你还做了其他领导没有想到的事,甚至超过领导想象完成任务。比方说我以为我交给你这件事你是周五能够完成的,结果你在星期四晚上就做完了,就交给我,或者更早一点就交给我。

领导可能觉得一般员工来了以后,给到你一个任务,你做的时候会进行指导,指导完了以后再重新做,有的可能一遍、两遍,有的则要三遍、四遍。但是有的时候也会发现我们单位来了新员工,什么事情只要跟他说一遍,他就明白了。这样的人有,我带过这样的助理，他让你刮目相看，“90 后”，“85 后”太厉害了，他超出你的想象。我们用我们“60 后”的工作标准，工作方法去衡量未来我们的伙伴们，我们会发现他们会有超出想象的那些东西。比方说我有一个伙伴他经常会用一些高科技的，新鲜的东西，是我们“60 后”，我们这些所谓的“领导”不能做的，不能理解的一些创意，这是岗位业绩非常好的具体的行为叫绩效。

因此我们会把一个公司里所有的人，或者是我们部门里所有的人，我们每年，每半年或者每个季度，甚至于有的企业是每个月都在做这件事情，就是把所有的人放在我们称之为“九宫格”的格子里边。有一类人在这里，低绩效，屡教不改，教也教不会的，没有热情，本岗位的工作做不好，千叮咛万嘱咐也不行。这个部门所有人排列在一起，我们所谓的强制排序总有一个拉到最后的人就会放在这个格子里边。有可能就你本身而言你不是最差的那个，你可能在其他的一些团队、企业里边你还算可以，但是你到了我们这个团队强制排序下来你是最后一个的我们称之为“问题员工”。

“问题员工”一般而言，我们企业会很快的把他释放，不是说排出去，而是说释放，释放到他更胜任的地方去，他在我这里不行，在那儿可能会不错。所以我们要把他释放掉，这是第一类人，在红格子里边。第二类人在蓝色格子里边，大家看蓝色的格子这一块也是相对绩效低的，但是他的潜力高的地方是他刚到一个新的岗位，比方说很多新入职场的员工你是很棒，是很好的大学毕业生，学的专业也不错，各方面表现都很好，但是到企业来的时候还没有在岗位上做出成绩。这个时候我们就会把他放到蓝色的格子里边。放到这里的人很紧张的，很危险，我们认为他是一个高绩效的人，但是总是没有看到他有更好的表现，一个月，两个月，三个月，半年他没有好的表现。这些好的表现，有的时候是非常具体的事情，比方说让他去写一个东西，打印一个表格。

我刚做领导的时候，一直觉得我自己是一个苛刻的领导，部门的年轻员工拿上来的报告我一看，因为那个时候我们企业是一个 ISO9000 的企业，我们对文件的字号、字体、间距都是有要求的，部门的人一看不对，你先把这些东西搞好，你的内容不看的。员工都很恨我。但是过了半年以后有的员工开始给我写邮件说:“张老师我很想你。”我说“我那么凶，要求那么严格，想我干嘛。”他说“现在没有人骂我，我都不知道什么是对，什么是错。”这是很有意思的话题。当我们是企业冉冉升起的新星，因为大家记得每个大学生毕业，每个新入职场的员工企业的心态就是把你当成未来冉冉升起的新星，很多企业需要从每届应届毕业生当中挑选十年、二十年后企业接班人。所以企业会一直用关注的眼光看着他们的成长，如果他在这个岗位上，他在这个格子里边不能往上走，就只能往下走。我们最初对一个新入职场的员工判断错了，他并没有这么高的潜力，所以让他往下走。这一类人潜力是比较低的，绩效还可以，这样的人在企业里边很快也会被淘汰，因为他一定会往下走。所以这几个格子，蓝色格子里边的人半年、一年后可能都成为红色格子里边的人，我们称之为问题员工，会被企业淘汰。而我们企业，特别是一些有比较好人力资源管理体系的企业每年、每半年都在做这些事情，把所有的人放在这个格子里边。

我们再看相对比较安全的人在哪里？相对安全的人在这里，在盘点的时候会发现很多人在这里，就是一个部门，一个企业大部分的人都是在这里，我们就是称之为还不错，似乎要求一下，培训一下，他们能做得更好一点。但是没有人管，没有人教，没有人在背后狠狠地“踢”他，他就是原地踏步，他在岗位上的工作质量不好也不坏，这样的人还不少，我们经常在盘点的时候发现可能很大部分的人都会集中在这一块。

这里的人可能会是企业非常难得的人才，往往表现为一些老员工，他在原有岗位做得很好。比方说我们单位里的一个出纳，他也没有更高的职业理想，他就喜欢做出纳，准时上班，准时下班，每天把钱点清楚，你说他活干得有多好不见得，对人的态度也不见得好，但是他就是从无差错，公司的财务纪律执行得很好，这样的人还真不少。

但这些人都不是企业要投资的对象，那么企业投资的对象是哪些人？是绿色的格子里边的人。第一个我们称之为“后起之秀”，我们判断他非常有潜力，只是他目前绩效还没有达到让你满意程度，但是看上去非常有潜力，他工作很认真，也很努力，只是似乎少一点火候，也许是方法的问题，也许是机遇的问题，也许是他的用功没有用到对的地方，他不知道如何做才能把自己的工作做得更好。

还有的是骨干员工。这些骨干员工属于已经在管理岗位上比较资深的一些员工，他们工作很像样，很努力，很让人放心。但是他可能受到学历的限制，年龄的限制，个人过去经验的限制，很难有大的突破，但总体还不错。而企业最看重的就是“A1”，你不管把他丢到哪个部门，他都能做得很好。很奇怪，这样的人每个公司都有，你不管把他丢到哪里他都能做得很好。每一次公司想做一点新的事情，公司想成立一个新的部门，开拓一项新的业务，老板第一想到的就是他，要把这个人调过去，他到那里都能让那里就风生水起。这样的人我们称之为“A1”。

接下来大家很关心的，我的工作做得好不好都比较容易理解，我能不能达成一定好的绩效；活干得好不好大家容易理解，那么到底什么是高潜力人才？在企业看来一个人怎么做才能被企业领导认为是值得培养的，是有潜力的？光辉国际是一家全球知名的人力资源咨询公司，也是一家猎头公司，他们很擅长做人才数字模型。他们认为一个人的潜力是由能力和经验组成，能力则更多是由一半天赋和一半后天组成。我还蛮相信天赋的，我们每个人的能力有一些是后天学习得来的。比方说我就是一个很喜欢说话的人。我从小就喜欢做老师，一有机会就喜欢在公众面前表演。从小老是生病，爸爸妈妈把我带到医务室，医生总是说你要先跳个舞我再给你打针，我就是生病也会跳舞的，我是属于那种很愿意表演的人。但是因为长期做管理工作就让我的思维方式，说话逻辑变得更有结构化，结构化的思维就是工作带来的。我举这个例子是想说明我们每个人都有天生的能力，也有后天通过学习获得的能力。

经验是我们对某一件事物由于自己已经亲自经历或实践过，我们对这件事情的一些经验。这两者相加乘以学习敏锐度叫潜力。一个高潜力人才学习敏锐度包括人际关系的敏锐度，我看到这个人，我跟这个人说话应该用一种讨好的方式，我跟那个人说话应该用一种直接的方式，我和领导说话应该要态度老实一点，我跟我同学说话就可以随便一点。这叫人际敏锐度。就是你和他人的关系，采取你和他人一种合适的方式去相处。比方说我们某个单位的领导，他喜欢年轻人表达意见，如果你从来不说话，你肯定没机会。比方说有的单位领导总是喜欢高高在上，那你尽量不要发言。这叫人际敏锐度。上海人有一句话叫："见人说人话，见鬼说鬼话"，就和你跟中国人要讲中文，跟英国人讲英语，是一个道理。用对方习惯的和听得懂的语言去交流。

我们再来看心智的敏锐度，就是你心智的成长。我们刚到单位工作的时候，我们更多的时候感觉自己是一个孩子，我们是小辈，我们是孩子，是学生，我们是应该由别人带着走的那个人。但是慢慢的你要让自己成长，你不要总是在那个被动、被教导的一种位置上，你要慢慢让自己成长，使自己的心智模式适合你岗位的要求。你慢慢的应该有自己的主见，慢慢的应该发表自己的想法，慢慢的你应该要用企业的逻辑去思考问题，而不是用一个孩子的方法去思考问题。比方说一个孩子，妈妈给他买玩具时他就很开心，不买玩具就很生气，甚至要哭闹。你带着这种逻辑到企业里边来，领导满足你的要求很开心，如果领导不满足你的要求，你哭闹不开心，这时候我们要用成人的模式，就是说我们要去沟通。这就是不一样的心智模式。还有结果敏锐度，你对你自己做出来的东西判断好不好的敏感度。你知道你今天写的这篇文章是否符合这个公司的标准，这十分重要。

所以我们有的时候会在企业遇到一些人总是自我感觉很棒，但别人对他的评价不行，他对自己结果的敏锐度不够。所以我那个时候老是反复要求我们部门的新员工做一个表格复印好拿给我看，他们有时会看着我说“为什么要重新复印，看这张不是挺好的，挺清楚的，上面字都在。我说，“这个表格复印歪了”，这叫结果敏锐度。就是大家对一件事情质量的标准不一样，我希望他拿出来的这张 A4 纸是没有折叠过的，但有的员工手上都是汗，拿出来就是汗渍渍的，皱巴巴的。我们在企业里工作，我们对结果是有标准的。还有变革的敏锐度，这个题目更大，比方说互联网来了，我们这个企业会发生改变，不能一陈不变。到今天我问你什么叫互联网，互联网对我们这个企业会产生什么影响？你能说出一二三吗？有些人可能毫不思考，认为这是我们领导应该考虑的，而你不考虑领导就替你考虑，领导会去找替他考虑的那些人。

这些加在一起叫做学习敏锐度，一个高潜质人才具有这样六个方面的特征：

第一，自我认知。一个人既不能低估自己，也不要高估自己，要有一个正确的自我认知。有的员工就讲这个太难了。自我认知是一个人像照镜子一样反复的通过和人沟通，反复的比较自己的结果和别人结果后才确认自身是在怎么样的水准上，是什么样的人。因此自我认知不仅仅是自己的事情，也是和别人有关系的。因此我们经常说每个人要不断地去交一些比你能力更强的人做朋友，你只有不断地去交一些能力强的人做你的朋友，你才会不断地在人生的坐标上找到这个坐标点。

我们有的时候在企业里感觉最苦恼的是一些自我认知不强的人，也就是说他明明只要再努力一点就可以做得很好，但是有些人他就是放弃了。他总是认为自己不行。他缺乏对自己那一点狠劲，然后他就不断地放弃自己，然后往后退。这就是自我认知偏低的人。他不能接受被人表扬。这样的孩子也许都是在父母责备下长大的，因为他的爸爸妈妈永远告诉他，他是很差的人。

第二，积极进取。也就是说我们这样的孩子来了以后不断地会要求做事情、学习，他内心有强烈的进取心。

第三，追求卓越。卓越没有标准。就是在一个人的内心里边总有这样的冲动和要求，就是想往前走一步再走一步，要求高一点再高一点。他并不会因为自己今天在这里感到惭愧，对于今天在这里很认可，但是他总想着往前再走一步，这样的人叫追求卓越。追求卓越和追求完美是两个词，两个概念。追求完美的人很痛苦，因为这个世界上没有完美的人，但是我们有很多很多追求卓越的人，就是今天在这里值得欣喜的是每天向前走一步。

我有一个老师的儿子学习成绩一直很好，有一天考试只得了 70 分，他爸爸说“那还有 30 分你会做了吗？”他说“我会了。”你知道这个爸爸怎么跟他说，“儿子你在爸爸心目当中你就是一百分”。这样的孩子未来一定是追求卓越的。

第四，快速学习。把你扔到沙漠里边你很快能找到绿地吗，很快能想出在沙漠里怎么生存。快速学习，很敏锐，现在有什么新的东西赶快去学习。所有成功人士学习能力都很强，适应变化。

第五，适应变化。我们有的时候会遇到一些人不断地跟你讲公司有什么问题，老板有什么问题，业务有什么问题。牢骚是这个世界上最没用的东西。牢骚会让你走向停滞，让你的生命变得没有价值，让你活着还不如不活。而适应变化的人是面对挑战，面对很多很多不利于他事情发生的时候会绝地反击，他会重新来过，他会适应这种变化。

第六，具有敏锐的感知力。

在这样的盘点之后我们再来分享，企业会对怎样的员工进行投资。我们把所有人放在这个里边的时候，有一个严格的比例规定，我们给这样的盘点设定比例的原因就在于企业总是给相对较好的人投资。所有的好坏都是相对的，不是绝对的。所以我们会按照一定的比例来做这个盘点。A1 的人小于 20%，也就是说如果你在企业里你排名在前 20%的，你就是老板心目当中那个最好的人，这类人只占 20%。A1＋A2＋B1，就是所谓的绿色区域一定是小于 50%的。A3＋B3＋C 这一块一定要大于 30%的。而我们在这里不同的企业也有严格的要求，我之前服务的一家企业就严格规定10%的淘汰率，也就是说红色区域要有 10%的人放进去。因为只有这样企业才能保持旺盛的战斗力，我们始终是把社会上最好的人吸引到我们企业中来，有的时候 HR 说我们把挑剩下的人给竞争对手，很霸气的一句话。他的意思是说我们要通过不断地淘汰把最优秀的人留在我们企业。而绿色区域是我们投资的重点。C1 是变化的，一个人不会永远在 C1 的，它是变化的，不是往上走就是往下走，它是一个动态的位置。因为大家看到我们需要有人引导让员工适应和发展，如果没有适应和发展就往下走了，就往 C2 这边走了。

我曾经在《第一财经》写过一篇文章，是关于对企业人的看法。文章中比喻企业有三类人，一类叫“手和脚”，这一类人你让他做什么都能做，就像我们领导的手和脚一样，做市场调研就做市场调研，你安排一个会议也能安排好，见客户也会见，这类人叫“手和脚”。第二类人叫“大脑”，就是说任何事情你只要跟他说一次，他就会举一反三，就会形成自己的工作方法，始终能够给到你公司，给到领导想要的工作目标。这样的人叫“大脑”，就是有思想的人。企业最想要的就是“大脑”这样一类人，如果用一个器官形容一下，他是企业搏动的心脏，他和企业同命运，共呼吸，他明天都想着怎么让企业有更好的发展，因为他知道企业发展了自己才能发展，企业成功了自己才能成功之。他考虑问题，他做事情往往能够从企业的角度去看问题。而这样的人在企业里边少之又少，因为有很多人认为，自己只是个打工仔，老板赚这么多钱关自己什么事。

我常常与一些部门的同事交流这样一个观点，我们每天所做的这些工作，我们所产生的经验，我们所获得的能力，我们所得到的成长都在自己身上，谁也带不走。所以如果你每天工作，每天上班，50%是为了公司、老板，还有50%就是为了自己，如果你这么思考你就不会想我做事情做得多还是少。我们每个人都开了一家公司，这家公司叫“我公司”，“我”这个公司会有品牌，会有产品，会有市场价值。当你的这个“我公司”有了品牌，有了产品，你就可能向市场开价。而这个过程是需要你不断地积累、付出和努力。因此感恩你的公司，感恩你的老板，甚至于应该感恩所有的磨难，因为你生活和工作所遭遇的一切都是来成就你的。你没有经历过磨难就不知道如何面对困难，你没有经历过失败就不知道如何才能成功，你不经历过挫折，就不知道自己的问题在哪里。

我们经常讲要怀着感恩的心，这一点我是非常同意的。我觉得自己职业生涯的25年，有那种扶着我的手每天教导我给我很多帮助的人，也有从一开始就要把我踩在地下的人，后来我发现因为这种经历让我们的心脏变得更为强大，因为我们知道自己做每天的事情都在为自己做，不在为别人做，不在为别人的眼光做，而在为自己存在的价值而工作。所以企业非常希望有更多的人说，我要成为这个企业的心脏，和企业一起成长。

企业如何培养高潜质人才

前面我们讲了我们会通过九宫格这种方式去盘点企业需要什么样的人，而这些人有这样的特征，有了这样一些特征以后企业就会把他当成企业的宝贝。这些“宝贝”我们会怎么样一路呵护，让他们更好地成长，发挥作用呢？大家接下来看，这是我们现在用得很多所谓人才培养的“721模式”。“721”模式是指一个人的成长70%是在岗位工作，20%是实践带教，而10%是课堂培训。这样的想法和各位脑子里想的企业如何对人才投资的观念会有一点差异。因为我们有很多人，特别是还没有职场经验，刚刚进入企业的新员工，脑子里还是原来在大学里的学习方式，总是觉得学东西应该在课堂，在教室。而企业会很少会花时间在课堂上，因为我们会觉得在课堂里学的东西顶多能让你热血沸腾，一个月以后你在课堂里学的东西99.99%都忘掉，都还给老师了。

对于现在企业而言，我们会很少组织课堂培训，因为课堂培训不是那么有效。所以你怀揣着梦想到了企业认为自己有很多时间到课堂里边，首先这个想法就不太能实现。但是企业一定会对这三类的培训需求愿意，让员工进课堂。第一类是岗位资质。就是员工做这个事情必须要获得资质的。比如会计、电工的，应该有一个上岗证，因为这些岗位要求持证上岗。第二类是达到岗位绩效。就是你让我做这件事情我如果没有经过培训，我可能做得不是很好。比如现在有很多企业做商务礼仪的培训，因为我们发现前台也好，客服也好，销售人员也好，甚至于一些中层管理人员缺乏基本岗位的礼仪知识不太懂商务礼仪，甚至在商务活动中，有的人连握手都不会，他们不知道在握手的时候会传递很多很多信息给别人。这些东西他可能都需要做相应的培训。

还有一个基于个人能力的发展，也就是说我们认为经过了这样的培训以后员工个人的能力会得到发展。现在企业做得最多的能力培训是领导力的培训，这是我们里边做能力培训最多的。因为我们知道一个企业非常需要有领导力的人来带领员工一起来达成绩效目标。

接下来是非常有意思的，先讲 70%。我用一个通俗的话来讲就是公司在不停地折腾你，当你被公司不停地折腾的时候你应该感到庆幸。因为他在给你积累岗位经验，他看得中你才会折腾你。一会儿让你去这个部门，一会儿让你去那个部门，你每换一个部门，原来领导都挺舍不得，对领导说，这个员工很好，正是我们要的，但你还是被折腾到其他地方去。你会发现你初入职场的时候会有很多部门想要你，或者给你一些工作机会，你是很幸运。

比方说我们在一些外资或国内一些咨询公司基本上新入职场的员工都是在一个人才池里边，不属于哪个部门，也不属于哪个经理领导，而一旦这个公司有项目公示，大家报名，有项目经理挑选时，有的新人经常会被挑中，而有的人经常没项目上，一个月、两个月、半年基本上就是被淘汰了。这是我们讲的各种岗位的一些机会，而随着你的职位提升你会发现越是往上走，也许会有更多的挑战在等你。一讲到这个话题我自己就有一个特别深的体会。我以前也是在国有企业工作的，在中共上海市房屋土地资源管理局委员会党校做了 11 年老师。我两三年就会换一个部门，然后觉得很开心，做得很开心。因为领导也知道这些很想做事，很努力做事的人，不给他们一些工作的新鲜感，他们会觉得枯燥。这类人喜欢挑战，领导的确喜欢这样的人。还有一个就是 20%。现在企业创造了很多很多的方法，实现所谓实践带教的机制，也就是说我们会做一些项目制工作。我们公司各个部门，有行政部、人事部、财务部、市场部、销售部，还有事业一部、事业二部分别做不同的产品这样的组织架构。突然，我们今天要修订公司的某一个制度，或者老板脑袋一拍要“互联网＋”，我们这个企业怎么“互联网＋”，我们要在公司内部成立一个公关小组，大家可以自由报名，也可以由公司领导指定。而这些事情就是项目制的工作，可能完全不是在你日常的工作时间里边，是需要一些业余时间来工作的。我们现在企业越来越多地采取这样的一种方法来尝试一些新的业务和新的方法。

在我这些年的工作经验中我认为对现在生活影响最大的有两件事：第一件事是手机，我认为苹果手机、智能化手机的出现对我们的影响很大，也使得互联网从原来PC用户到了现在移动用户。还有一个互联网的事件，对我们的生活影响很大的是微信，有了微信以后，很多其他的工具网络社交都不用了。因为它太方便了，太及时了，太有效了，功能太强大了。大家知道微信这个产品在腾讯公司出现的时候完全不受马化腾控制的，就是一两个人的小组，有一个想法然后就慢慢做，就孵化出来了。未来我们的创新企业，我们在互联网经济下更多的企业往往是这种小组织有大能量，需要每个人有积极性和创造性。而项目制这样的一种工作体系会让更多的一些不是在管理岗位上的人，一些平凡的人脱颖而出。

大家知道我之前在复兴集团，是一个很领先的全球投资集团。我们对互联网这一块也非常的关注。但是有趣的是复兴集团互联网工作小组的负责人是一个二十几岁的小姑娘。当时那个小姑娘级别只有9级，但是集团把互联网工作小组负责人的工作交给她，因为她展示了这方面的才华，她在很努力的做很多事情。这是未来的企业给我们年轻人的机会，不再是论资排辈了。因为新的业务，新的形态，新的企业方式一定不是我们这些人做的，一定是“80后”、“90后”。未来是年轻人的，我们这些人只能站在这里侃侃而谈，创造价值的是他们。

未来的组织形式更多的会让我们的年轻人脱颖而出，所以我们任何人都不要放弃这样的机会，也许貌似给你带来很多额外的工作，也可能有风险，但要有勇气跟你的领导说愿意来尝试，愿意参加，哪怕给大家递递水，擦擦桌子也愿意。还有一个所谓的互助工作坊，就是企业内部，我们不需要外部咨询，外部专家替我们解决一些问题，而是由我们内部大家感兴趣的人在一起去解决一些问题。而这些工作坊的项目工作可能是跨界的，跨领域的，而就在这种跨界，跨领域的过程中锻炼了我们的视野，锻炼了我们的领导力。可能在你的团队中有一些领导比你资深，有一些专家比你年纪大，哪怕召集一个会议都有难度，但是你说我愿意来做这件事情。而这个时候你的视野，你的影响力，你的领导力就得到了锻炼和提升。

所以现在很多企业中非常推崇这样的一种培养方法。大家知道关于“重要”、“紧急"这两个象限叫"时间管理",纵坐标是重要不重要,横坐标是紧急不紧急。我们用很多事情,包括"重要紧急","紧急不重要","不重要不紧急",有这么多事情。领导会考虑把一些重要而不紧急的事情拿出来做项目,就是让更多的人来参与,然后来发现人才。我们现在一些大的集团企业,甚至于整个组织架构都在向这个方向转变。比方说海尔集团,只要有客户,他就能够有几个人,围绕这个客户去提供产品。慢慢有些年轻人的想法就通过这样的一种机制被呈现出来。当然我们会指定代教老师,还有伙伴制,就是说企业找一些跟你年纪差不多的人做你的伙伴,你有什么不懂的问问他,他也会告诉你。还有代教老师就指定你的上级或者再上级作为你的代教老师,会给你一些指导。

现在有趣的是我们正在做一些尝试,代教老师反过来,就是"90后"给我们的"60后"做代教,"90后"来告诉我为什么喜欢这款游戏,我们简直不能理解天天打游戏有什么乐趣,但是可能就是游戏改变了我们某一个产品,改变了我们学习的方式。现在企业做培训的时候就是用游戏在呈现企业的价值观,企业的管理制度都是设计成游戏形式让新员工学习,因为这个适合"90后"的特点。

这是关于人才培养的一些基本模式,下面我再介绍三个案例。

案例一,民营企业培养人才的思路和方法。

在集团整体的战略和业务规划的指导下,我们把所有后备梯队,或者高潜人才分别按照年龄段和他们的职务的情况分别放在星冉计划、超越计划、卓越计划、领越计划中。我们有40多个投资团队,8个产业板块,但是这些"星冉生"来了以后不会直接被放到团队里边去,而是放到集团人力资源部管理。我们会开一些课程,但是更重要的是将员工分配到各个投资团队,但同时要求各个投资团队需要有人才需求的提报。提报上来以后我们会根据项目的情况,再把人员分配下去,当然每个人会喜欢不一样的行业,可以选择乐意去的行业做。

去了以后发现很有意思的一点,我们会为这些"孩子",这些"星冉生"制定指导老师,集团总体有一个人是管这些"孩子"的,他们需要每两个星期提报一个工作记录。当我们发现这些应届大学生,MBA的大学生工作强度不够,专业强度不够,而每天只是在做一些行政、打杂活工作的时候,我们会强制把他调出来,因为我们培养企业未来投资人才,未来的企业家和未来的投资专家不是来做行政打杂的。但是我们之前有一个共识就是说我们每个人应该能做打杂的事情,我们不排斥任何人应该做,包括大学生更应该做,但是你来的目的不仅仅是做这些。如果你没有去做市场调研,如果你没有跟项目，如果你没有跟客户，而只是做了一些行政的工作，我们会把你从这个团队里调出来分配到其他团队。

第二个情况，如果员工在这个团队，团队领导对他评价不好，也会被调出来。我相信不同的领导会有一些偏好，我们会调一次，调两次，如果三个团队的领导对这个员工的评价都不好，那没有办法只能是“再见”，只能让他自寻发展之路。通过这样的方式折腾我们的“孩子”，折腾我们未来的“新星”，让他们知道工作要学什么。慢慢地会从这些“星冉生”里边挑选一些25岁以上，30岁不到，但是很快能够独挡某一专业领域工作的人，因为我们一个项目有很多专业领域，比如有员工在做调研报告方面很擅长，慢慢的会进入到我们下一个培养计划。在这个培养计划完成了以后我们会发现他已经能够领导团队，可能已经到总监这样的水平了。一般5～7年之后他会进入卓越计划，就可以单独带三五个人去独立做一些项目的时候，我们会通过卓越训练营对他们做一些培养。但是每个阶段所培养的能力、内容都会不一样。最后会进入领越计划，就是公司的领导者。这是双向人才发展通道，我们每个人都可以选择未来走专业途径还是管理途径。当然在一定的发展阶段就到了高级阶段，你会发现专业途径和管理途径是互通的。这是关于一家大型民营企业人才发展的结构。

接下来我们看大型的国有企业，央企是如何培养未来的接班人。有一家企业非常有意思的是现在五十几个城市公司一把手超过50%以上都是从管培生里边发展起来的，一般民营企业还真做不到，国有企业对人才的培养是舍得投入的。这家企业做这样的一项管培生计划已经做了十几年，这些年人才都逐步已经呈现出来了，包括现在在集团总部的最高领导层也有当年进来的管培生。但同时非常有趣的是在这个行业很多企业的核心岗位也有这个计划培养出来的人才，也就是说已经成为行业的“黄埔军校”了。这样的培训一点坏处没有，我也曾经在这家企业工作，我们每年有一些离开这家企业的员工还会回到企业吃年夜饭，每次都有一百多个人，都是行业精英。这是让人非常骄傲的一个企业。

大家看这个企业是如何培养我们的后备力量的？第一，为时1～3年宽松的成长环境，所谓宽松就是并没有直接要求，相对宽松。第二，早期的承担责任，也就是说并不认为你很成熟才让你承担责任，而是较早地就交一些任务让你去挑战。我们在这个过程当中的确会看到有些人会脱颖而出。这个很有意思，有的时候和一些员工说某一件事情你可不可以尝试，有的人第一反应很兴奋，也有人心里很多很多担忧：我能搞定这个人吗？下面这些人能听我的吗？我懂这些吗？他脑子里会有很多很多东西，我们会看到很多不一样的表现。

还有职业生涯规划辅导，包括前面说过的导师制、答辩制，三年以后所有的员工要做答辩，就是项目制。这些小伙伴结合在一起做一些重要而不紧急的事情。还有人力资源“圆桌辅导”，新员工坐下来一起谈一谈情况。另一个非常有意思的就是跨地域视野培养，就是让全国各地的管培生互相交流。对于很多上海当地的学生来讲，这是一个特别大的挑战，因为很多上海孩子是不愿意离开上海的，特别是有的时候家长比孩子还要“娇气”。很多家长绝对不会让自己的孩子到外地去读书的，觉得完全不可能。

我有一个好朋友他的儿子当年考大学，他妈妈对于他要去武汉念大学感到非常担忧，结果这个孩子大学毕业工作两年就自己创业了。如果没有去武汉大学，离开父母，他可能是一个“好宝宝”，他却不可能创业。有时候，我觉得家长比孩子还要娇气。但是你如果要有更好的发展，你要去经历。我大学入学的第一年，第一天开会，开完会组建班委，我很诧异被我们的班主任点名为班长，我又不是考试成绩很好的人，而且我还很自卑，因为我在陕西长大的，我考到了华东师大，我觉得自己什么都不行，我成绩也不是很好的。但是老师让我做班长我感到十分诧异，老师当时对我说的一句话，印象特别深刻，他说你既是上海人，又是外地人，所以请你做班长。我说原来是这样。为什么我既是上海人又是外地人？因为我父母是上海人，内迁到外地，我在外地出生，在外地长大，他觉得我身上既有上海人的影子，又有北方人的粗犷，所以他说我适合做班长。其实我现在想来，这样的生活经历也许正好是符合这一点的，我有多区域文化的感受，我有更多和不同文化背景的人去交流的心态。

还有一个叫全流程能力的提升，也就是说在多条线的业务岗位去做轮岗。这家企业非常厉害的一点就是新来的员工先到工地里边，因为是房地产企业，到工地工作和建筑工人一起工作两年，扛得住的人留下来，然后调到开发公司的行政部，特别是人力资源部工作。因为我们认为所有未来要成为领导的人都应该懂人力资源，就把这些人搞到人力资源部做两年，如果发现做得不好，就直接“扔”到某个地区公司的营销部做营销部经理。从来没有做过营销管理，给你“扔”过去，不行就走人，行就留下来了。从一个工地的工人到人力资源的助理或主管，五年以后就是一个部门经理，可能在这个岗位上做两到三年业绩是符合公司要求的，上去再换一个岗位做合约部的经理，如果还行可能八年以后他就是地区公司的总裁助理了，管两三个部门，再过两三年就是副总了。职业生涯发展了 10～12 年，已经可以做到地区公司的总经理。所以各位给自己心里一些能量，去挑战一些你完全陌生的领域，只要有机会就跟老板说我可以，我想去，我想做。因为只有这样把自己扔到沙漠里，你才知道如何抵抗干旱，把自己扔到游泳池，才知道怎么扑腾，否则你一辈子都体会不到这种味道。

接下来我们再看一家外资企业，是一家有上百年历史的老企业。这家企业于1906年在美国上市，他们是怎么培养他们自己的核心骨干员工的？大家看这个模式叫“2X2X2”模式，比方说你要做区域部门的总经理，你就需要不同部门的工作经验，需要有两个职能，我以前管研发的，现在管行政，这样才会知道企业由不同的部门构成的。然后要两个区域，比方说之前是在欧洲，下一步就调到索马里，去尝试一下非洲的味道，当然也可能是中国。

接下来是“+5”，这个5就是让他经历5个方面不同的业务内容。第一，在一个保持成熟增长的企业去工作，这样的话会领悟到一个良好的企业是怎么开展日常工作的，或者说学习如何保持这样的一种成长。第二，做服务业或者初创期的业务，因为服务业是最直接的让你去感受客户第一的行业，我们所有的企业都要有这个概念，而只有服务业是最直接的，因为做得不好，马上有客户会给你反馈。所以服务行业的经验会让一个人有很快的成长。第三，领导一个大型的收购、兼并或退出业务，这是短时间实现公司各个条线的一些工作流程的改变，一下子进来很多人，或者一下子出去很多人。比如说做一个项目两到三个月，有的时间短甚至一个月左右完成这样的项目，这就是对你总体管控能力有特别大的要求。第四，开创新业务，无中生有，因为所有的领导都要成为企业家，企业家的能力就叫做“无中生有”，企业家最核心的一点就是无中生有，所有成功的企业家都是从零开始。最后一点，要扭转经营不良的业务。通过这样反反复复的折腾这个企业就会发现真正是属于他们企业心脏的那些人，而我们很多人在这样漫长的征途当中就不断地被OUT，不一定是别人的原因，也可能是自己的原因。要取得最后的成功，只有一个理由，就是比别人付出更多。因为我们所有的人在踏上职场的那一刹那都差不多，没有太大的差别。

接下来我们用比较短的时间跟大家来做这样的交流，我怎么能够成为职场红人，我怎么能够成为HR、老板、领导眼睛一亮的那个人？我想了想，也跟我的老师做了一些沟通，因为所有这些内容我都是从自己身上总结，也会观察自己身边的这些人，他们有什么特点，为什么这些人是成功的。所以我总结了几条供在座各位参考。

第一个，从来不会说“不”。我们现在很多心灵鸡汤告诉大家要学会说“不”，这个和我这里说的不要说“不”是两个概念，我们不混淆。心灵鸡汤里边所谓的要学会说“不”的意思是说我们每个人要学会做自己，不要勉强去做别人眼睛里的那个你。作为我而言，我理想的状态是做讲师，做自由讲师，我从国有企业出来，把自己的铁饭碗给砸了，从民营企业的高管出来，是把我的金饭碗给砸了，而我现在每天在接电话和别人沟通，我不知道下一堂课在哪里，但是我很开心。我每次站在讲台上都是最快乐的时候。当我把自己的“宝贝”掏出来和听众分享的时候，就觉得很有存在感；当我的听众听了我的分享很热情，然后还有很多问题。那个时候我心里特别自豪，觉得自己特有存在感。

所以我们说要学会拒绝的第一点就是学会做自己，但是我在这里说的“不”并是不要拒绝，当你在工作岗位上遇到的挑战的时候，一定不要拒绝别人的求助，一定不要拒绝一些工作上额外的要求。有一部电影叫“便利贴女孩”，这个电影描述了一个女孩每天都很忙碌，所有的人都把要求贴在她的脸上，我们觉得这样的人很可怜。而我和很多年轻的朋友分享的时候我会说一个人当你需要被别人看重而不是把你当成“便利贴女孩”重要的一点是：当你每天做很多琐碎的事情，要善于从这些琐碎的事情里边提升自己，提高工作方法和效率，并且不断地去参与，去看到身边成功人的行为和思维模式，尤其是看到优秀的人的工作标准。如果你每天在忙的时候，只看到了忙，而没有看到第二条，那你就是一个“便利贴女孩”，所有琐碎的，让人讨厌手和脚的事情全部贴在你的身上，你的脸上。你要一边做事，一边要用眼睛观察，去看身边成功的人他是怎么样的行为和工作方式。比方说他是每天拉着脸，还是微笑；每天的节奏是快还是慢，说话的方式是什么样的。而慢慢的你学会用他们的语言表达的时候，你会发现你的便利贴就贴到了下一任的身上了。

这两天有一个“小朋友”给我一个特别大的惊喜，是我原来部门的助理，前两天他和我们认识一些企业家一起搞活动，他和企业家坐在一个饭桌上吃饭，我很惊讶地看到当企业家提出问题的时候，他用非常稚嫩的但是专业的语言试图去回答一些问题。我心里这种滋味大家知道吗？我为他感到骄傲，因为他学会了专业的语言，虽然还很稚嫩，但是我们很尊重他，我们每天都会为这样的孩子提供一些机会，一旦企业有机会升职，一旦有新的机会，第一时间会想到曾经跟你一起吃饭，愿意用专业但也许稚嫩的语言在表达他内心的想法，而这些想法不是随口说出来的，是经过思考的。所以我们前面讲的学习能力，快速学习的能力非常重要。

学会提问，勤于思考。提问题是一个很好的习惯，向你身边的人提问题。因为你要提问题，所以你就会思考。再接下来要勇于承担责任，不是到了领导岗位才需要承担责任的，哪怕是一个小小的实习生都要敢于承担责任。有可能一件事并不完全是你错了，但这件事跟我有关，就得承认错误，因为你完全可以把它做得更好。但是有很多人喜欢狡辩，喜欢讲理由，企业最不爱听理由，只要一句话——“我错了”，这件事情就算过去了。承担责任，有什么大不了的。当然我这里补充一下不要误导我们某些听众，大家觉得我什么事都揽在自己身上，犯法也揽吗？当然不是的，我相信大家都能听明白我的意思。

第一个，每一次都做到自己内心无悔，哪怕是失败。所有的东西经过你的手出来的，你就等于告诉我这是你认为你可以做到最好的，所有的东西只要经过你的手拿出来的东西都是你内心说这是凭自己的能力，能做到的最好，如果是这样你可以对自己说内心无悔，哪怕是失败，哪怕被领导批评。因为你每一次都在想我如何能够做到更好，前面我们想的追求卓越。追求卓越的意思不是说我今天有多完美，而是说我总是想着我明天往前走一步。这样的人是有持续的生命力和不断的成长空间。

时间很短，心理还有很多话可以跟大家分享，但是我相信我们每一次的沟通交流，哪怕心里有一点点小小的涟漪就已经是足够了。我的一些经验和感受也不一定能够帮到大家，但是我尽力在未来更多的时间中能够让我周围的年轻人和我在一起工作的小伙伴能够一起探索成长，更重要的我要向“85 后”、“90 后”、“95 后”们学习，这样我们“60 后”才不会 OUT。谢谢大家！

主持人：非常感谢张婴文女士的精彩讲座，我们接下来是互动环节，大家可以举手提问。

听众：张老师您好！我的问题是年轻人可能会有这样的想法，认为自己还年轻，想规划一下，想出国去留学，如果说出国去读研究生回来之后还是在中国发展，在上海发展，会不会在职业上有一些衔接不上？

张婴文：很好的问题。昨天和一些朋友在说，现在企业可以给本科生和研究生第一个岗位的工资水平会越来越接近，这是第一个观点。第二点，以前是“海归”，现在叫“海带”。“海带”回来了以后和没有出国经验的人工资越来越接近，这是现实。因为企业不会为貌似更好的东西花钱，但是我们有很多研究生，有一些海归回来的孩子他们因为有更强的学习能力，他们有对自己更高的要求，或者有更宽的视野，你会发现他们到了单位以后成长的速度会很快。现有的单位不能认可你，社会一定会认可你。我们的机会非常多，只要你有能力。

也许我们“小海带”们用一年的时间出国，回来了以后暂时可能会有点滞后，但是你一定要问自己一年出去到底成长了什么。我女儿也在国外读书，我经常跟她讲不能着急，工作是一辈子的事情，而学习和历练也就这么几年，所以让自己去翱翔。我对女儿说天有多高你飞多远，当你有能力无论在哪里降落你都有自己的生活和工作。所以我支持所有的人，他愿意出国我都愿意支持，我觉得非常应该，世界很大，我们应该去看看。

听众：您好张老师！刚刚创业的企业没有办法为他的员工提供非常好的投资基金或者平台，他该怎么样留住他的一些“高潜”人才，这样的高潜人才是不是应该换一个更大的平台？

张婴文：我觉得这个问题非常精彩，都是核心的问题。你讲的这个问题我前两天刚刚看了一篇文章，说互联网的世界是“90后”的世界，所以“90后”都应该创业。我正好看到这篇文章，我特别同意。我的观点认为，年轻人首先应该去大企业锻炼，但是未来我们的生活会变成这样，我们的生活形态会非常的不一样，像我们这种“60后”、“70后”必须懂得企业的一些规范、操作流程、目标，我们需要懂得这些东西，因为我们就是一个彻底的、只会打工的人，我们没有更多的想法。但是未来的互联网世界会让我们的孩子有更多的生活方式。所以不一定要去大企业，去经过那些训练，完全可以去创业，完全可以为自己的理想去做点事情。我的一个下属是复旦的本科，北大的硕士，他到我这边工作半年，之前在另外一家企业工作两年，我跟他有一次合作，我就很欣赏他，然后把他挖到我的部门来。但过了半年，他跟我说张老师我要走了。我说去哪里？他说他要做基金投资。我说为什么？他说张老师我看到你，我就想到我的未来不是你。

年轻人就应该去尝试自己的梦想，大不了失败了从头再来过，因为我们有的是时间。这是高潜能人才的问题。小企业留住人才最好的办法就是让他承担责任，让他去有创造性地发挥空间，他有发挥的空间，他能创造性的工作，能够有人帮助、鼓励他，能够让他有成就感，这个就是最好的留住人才的方法。因为创业型企业一定没有很好的条件，而我前面讲到“721”，70％能力的成长是在过程当中。我前两天和一家企业的朋友在交流，他说我们这家企业很多人不够专业，我说你们老板专业吗？他说我们老板其实也不是什么都懂的。我说这就对了，老板也不专业，为什么可以做老板？因为他有梦想，所以他可以把不专业变成专业，因为他会学习和尝试，他不怕失败。

所以如果我们是创新的小微企业，记住给你的员工梦想，有了梦想并去实现它，并且我们一起分享梦想实现的成果员工就会留下来，让员工和企业一起成长。谢谢。

主持人：我们用最热烈的掌声感谢张婴文女士今天的精彩讲座。同时也感谢各位的参与。

职场中的博弈论

陆海平

上海市黄浦区就业促进中心首席职业指导师，有从事职业指导11年的丰富经验。他坚持以帮助求职者正确评估自身能力、把握职业发展方向的理念，在提供职业指导服务方面颇有建树。

尊敬的各位来宾、各位领导，大家晚上好。欢迎今天来到这里跟我一起探讨关于职场中的博弈论。理论上是讲员工和领导之间如何斗智斗勇，或者办公室里面如何明争暗斗，这跟猜拳游戏有什么关系？请不要小看简单的游戏，在游戏中，能否获胜，取决于你是否正好选择了克制对方的选项，这正好蕴含了博弈论当中的一个最基本的思路，就是选择。

博弈，在古汉语当中，博指搏击、搏斗。大家在甲骨文当中看到一个人拿着武器。弈，在过去指下棋。所以，按照字面上的理解，博弈就是两个人通过下棋来争夺输赢。因为下棋，肯定不会是乱下，还要在下的时候考虑对方的步骤。所以，在这种情况下，博弈不妨定义为在一定条件下，遵守一定的规则，一定数量的个体或者团队进行选择，或者实施并从中取得收益的过程。

举一个例子说明构成一场博弈有什么要素。有两个共同偷窃的嫌疑人被警察抓住，可惜的是，警察没有掌握他们的确凿证据，于是，告诉两位嫌疑人，对于他们关于犯罪事实的认定，要看他们的态度，就是“坦白从宽，抗拒从严”，如果谁跟警察合作，先招供就不会被追究，另一方就会被重判。如果两位全部招供，每个人判五年。警察也知道，如果两个犯罪嫌疑人谁都不招，只能以证据不足的方式将他们释放。但他们两个都分别被关押在这里，都不知道对方做如何选择。

因此这两位犯罪嫌疑人的选择，以及带来的后果，我们用博弈论的模型来看，就可以表现成图上的样子，甲、乙都选择抵赖，判刑零。如果都招供，因为都没有获得从轻，都要被判五年。最终谁选择抵赖，而对方选择招认，他就会被判重刑。从这张图可以看到，不管对方交不交代，自己首先交代是相对安全的选择，所以这是博弈论当中，关于囚徒困境的决策。

通过这个故事，我们可以看到，一般构成博弈有四个基本条件：

第一，相互影响的参与者。譬如刚才这个故事中的甲乙，他们相互是影响，招不招，完全取决于他们。同样，在职场上，个人和企业，有时候会对于工资报酬形成互相影响。个人和同学，家长和子女，下级和上级，都会在工作目标和期限构成博弈。单独的个体在不受干扰的情况下决策不称之为博弈。你今天晚上决定吃什么菜，这不是博弈，这是决策。你今天晚上决定请你暗恋的女朋友吃饭，这就构成一场博弈。

第二，各参与方能够争夺的利益。以上故事中的甲乙两个罪犯，他们所争夺的就是自由。而在职场有可能围绕着工资、福利、劳动成果各个方面展开争夺，甚至包括职位、晋升，形成争夺的收益。

第三，构成一场博弈参与者要能够选择的策略，至少有两项或者更多的选项。刚才故事中的甲乙两个人的选择是招还是抵赖？在职场上博弈选项可能更多。简单表现为，我要毕业了，升学？就业？打工创业？完成团队任务的时候，是老老实实在单位里和别人一起加班，还是和老板说，今天正常回家陪家里人。

第四，决策信息。个体在做博弈的时候，如何选择要对收集这个选择有帮助的情报资料。比如，甲乙两个犯罪嫌疑人在决策的时候，都知道对方虽然是同伙，但是他足够聪明、自私，绝对不把这个事情单独抗下来，因此他对另一方参与者的品格以往会做决策经验的理解。而在职业市场上，我们有时候也知道，一起竞争职位的同学的专业课程怎么样，面试水平怎么样，都是要考虑的。甚至在面试整个地区，整个行业的就业形势，各个专业的毕业率，包括在招聘会上参与的单位，招聘的门槛要求都会构成决定的决策信息。

我们在博弈过程中，每个参与者都想获得最大的利益，由于在博弈当中，每个策略的运用，以及对信息的收集，对竞争者的了解，都会影响博弈的结果。接下来不妨看一下，我们如何将博弈学运用到职场生活。在这里请大家先看一个案例。一位大四的毕业生，他的决定开始它的博弈论，博弈方式进行找工作或者就学下一步的开始。用刚才学习到的博弈论四个要素分解一下。

这场博弈的参与对象会有谁？目前看起来只有该毕业生一个(简称小 C)，但是接下来有可能决定参与的方式不同，包括和他一样的其他求职者，包括他的同学。他的收益是，我走向社会，将来的发展是什么？包括能不能找到好工作，今后能不能取得更高的薪水。选择的策略包括升学，考研，创业，出国。

博弈首先就是选择，因此，我们要从这一系列可供选择的策略当中选择一个最好的策略。这些选项当中，哪些是小 C 较好的选择？假设小 C 觉得升学没戏，出国没钱，对创业也没有兴趣。那就只剩下自己打工。因此找工作将成为小 C 唯一的选择。找什么工作？选择又来了。按照现在一般的想法，无非是要么考公务员，要么进企业。这两个选择中，哪个选择是比较占优的选择？现在不妨通过比较一下各个选项的优劣。

现在机关事业单位的收入不是很高，现在考公务员不像以前那么疯狂。而小 C 把收入定为 1 分。企业由于多劳多得，外企收入可能更高一点，但是大家在意向中会觉得，虽然公务员行业机关事业单位收入少一点，但是胜在稳定，稳定性打了 3 分。虽然企业拿的钱挺多，但是一不小心，企业经济策略不好就有可能倒闭，企业稳定度为

2 分。

小 C 无论是考公务员还是进企业很难抉择。但是，继续往下看，考公务员进企业和他有同样想法的人很多，考公务员竞争很激烈，很多热门岗位甚至会达到几万个人争夺一个岗位。有些岗位进入有就职门槛，有的需要研究生学历、专业背景、基层工作经验。小 C 通过实际考察发现，现在的岗位上，公务员竞争太多，收益是负的。从公务员目前情况来看，从科员往上升，升到处长、局长更是非常遥远的道路。到企业里，这家企业不行，同行业有很多，同样在一个企业里能够更容易的学到一些技能技术，升职机会比机关多。目前选择进企业的收入更高一点。

小 C 的求职选择变成这样正是由于在博弈中信息决策造成的，如果你只关心收入稳定度几个要素，忽略关于竞争升值要素，很难做出正确的抉择。在实际生活中，不光小 C 是这样，我也接待过很多的求职者，他们感觉在职业上无从选择。他们经常说的是我想找一份好工作，但是我不知道我能够做什么工作。因此在他们看来，他们的选择模型会变成这样。期望收入多少？不知道，稳定性怎么样？不清楚。竞争程度怎么样？不明白。我能否胜任的岗位？不知从何谈起。这样一问三不知的方式求职，怎么可能找到心目中的好工作。

在我们的职业选择中，如果希望职业收益最大化，找到心目中的好工作，不妨收集好下面几个信息，第一，我们口中的好工作如何定义？工作环境如何？第二，"好工作"的供给情况怎么样？在市场上究竟需不需要这种工作岗位？第三，"好工作"的准入门槛。包括有技术要求、学历门槛，搞清楚这些要求，才能做出正确的选择。

最近网上出了一个"证书哥"，他考了 65 本证书，但是没有找到工作。我查了一下他证书有很多，其中有国家资格类荣誉证书 5 个、审计 15 个、国家资格证书 6 个，据说还有奖学金证书，连续两年综合成绩全年级第一。他有那么多证书，为什么没有找到理想的工作岗位？他自己说了一句话非常说明这个问题。他说，望着这些证书有说不出的成就感，觉得证书能够证明自己的能力。但是，他没有注意他应聘的单位，他心目中的好工作需要他有什么能力。我们求职的时候希望找到好工作，但是在此基础上对好工作做好定义，详细了解就业市场的信息，了解招聘岗位的工作内容，了解薪酬的构成方式，了解好面试选拔的流程，最后帮助自己就业。

刚才谈了一下博弈之前的信息收集，下面谈一下具体有哪些博弈手段。

第一个，少数派博弈。如果在座有机会参加一个派对，派对里有很多人，玩的很开心，但是一不小心失火了，这时候你要逃生。有两个选择，走前门还是后门？当然，其他人也会跟你争夺这两个门出逃。如果很不幸选中其他人选择的,你将因为拥挤无法逃出去。

这个博弈称之为少数派博弈,其核心就是你选择的同时必须考虑他人的选择,你的结果不仅仅取决于自己的选择,而且与他人的选择相关。因为同一个群体共同构成一个博弈,如果把这个博弈放在职场上是比较常见的现象。

职场上比较通俗的话,职业选择是一窝蜂的现象。比如都乐意做公务员、进国企等,我们找这些岗位的同时,却不关心究竟有多少人跟你抱着同样的想法,不仅仅在职业选择上,有时候甚至你简历的写作方式和面试回答技巧上都是完全照抄照搬网络上的现成答案。我接触过应届大学生,他们拿出简历,除了姓名、联系方式和家庭住址,其他几乎都是一模一样。如果大家希望自己的简历当中能够让自己在面试中脱颖而出,一定要找一些亮点。前不久参加过一场黄浦区招聘会,那个招聘会规模比较大,较吸引人。其中一家单位和待遇不错,是绿地集团,需要招聘一个接待文员。因为男女不限,所以门槛并不是非常高。这么一个岗位,我记得排队应聘的人很多,目测一下至少五六十个人排这个岗位,哪怕半分钟,收一份简历,问几个简单问题,再回去筛选的话,面完这些人,最起码也要将近一个小时。与此同时,他旁边也是一家国资企业的,面试的人并没有那么多。这时候面试岗位的时候,与其排队,为什么不面试一下其他岗位,面试竞争者更少的人。

资源是有限的,找工作的时候,一定要掌握不一样的技能和证书,简历上多写一些不一样的地方。求职的时候多一些选择,面试的时候多一些新意,甚至在工作中多一些新意,这样才有机会获得不一样的职场发展之路,能够更快获得职业的提升。

第二个,智猪博弈。博弈论当中有一个有趣的故事,猪圈里有两头猪,一头大猪,一头小猪,猪圈另外一旁有一个踏板,每踩一下这个踏板,旁边的投食口都会落下少量的食物,只要一只猪去踩踏板,另外一只猪就有机会去吃到另外一边落下的食物。因为小猪力气小,它踩踏一下踏板,大猪吃的快,在小猪回食槽之前,会把所有的食物都吃光。但是如果大猪踩踏板,因为小猪吃的慢,大猪有机会在小猪吃完所有食物之前,吃一点残羹。这两头猪会各自采取什么样的策略?小猪会选择不踩踏板,等着食物落下来。大猪为了获得吃的,不停的奔跑于踏板之间。

为什么小猪不踩踏板?他觉得很累,要付出劳动,我躺着不动有好吃好喝。在博弈学当中,称为搭便车的行为。职场上也有这种行为,而且非常多。因为我总是接到求职这么给我抱怨,我很能干,领导总是在有活的时候第一个想到我,多劳不多得。或者说在团队中，大家地位是一样的，但是我老是被别人指挥干活，钱却没有多分。为什么会出现这种多劳不多得，少劳不少得的情况？其实是奖励机制的问题。怎么改变这个现象？

把这个情况放到职场上，作为大猪，选择两种。一种等着奖励机制改变，等这个领导换新的领导，由他改变一个新的分配方式。或者干脆跳槽，不在这个“猪圈里吃食”，因为不合算。不管大猪怎么选择，在目前情况下，和小猪一样，小猪不干我也不干。作为大猪来说这绝对是非常不明智的选择，因为在职场上表现为，大猪不干活，小猪不干活，你怎么体现和小猪的区别，你怎么会有好的结果，好的绩效奖励。

作为大猪来说，不管现在怎么样，必须在这种情况下能够多工作，找到机会进行跳槽。现在在职场上不光有大猪，小猪也有类似的情况。有很多青年在家里暂时不去工作，在家里待着的青年人有小猪这样的心态，我认识这样一个小朋友，小 D，他工作三年之后不想上班，他的学历低，工作能力不怎么样，出去上班，就拿最低工资，他觉得应该在家里好好积累一下，沉淀一下，所以天天在家里研究古典文学。而他的父母亲已经退休了，但是觉得在家里不行，宁愿在外面工作，多打工挣钱。为什么小 D 会有这样的想法？

因为他觉得随便上个班，可能只挣死工资，没有时间玩，按照现在标准，最低工资标准两千两百多，每天挤公交，不能打游戏。对于他来说，整个综合收益几乎是零。但是如果在家里待着，虽然没有收入，但是父母不会亏待自己儿子，对他来说，收益模式变成爸妈给钱，总体来说，对小 D 个人来说，在家里舒服地享受空调，爸妈在外面挣钱补贴家里是最美好的事情。

在这种情况下，这种搭便车的现象或者大小猪博弈现象如何改变？最终看我们如何制定规则，作为大猪来说，我们有能力，如果你有能力去改变这个规则，我们就会去改变，或者通过培养自己的能力去等待规则的改变。如果你作为有能力改变规则的人，必须作为一个家长，你不一定要留在家里，出去收益会更多。作为还要培养自己能力的青年人来说，千万不要沉迷于不劳而获虚假的福利，在家里一直待的话，丧失进步的动力，看眼下享乐舒服了，但是就业能力没有获得提高，很有可能输掉将来。

第三个，讨价还价，分蛋糕博弈。假设有两个孩子，他们得到一块冰淇淋蛋糕。一个人负责切，一个人负责分，切蛋糕的小朋友，就蛋糕怎么切法，事先和另外一个小朋友讨论，是六四分，或者三七，还是五五，如果同意就切，如果不同意就继续讨论。在讨论过程中，蛋糕是在不停地溶化，在一定的时间里，双方还没有达成共识，这个冰淇淋蛋糕会完全溶化掉，大家谁都没有分享。

按照博弈论的观点来看，讨价还价的过程，其实就是双方对自己自身利益妥协的过程。这种跟自身利益争夺不休的情况，有时候非常接近我们在职场上的境遇，例如，我们个人和老板在谈薪水的时候，三千块钱干不干？不行。四千，四千不行，五千。再不给跳槽了。作为企业来说，要找一个最能干，同时要价最低的求职者。而求职者则希望用最小的代价获得最高的工资报酬。很多求职者期望工资最好五千，或者六千，但没有提到你能够接受的底线是多少？有时候会问这个问题。包括有时候不光在工资上，有时候在其他方面会产生纠结？这个工作环境怎么样？是不是"高大上"的企业，是国企还是私企，上班车程远不远？有没有车贴、饭贴，公司有没有培训？前两天遇到一个男生，东华大学本科毕业生，形象不错。光看简历我觉得求职不会太困难。所以我问他，因为他的证书英语证书和其他技能证书该有的都有。我问他，你自己觉得面试的时候遇到过什么困难？他说我面试下来，简历基本上都有回应，但是和单位谈薪水之后，就没有声音了。我让他应聘业务助理岗位，负责数据统计，薪水只有开到四千多块钱。他考虑半天还是没有去。他说因为还是没有达到他的心里预期，就是觉得收入比心里预期的少了那么一点。

前两年还碰到过一位求职者，他前两年本来一定要进国有企业，因为第一次参加公务员考试的时候，就差了两分，所以他觉得离他心目中的岗位并不是那么遥不可及，接下来两年一直备战考公务员。第二次考差六分，第三次考到了，面试通知也下来了。面试官问他这段时间在干什么？他回答没找别的工作，在家里看资料书，做准备。实际上他的简历在其他人事看来有两三年的空档期。每一场求职机会的放弃，都可以看作是求职者对就业市场薪酬进行一场谈判。问题是，作为求职者你每一次找工作是有时间的，每一次和别人谈判的时候，浪费的不仅仅是你自己的时间，有时候还包括你自己就业能力，就业竞争力的丧失。

提个小问题，在座有没有刚毕业的？你们男朋友在追求你们之前的时候，你是先答应做女朋友，还是让他追你以后才成为他女朋友？肯定是先追。大学新生联谊会，有一个男生看中一个女孩子，肯定想追求她。一打听下来是白富美，普通的巧克力、鲜花打不动她，看上去蛮难追，万一追不上，说不定还会成为同学们的笑柄，甚至会影响追求下一个女生的机会。

如果不追，这么好的机会就浪费了，说不定就失去成为金龟婿的机会。在这里谈一个关于博弈论当中，两个成本概念。博弈当中并不是只有收益没有成本，收益已经提到了，你会得到的好处。我为什么要博弈？肯定要争夺好处才会进行博弈。争夺这个收益的同时是要付出什么东西？一个称之为沉默成本，为了追求这个女孩子，要发生很多的支出，今天请她看电影，明天请她吃饭，后天买高档包包，这些都是扔出去的成本，因为是不可回收的，我们把这个称之为沉默成本。另外一个为了得到某个东西而放弃另外一个东西，称为机会成本。你如果选择追求一位女生的时候，至少在这个学校环境是没有机会去追其他女生的。很可能如果你不追求这位女生，而她的室友可能是你最好的选择，我们称之为机会成本。

如果他把自己的成本想太多，他没有一开始想可能得到的收益，而是把自己眼光全盯在可能付出的损伤上包括故事中的男生，还没有想着行动去得到的收益，就想着会付出什么代价。大学四年请吃饭、请看电影、送花，情人节三大节这种投入成本。最后毕业一拍两散，就损失大了。怎么避免这种损失？干脆不追，换句话说，为了避免付出代价，他丧失了行动的欲望。

这种情况如果放在职场上会有什么情况？我们去上班，不要去私营企业，因为私营企业有可能不加金，很可能使用廉价劳动力。不去某家单位，因为没有跟我同年龄的人，有代沟，人际关系处不好。不要某家单位，因为规章制度太严格，上下班都要打卡，一不小心迟到了，一月奖金就没有了。或者说在这家公司不是不想学习，我愿意付出，但是老板一看就是很抠门的人，干了一年下来，估计不会加工资，干脆就不去了。

这种人称之为精明的求职者，他在每一次想到自己利益的时候，想到我付出的成本是什么，一想到自己付出成本，很有可能利益收不回来就不干。包括现在很多人在职场当中很多的心态，给多少钱，干多少事，上级不说，就不做额外的事情。看起来你个人利益没有受到损害，但是你个人能力也没有得到培养。

我接待过这样一个求职者，当时毕业的时候是以年级前十名的身份被一家国有企业先挑走了。他当时做工程师，做了小半年就不做了。问他为什么？他说在国有企业，论资排辈现象太严重，工作三五年是看不到希望的，作为优秀的年轻人，应该敢打敢拼，所以他出去了。跳到投资公司，做了三个月又不做，他说这家投资公司是有业绩需求的，业绩压力太大，算了一下，三个月肯定完不成业绩指标，完不成就是白打工，不行还是再跳。他觉得到一家新单位，能力得不到发挥，得不到发展就要跳槽。到上个礼拜，第三份工作没有做久。有人问他，他其他同学现在怎么样？他说有的同学留在原来单位已经做到业务主管或者小组长职位。

我们在职场上，很多求职者或者职场新人并不是缺少职业目标，也并不缺少职业理想，为什么会非常频繁的跳槽？表面看起来是职场适应不良，我不能够适应这样的体系，不能适应这样的企业文化，不能适应这样的职场环境。实际上太过于计较自己利益的得失，有时候严格按照职业发展规划，并不是说你能够一步到位，一蹴而就，有的时候为了职业目标走一些螺旋形的道路，迂回的走一下，也是非常好的做法，过于计较自己得失，害怕自己的投入，资源打水漂，并不是有效，有时候甚至为了蝇头小利，把自己拖入平庸的泥潭。

有一个故事，狮子和野狼一起外出打工，狮子力气比较大，野狼跑的快，他们抓了比以前更多的猎物，狮子把猎物分成三份。关于分配是这么说的，第一份我应该拿，因为我是森林之王，我是领导者。第二份也是我拿，这是我和你合作的报酬。这第三份，如果你现在还不走，我觉得你恐怕有危险。你怎么评价狮子的行为？我们各自来分析一下关于狮子和野狼的合作。从这场合作的结果，狮子收益是最高的，而野狼合作的收益是最低的，因为他拿的东西比他单独收益还要低。这种情况下，野狼绝对不会和狮子合作了。

从这个角度来看，这场合作，正常情况下合作并不是只要合作就是多得，你会少得。有的时候博弈，合作起来双方有利益的，称之为博弈性合作。作为双方来说，只要双方共同合作，会得到比以前更多的收益。双方利益会增加，而把这个放到职场上来看，也是有类似情况。让你们单独一个人完成一项工作目标，可能自己完成的份额是1，甚至工作份额更低。但是，有机会让你与一个团队共同合作，你们的收益会更高。如何维持这样的团队，这是求职者讨论的问题。觉得我跟他合作了，我的收益也增加了，但是我增加到的收益并没有我想象的多，甚至他觉得像狮子和野狼一样，有时候分一下，野狼拿到一份，狮子拿到两份，但是野狼觉得不公平，会不会这样觉得，我给你共同完成围猎活动我和你拿1/2才是最好的选择。在一场团队合作当中，不应该按照能力大小，而按照是否出力份额，只要出力算人头。

在这种情况下，能力高的人会这样想，我如果自己能完成这样博弈，完成这样的工作，我需要你干什么。在很多职场上，明明是一个团队共同完成的项目，有些组织者或者领导者觉得，我是主管，我出了大头，把荣誉放在我自己身上，完全忽视下面团队其他人员的热情，更加高的上级领导有的时候会说这些活全是我自己做的，这些全部在我的带领下完成的。那么下面的其他员工会怎么想？

有时候在职场上，很多情况下一定要跟其他人一起完成合作的时候，把双方的工作汇报在一起，包括一个团队有人比我优秀，业绩排名在我前面，我应该抱着怎样的心态跟他学习，继续合作下去，提升自己能力，继续发展下去。这也是我们为什么说职业发展中，能够跟他人合作，能够有效提升自己合作效益的问题。很多事业单位年底的时候，都需要写自己小结，自我评价。其中一有句话是百试不爽，非常有用的话。各位领导，各位同事，我今天能够取得这样的成就，是在领导的关怀下，在同事的帮助下，在我自己不懈的努力下共同完成的。他绝对不会说这是我一人的功劳，也不会说今天的功劳全部是别人的。把自己功劳并为好几个人的情况。

我们在职场上，一定要把自己的人际关系处理，把自己的人际圈放的大一点，这样为职场发展获得更好的鼓励。

回顾一下今天职场博弈论的基本论点，首先讲的是关于信息决策的东西，只有掌握了比较详细信息，了解对方选择的项目，了解自己在决策中所处的地位，自己能力的强弱，才有可能做出正确的决策，甚至有时候掌握更多的信息，才能让自己的决策做出更好的选择。信息决策、掌握信息，能够让机会给我们有准备的人。

第二，在职场上要做好少数派博弈，要选择他人，选择不一样的东西。换句话说，在职场上选择另一个职业发展道路，你的职业选择跟别人不一样，你的职业简历比别人出彩，你在面试问答中有非常令人耳目一新的思路，甚至在工作中，跟其他人不一样的工作想法，工作业绩，你要成为和别人不一样的少数派。

第三，智猪分配规则。在一个团队中，不公平的职业选择会影响你，即使在公平的职业选择当中，如果你在不公平的职场当中做顺从者，还是在现有的规则下，好好培养自己的能力，有机会找更好的职业环境。如果你是有机会更改这样的职业规则的，你想办法引导这样的规则，把那些不想吃食的，宁愿待在家里的，更多赶出来，要改变这样的职业规则，让他在家里觉得，并不是那么舒坦。

第四，讨价还价，分蛋糕，说到底是给自己定位，你给自己定位怎么样，别人怎么评价你，你觉得你值五千，别人觉得你值三千五百块钱，这当中如何给自己定合适的价位，甚至觉得工作岗位差不多了，见好就收。今天拿不到五千块钱工资，先拿四千的岗位，或者先多学习一点。

第五，博弈成本。你在任何培养自己能力的时候，发展自己能力的时候，或者想争取自己有发展有晋升的时候，你愿意付出什么东西。刚刚故事当中看到的物质成本，时间精力，在职场上你愿意花多少时间培养自己职业能力，愿不愿意花功夫考虑本行业需要的职业证书，你愿不愿花一些精力思考一下你所带的团队当中有什么改进的方法。

最后博弈合作。沟通和合作是最后处理好人际关系,形成自己人际圈和资源圈的方式,最终成为自己职场上的助力,沟通和合作,在我们职场上进步的基础。

博弈论的目的在于用巧妙的策略学好博弈,并不能帮你避免风险,也不能帮你减少在求职过程中的一些成本,只是通过将日常案例和实例抽象化,通过博弈论的思考,帮助我们在职场上赢得更好的结局,谢谢大家。

主持人:谢谢陆老师的精彩演讲,在座各位如有问题直接请教陆老师,由于时间的关系今天的讲座结束后可以和职业指导专家和陆老师做特别的交流。今天的讲座就到此结束了,感谢各位的参与。让我们用掌声再次感谢陆老师的演讲,谢谢。

图形视角中的职业适应

——从大学生到职业人的角色转换

孙一蕾

现为上海市闸北区就业促进中心职业指导专家。对大学生和青年就业颇有研究，曾多次以嘉宾身份参与上海人民广播电台《职场新干线》节目，在本市新闻媒体发表多篇青年职业指导文章。擅长从兴趣角度，引导大学生和青年求职者制定求职方向，理性规划职业发展。

各位学生朋友大家下午好！很高兴能看到这么多学生朋友已经开始规划职业，我觉得这是非常好的举动。今天有很多话要与大家说，希望我们共度愉快的下午。今天讲的是职业适应的问题，职业的问题非常多，刚刚高考结束进入大学选择专业的时候，我们或许会有这样的想法：我将来要做什么工作？现在我要选什么专业？这就是最初的职业定位。现在即将踏入职场，我们又会思考我应该找什么样的工作？这些问题在这两年大环境的选择下，最关键的是职业适应的问题。

一位理科生大学毕业后，找到专业对口的工作，大家都很开心，家里为他高兴，他自己也非常高兴地去上班。但是他干了不到两个月就辞职了。他是机械专业毕业，本打算毕业后工作中要画图纸、搞设计。但是到了单位没有人让他设计图纸，也没有人让他画图纸。他整天做一些校对工作。两个月不到，他终于熬不住，辞职了。他想我不是做校对工作的，我要做的是机械设计的工作。他决定重新找一份工作。

一个文科生大学毕业后，如愿找到文职类工作，干了一个阶段后，干不下去了。当时是做一份助理工作。助理的工作应该做项目，但是他到了公司之后，他的上司每天让他复印，跑各个部门盖章，这不是助理做的事情，而是打杂。他忍受不了，就辞职了。这是职业适应的问题。

会产生这些问题的原因是他没有认清自我。我给大家报一下我今天早上起床以后的流水帐。起床之后，给孩子洗漱，送孩子上学，途中看到我的邻居，我们送完孩子之后各自回单位上班。在简短的流水帐当中，我担任过什么角色？早晨我送孩子上学，我是担任母亲的角色。在送孩子的途中，我碰到我的邻居，我们愉快地聊天，这时候我承担的是邻居、朋友的角色。我回到单位之后开始一天的工作，我就是作为职业指导人的角色。大家可以思考一下，其实我们每一天都在承担不同的角色，而这个角色决定了你是谁。

这是“6W1H”模型，广泛应用于各个领域。这个模型在角色转换中有借鉴意义。在最左边有 5 个 W，分别是时间、地点、对象、事件、原因。我们要知道我是谁。根据时间的不同、所在场合的不同、所面对对象的不同、所做事情的不同、做事情的原因不同，决定了你是谁。从学生到职业人是非常微妙的角色转换过程。因为我们长期以来的行为模式、思维模式决定了我们认为自己是一个学生，这是一种潜意识，不可否认。

拿到毕业证书，档案到了户口所在地之后我们就不是学生，我是谁？我还找得到我的角色吗？进了职场之后，这个角色是非常复杂的。为什么说我要告诉大家你是不同的？因为你是谁决定了最重要的东西：面对不同的人，与不同的人打交道，应该说什么、做什么。所以我们说,6W1H 对于角色转换的意义就在这里。

从学生到职业人这个转换过程中,主要出现以下问题:

第一是恋旧。到职场开始拿工资,成为社会上的职业人,但是思维模式停留在学校,认为自己是学生,这种思维方式没有转变。所以到了单位,做错事情,认为领导应该原谅自己,应该告诉自己错在哪里,应该手把手教自己,因为在学校就是这样的,在家里也是这样,什么事情错了,父母会直接告诉我。但是在职场,可能没有这么好的运气。

第二是畏惧。在单位同事沟通当中,这个小孩子各个方面非常优秀,单位准备培养他,给他一些事情做。例如让他参与一个项目,他马上说不行,自己刚刚毕业什么都不会,需要再练一练。有这种心态的人是非常多的。

第三种是自傲。这是一种比较普遍的、属于潜意识形态当中的心态。到一个单位,同事之间年龄层次,或者学历层次会有一些差别。这时候大学生朋友会觉得领导学历没有自己高,知识面没有自己广阔,觉得自己高高在上。实际上,在职场当中,虽然你是一个大学生,拿到文凭,但是这只能代表你在学生阶段取得的成果。到了职场是完全不同的。职场不只看学历,招聘启示上会有非常多的要求,学历只是众多条件当中的一个。我们进入企业之后,要放下自己学历,不要让紧箍咒把自己箍紧,进而束缚你的发展。

第四种是浮躁。浮躁就像之前举的两个例子,毕业生埋怨自己读了十几年书,却不能在社会上展示一下所学的本领。这种情绪一旦产生,一天一天折磨着你,事情会干不下去。我们需要循序渐进,厚积薄发。

职场是非常复杂的环境,我们要把最复杂的东西画成最简单的东西理解,这样有助于适应。今天借用一个圆形、一个三角形、一个方形、一条曲线和一个多边形来讲一讲职业适应当中的两大要素"内职业生涯适应"和"外职业生涯适应"。

"内职业生涯适应"是自己与自己妥协、商量。"外职业生涯适应"是需要外部环境来认可我。这个外部环境称为外职业生涯,这是包括我们职业发展的机会,职业发展的挑战等等要素。

首先是圆形。当我们开始实习,开始落实找工作这件事情的时候,我相信每一个人都问过自己这样的问题,应该找一份什么样的工作。如果大家关心职业的话,这是在很多场合听到过事业选择的"三圈定律",实际上就是用三个圈,把自己想要的职业,从事的职业和市场能够提供的职业,三个圈进行组合。根据这个图,可以看到我很喜欢，我的能力，外部条件又正好能让我获得这样的工作机会，这三个圈都包含的职业，我们称之为理想职业。

大多数人找工作的时候找到的工作是灰色部分，黄色部分和红色部分。有没有大学生朋友愿意跟我分享，我们一起探讨一下，你认为大多数的人找到的工作是什么颜色的工作？

听众：第 2 种。

孙一蕾：如果你去职业选择的话，你会找第 2 种颜色这个涵盖部分的职业。

听众：对。

孙一蕾：有没有同学分享。

听众：第 4 种。

孙一蕾：我们想法再好，能力再强在哪找工作，最终回归市场。如果市场上没有这个岗位，我能做的只有等待。绝大多数的人心里想 2，找 2 涵盖的工作，但是他们绝大多数人是在 3 和 4 的部位妥协，这不是很难理解。但问题是，为了你想做的工作，你可以放弃的东西才是三圈理论的落脚点。像刚才那位同学说，绝大多数人找工作是与自己匹配的，但什么叫自己的能力？很简单，学什么专业、什么学历、英语什么级别、计算机什么级别，拿这些条件到市场上找一份能够符合的工作来做。这是比较普遍的找工作的轨迹。

就像刚才另外一位同学说的，他想找的工作是自己想干的，自己又能干的。如果有这样的一份工作，你为了所想的事情，可以放弃什么？我们带着这一个问题继续往下看，圆形为我们揭示职业适应。我们做任何的选择，都是妥协来完成的。三个圆的面积是非常大的，但是我们可以涉足的地方非常少的。所以没有办法，我们所有做的职业选择最终都是以妥协来达成。

第二，没有完美的职业选择，只有合适的职业选择，所谓理想职业，它的发生概率是非常小的，所以是可遇不可求。不要把所有的精力铺在寻找 1 这个理想职业的道路上。

第二，内职业生涯适应。很多人职业不适应，实际上是因为没有选择好。入行的时候没有把三圈领悟到位，觉得随便找一个，回归到工作环境当中发现自己做不下来，不是想象中的能力可以完成的事情。所以，如果要达到职业适应最基础的对自己的选择负责。第一，选择的时候要谨慎、理性、科学；第二，一旦做出选择，不要轻易改变，要为自己的行为负责。这是圆形为我们揭示的。

有个小故事《公司来了一位漂亮前台，叫做 SALA》。SALA 是北大毕业的“90后”，做管培生，就是轮岗，没有固定岗位。SALA 经历三次轮岗。在结尾说到她的同事 LISA 做月度工作报告的时候说，前台的工作让我更了解公司，增加我对公司的自豪感和荣誉感。通过这一星期的工作我学到待人接物的很多礼仪。我们看一下 SALA 的报告，通过这一星期的工作，我发现目前前台工作有许多不足，沟通模式不符合中国国情，人力资源有所浪费。她同时提出一个建议。她的领导不高兴了，觉得自己工作权威受到挑战，他给 SALA 打了很低的分，他说：“你很挑事，我不喜欢。”第二个月 SALA 来到仓库，月底指出仓库当中三点不足。SALA 把这份报告提交后，她的领导被总经理叫去批评了一顿。仓库主管受到批评之后，自然也不会好过。SALA 待不下去了。同事们也开始窃窃私语，认为她爱出风头。到第三个月，没有部门欢迎 SALA，但是她的管培生要继续进行下去，她被分到培训部。SALA 又碰到什么事？又是怎么做的？她把她的督导给为难到了。最后，SALA 去了销售部，当月业绩第一，第二名连她的一半都没有做到。

如果大家把这个故事阅读完之后，大家认同 SALA 的做法吗？如果你认同，请举手示意。这位同学跟我们分享一下为什么认同 SALA 的做法？

听众：因为她充分展示了自己的能力，她要把自己的亮点展现出来。

孙一蕾：她在她工作环境中充分对外展示了自己的优势、长处、能力。

听众：她应该给她最大的老板看。

孙一蕾：她应该到董事长办公室做管培生。还有没有同学愿意分享？如果你不认同 SALA 的做法，愿意跟我们分享一下，就请说。

我看到这个故事的时候，我看了三遍，第一遍读完唯一的感受是 SALA 是牛人。第二遍看后觉得这个 SALA 能力强是强，情商不怎么高，似乎把同事都得罪光了。大家有没有这样的感受？第三遍的时候，如果我是 SALA，我会不会有一个什么比较好的折中的方法，我与大家分享我想法之前，想先听听大家是怎么想的？如果你是 SALA，你会怎么做？

听众：我觉得故事里面讲到，她是按照她的逻辑修改一遍。团队配合的时候，尤其你要想做一件产品的时候，每个人的意见在这个产品都能够融入很重要，不能以某一个人或者个别人为中心，我觉得她很强势，以自己的意见为主导，这个产品不是以最好的产品为中心，且会影响到整个团队的创意。如果我是她，可能应该去想怎么把一个团队的事情做好，而不是把自己的能力发挥到极至。

孙一蕾：非常好，讲到很关键的点。在面试的时候，不知道大家有没有看过招聘启示，里面会讲到沟通能力和团队合作能力。

同学：SALA 在实习过程中发现很多问题，说明她是在认真做事情。为什么后来她提出那些问题既得罪领导又得罪同事？她发现问题，但是方式得不到大家的认同。她发现问题时可以和这个部门其他同事或者领导商量做这个事情，也许你的上级更容易接受，不至于把大家都得罪。

孙一蕾：谢谢。SALA 说的所有事情都是存在的，SALA 所做的所有的事情都是讲求高效结果，这没有错。但是这些事情不是应该 SALA 来做的。我觉得 SALA 就像那位女同学说的，没有用一种合理的表达方式。这个问题就涉及三角形。下面绿色、蓝色、红色，这个形状可以代表一个人的价值判断的循环模式。为什么这个故事我看了三遍。第一遍时我进行自我肯定，我觉得 SALA 是个人才；看第二遍的时候我有所否定，她真的是人才吗？到第三遍的时候，我得出我的结果，一个肯定的结论，如果我是 SALA，我做这些事情的时候会讲求行为比较委婉的方式。

讲到价值判断系统。从 SALA 来看，她的价值观就是追求卓越、追求完美、追求对与错，太过于把做事情放在所有工作的目标当中。实际上，我们在做职业选择的时候，价值观也很重要。前两个月的时候，我听一个讲座，听说现在大学生在求职的时候，首先考虑的是要离家近，离家近也是体现一种价值观，这追求的是一种舒适度。

回到刚才的问题，你为了想做的工作能够放弃什么？如何放弃？它是由价值判断系统进行排序。我们每个人找工作都想找事少、钱多、离家近的工作。我们应该在事情少、离家近、钱多这三个当中排序，排序出来之后，在工作当中，几份工作当中可以有所选择，这就是我们所说的价值判断的循环系统。三角形是所有图形当中最稳定的图形，它的稳定性体现在价值观，如果你在做任何事情的时候，有价值观在支撑着，你的职业一定是稳定的。因为碰到任何困难，你都会想到做工作的目的和重心。

当价值观成熟到一定的程度之后，你在职场上的适应是绝对没有问题的。碰到十件事情，至少九件可以用你价值判断去完成这个适应过程，希望大家在求职之前，想清楚自己想从工作中得到什么东西？什么是最重要的？什么是其次的？希望大家完成这个思考，做好职业选择妥协。

第三，外职业生涯适应。不知道有没有女同学或者男同学看过这部韩剧——《未生》。他说，我来这里是为了做事业，不是为了对账画表格、修改企业目录。这种杂务在实习的时候我已经做够了，我觉得现在应该做一些实务，没看见别的组的新人们是怎么做事的吗？大家都把名字写在下一季度的营业计划书上了，为什么你那么不满意我，到目前为止我所学到的只有忍耐，还有我认为现在不是学习的时候。这短短几句话从学生到职业人初期最会碰到的几句话，全在这张截图里。我希望大家步入职场之后，我们要看别人，从别人的故事当中获取自己的经验。

我们总是说为什么受伤的总是我？有一个小姑娘，大专毕业，是我介绍去做出纳工作，有一张银行存款凭证掉了。她说我明明把凭证交给师傅，师傅说没有给他。她很委屈，想辞职。她不肯承认发生的事实。我们说在职业适应中碰到的任何困难，首先承认现状，不要去追究原因。我们经历高考都有所感受，分数就是代表一切了，我看到这个分数，哪怕我感觉会不会批错分，分数合计错，你也得承认这是你的结果。在职场上发生任何事情的时候，不要去追溯原因，首先做的第一点，承认事情的发生。

第二点，我们要做的是接纳，我对小出纳说，你说凭证给了师傅，可没有人可以为你证明。她反复强调，虽然没有人给我证明，但是我真的给他了，用人格发誓凭证给师傅了。没用，你要接纳，不要评判。事实是中性的事务，它是非常客观的。在我们描述中，在我们的嘴巴中，在我们的评判中，它有了善意、恶意之分。很多职场上的不适应是人际关系上的，如果做到接纳不评判，可以减少很多人际关系产生的不适应。

第三点，我们要理解，这个事情发生了，在我看来不可思议，我明明把凭证给了师傅，他为什么说没有，这是不可思议的。我说你想想看，师傅拿到了，他手上有这个凭证，他现在会问你要吗？当然不会。因为我们只是为了把出纳这份工作做好。为什么他没有这样想？没有做到这样的理解？因为他只站在自己的角度上，他想撇清关系。我们反过来想想，站在师傅的角度，如果我真的拿到这张凭证，我记忆当中有过你给我凭证的举动，我会问你要吗？当然不会。实际上凭证掉了不是一件非常非常大的事情，可以到银行去补。我当时跟这个小姑娘说的时候，这个小姑娘的妈妈说："那不一定，说不定他故意捉弄我女儿"。我说："你想象力太丰富了，不但没有站在别人角度想问题，还火上浇油"。要做到理解，理解发生的客观事实。小姑娘想想："是的，师傅平时对我挺好的，不会为了这么小的一件事情故意为难我"。做到了理解，才能够共存。

《未生》剧中的一个人名字叫张格莱。他在当地很大的公司工作，与他同样进去的人学历比他高。他是高中生，而且可能在我们这边高中是结业证书，他有机会到这个大公司是因为他从小下围棋，他老师用他的人脉给他找了一份工作。他进入这个企业之前有过其他的工作经历，但是他都没有坚持下来，所以这次他是痛定思痛，他想要去理解，理解外部的环境。张格莱刚刚入职第一天，是穿着爸爸的西装，他接待一个外国人。这个外国客户由他的领导接待，但是领导暂时回不来，组里实在没人。所以他的小老板跟他说，张格莱你千万要去稳住他，不能让他走，一定把客人留到我们主管到酒店，男主角不会英语，他和这位外国客人在探讨围棋。

一次，他的领导对他说，你要进我们组，先把数据整理一下吧，把文档整理一下。不管是中国，还是韩国，你进入大企业、小企业，接触的第一份工作都是从最基础的工作做起。下面有很多情绪化的人，张百基他进了公司，学历条件各方面非常好，他去了之后也是对账单这些基础类工作。这些文档他不会整理，完全没有头绪，因为他刚刚到一个项目组，他怎么知道别人的行为模式是怎么样？他不知道别人让自己整理这个文档，自己应该按照什么样的要素进行排序、归档。他想到围棋，他想到他作为围棋生的时候，他经常做笔记。他用以前整理文件的思路把他们组所有的文件做了梳理，第二天他的领导说："不错，很新鲜。"这既是肯定，也是否定。新鲜是因为我们每个企业有自己的行为惯用的模式，他刚进去不了解，这情有可原。

男主角的例子告诉我们什么道理？我们要理解一个事物可用两种方法，第一种换位思考，第二种方法是用熟悉的事情理解一件不熟悉的事情。很多人都做得到，但是用在自己身上却做不到。

方形告诉我们：第一点要承认，事情发生了，要做的第一件事情就是承认存在。第二点，位置决定思维，你作为实习生的时候，看到公司的很多问题，不要轻易地说出来，因为你不知道别人是不是也看到了同样的问题，你可以在自己的行为模式当中做出来，不要去指出别人的不是。因为别人也可能会知道，但是人家不改一定是有道理的。第三，我们用我们熟悉的事物去理解陌生的事情，这有助于达到与环境共存理想的状态。

前面看到方形，有四个角，如果做到承认，我就可以切掉一个角，如果我做到了接纳，我又可以切掉一个角，如果做到了理解，再切掉一个角，共存这个角不就没了。这也就是我们所说的为什么在职场当中，为人处事要外圆内方，我们展示给别人的是圆滑的你，是谦和的你，而不是一个四四方方会碰到别人的你。如果你四四方方，别人来碰你，别人会受伤，没人愿意跟你共事。

褚时建先生年轻时建立它的烟草王国，他被人们称为“烟王”。74 岁时，他遭遇牢狱之灾，能不能出来是个问题，即便能出来也不会有职业发展。但是他用实际的行为告诉我们，没有不可能。他 76 岁出狱到衰牢山种了九年的橙。这个褚橙不知道大家有没有吃过？非常甜，水分很足，而且很小，里面没有核。他 85 岁的时候，大家给了他一个新的称号“橙王”，因为他的橙种得非常好。他的故事告诉我们什么道理？我们在个人的职业发展过程当中，不可能是一马平川的，而是有所起伏的。之前有一位老师问我，我不知道你有没有去过九曲，黄河的发源地。他说你站在九曲小小的山坡上，你往下看是没有河流的。它就是弯弯曲曲的小水沟，为什么叫九曲？谷底有九个弯，所以叫九曲。

我们看到九曲的时候就明白了，黄河是多么的浩瀚，势不可当的、非常凶猛的一股河水，汇流成黄河。我们人是要碰壁，要碰到谷底的，这都是必然的。但是每一次碰到谷底的时候，我们要做的就像股票一样，触地反弹。我现在可以告诉大家，如果大家 21 岁、22 岁，步入职场一直到 28 岁才经历职业生涯发展准备期的第二个阶段。在 28 岁之前很少人有很大的成就，大家在做爬坡的动作，在往上峰走。一旦你到了上峰，爬坡是很累的，我们去爬山的话，讲究很多的，粮食带的足不足？设备够不够好？这个山险不险峻？这些都决定爬坡的速度。但是要知道，我们爬上去之后是要下山的，不可能永远在一个谷峰的位置，人生就是这样有曲线。闸北区有一个主流意识，现在一直在说我们闸北处于半坡的状态，什么意思？我在爬坡的时候，爬到一半，我的体力有所减耗，这时候滑下来非常快。如果爬上去，可能要比我爬前一半段花出多两三倍的精力。上坡是很难的，在职业发展过程中，获取成功的过程中，难就对了，下坡的时候是很快的，我们下坡的时候要做好准备，人是可以从贫穷到富有，但是，如果你从富有一下子到了贫穷，那就不行。最近股市大热，大家在炒股票，我听说一个故事，现在静安雕塑公园那里，有一个衣衫褴褛的老汉，他逢人就告诉别人不要炒股票，他在 2007 年的时候，通过炒股这个形式集聚了非常多的财富，但是见好不收，一下子就变成乞丐。

人从富有到贫穷，心态一定要好，首先你要知道这是必然的过程，生命发展，连心脏跳动都有上有下，有上坡有下坡，有高峰有低谷。上坡的时候努力，下坡的时候心态要放好。

我不是“90 后”，我不知道什么原因，很多企业人说，“90 后”有很多好的地方，思维很活跃、开放，能想出来很新颖的东西，很实用，也很高效。但是在人际关系、职场关系相处当中很难相处好。我们说这个现象由很多原因造成，不能说全部是“90 后”不好，

"60 后"、"50 后"也要转转思路，接受"80 后"、"90 后"的行为模式，接受我们的想法。我们怎么融合？大家都往当中靠。

上面一排是四位领导，下面是四位新近员工，他们各自对应的领导是什么风格。我的右手边，是主演，他的领导非常好，做错了就告诉他，你哪里做错了，下次要改，给了他很多机会。他作为一个新人，做项目的时候，给出了很多建议，都被他的领导采纳了，他很幸运。我们说是最最和谐、最理想的上下级关系。

第二个领导是什么风格？第二个男孩子在剧中的名字叫韩石律，韩石律的领导表面看起来很信任他，把什么活都愿意给他干。但是他干好之后，他拿去邀功了，他的领导以为都是他做的。后来发现不是他做的就很气愤，想要揭穿他，而他也想在大家面前让他领导出丑。可他并没有开心，反而陷入沉思，他在思考他的领导为什么会变成这样？自己又为什么这么狭隘？

第三个，他有很多抱怨，他要做项目，不要学习，他要实践。他的领导是什么风格？一进去之后让他做各种小事，帮他打基础，但是他的手下，张百基先生不领情。他整天抱怨，认为领导不重用他，让他干杂货，它的领导在刻意打压他的能力。最后张百基找中介准备跳槽。最终没有跳，因为他认识到领导为他好，只是在情感表达上不明显。

第四个，女孩子在职场当中没有男孩子那么吃香，但是她个人能力非常强。但是她的领导不喜欢她，认为她是女孩子，将来事情很多，不如男孩子实用，不如男孩子能吃苦。

这是四种领导的风格。每个人在职场当中，都想碰到第一个领导。即使我们把领导风格分成四种，如果所有的领导风格分成四份的话，只占 25%的比例，我能碰到吗？这是一个问题。领导的风格你要去适应，去适应你的上级，蜂巢是一个点，你有你的领导，你要适应他的风格，你要了解他的风格，这样做事情可以避免很多错误。

这四个都是大学生毕业进入职场，这四个人在职场当中的行为表现也是不一样的，但是四个人都会有一个好的结果，四个人都会碰到挫折，但是结果是好的，因为四个人在各自努力。

蜂巢给我们的启示是，职场当中人际关系非常复杂，有平级，还有上级，我跟上级的上级，关系非常复杂。一个公司有那么多人，如何跟每一个人相处好呢。如果你这样想就把问题想得太复杂，其实可以简单化。如果你有平行关系，有上下级关系，你只是当中的一个红色的点，你碰不到其他的蜂巢当中不能直接碰到的，你直接碰到的最多四个人，四种关系。平行的有两种，纵向有两种。如果你要把人际关系处好，首先想的是处于这四类关系当中，把这四类关系先处好，再想其他的问题。

第二个启示，像蜂巢这么大，怎么找？立一个点，你在这个蜂巢当中先把自己的点立好，这个点所触及的线条不会超过四条，一般是三到四条，这是你要发展的人际关系，不是说让你讨好领导，你需要好好对待的四条，或者三条的人际关系。关键是找到你自己的点。第三个，其实你要讲人际关系，职场当中还是要专注工作。领导看下属喜欢不喜欢，讲结果。你要把工作专注好，其实你的职场人脉就慢慢地建立起来。不用想得过于复杂，先做好自己。

总结一下今天我讲的从学生变成职业人的五个图形：

第一个图形是圆形，告诉我们在职业选择当中，合适的才是最好的，没有完美，只有妥协。

第二个，在个人的职业成长过程中，要形成自己的价值判断系统，你要知道自己要什么、不要什么，才能够成长。

第三个，我们到"外职业生涯适应"过程当中，在环境当中发生了任何事情，想要与环境共存，必须要做到的是换位思考，如果你不换位思考的话，你往往伤到自己，因为你是正方形。

第四个，我们要认识到在职业发展的过程中，是有高峰、有低谷的。高峰的时候，我们要努力，为了到达高峰要努力。到低谷时，自己心态也要放好。

第五个，很多人会认为人际关系非常难处理，貌似每个人很有心计，我怎么做？如果你有这样的困惑，我劝你退一步，把关注点落到做事，只有把事情做好，你的口碑自然而然就来了，大家就会愿意跟你合作，你的职场人脉就建立起来。

做到这五点你的适应过程会大大地缩短。

祝大家在将来从学生变成职业人的时候，减少适应的过程，减少适应中的痛苦，我讲的到此结束，谢谢大家！我留了邮件和 QQ，如果大家有职业困惑或者职业问题，可以加我，希望今天在讲座结束以后，我们有更多的机会，用现在比较流行的通讯工具保持联系，祝大家早日在职场一展风采。谢谢！

主持人：下面进行互动环节，学生朋友有问题可以和孙一蕾女士进行现场交流。有关于职业选择交流指导都可以提问。

听众：我们现在大三是比较关键的阶段，我们现在面临一个选择，到底出去就业比较好，还是自己来创业比较好？这对大多数不再继续深造的同学来说，哪条路对我们是更好的选择?

孙一蕾:你现在是要毕业了吗?今年要毕业吗?

听众:大四没有课,已经可以开始找工作。

孙一蕾:大学生创业,这两年从政策层面上说,扶持的力度是非常大的。“90后”创造力非常强,而且没有进入社会之前,所受的职业约束非常少,所以很多人,与其被别人束缚,不如束缚自己,选择创业。但是创业还是就业这个问题是非常复杂的。你创业要有好的项目、好的机遇、好的人来带你。如果我在你现在这个情况面临创业还是就业的问题当中,我首先选择创业。因为我现在是大三,还有一年才毕业,我有一年的时间可以尝试着创业。如果到时候实在不行,可能创业碰到太多艰难险阻,让我做不下去,到大四再去找工作,你创业的经历也可以美化成你的一段职业经历,不知道这样的回答是否满意。

听众:我现在面临的选择不仅仅是创业尝试,有可能自己进入全职阶段,每天10个小时投入到工作当中,这个时候我作为大学生,是否适合真正地去把自己全身心投入进去,而是选择另外一个方式,因为还在学生阶段,可能做很多储备性的工作。

孙一蕾:不知道为什么把就业储备工作和创业分开讲,难道在创业过程中所积累的经验不是你储备的能力吗?

听众:我在创业中做的事情跟我想储备的有些方面有很大的区别。现在可以找一个比较好的公司实习,学习他们公司一些文化,更新的东西,或者选择和小伙伴组建一个团队做一些事情,两方面接触到的东西有所区别的。这种应该把心思放在什么地方。

孙一蕾:我前面说了,你做职业选择的时候,是妥协完成你的选择,也就是说你想兼顾是不可能的,一定是有所放弃,任何事情是有失才有得。

听众:如何从自己所做的实习中找到自己未来的方向或者未来所做的事情?

孙一蕾:我们做职业选择的时候,已经是提前到实习,我找什么样的实习工作,这个实习工作必须对我将来就业有帮助。第一种,我想好了将来从事的职业,实习时要找相关的工种或者相关环境实践,积累相关经验。很多时候不巧,我实习的时候跟我真正找工作的时候情况发生偏差,这时候要细分。在你实习当中获得的能力是条条框框的,可以把它写下来。这些就是你的软实力。你在求职的时候,可以用这些能力对照招聘启示,你看一下通过这样的方式把两者有机的结合起来。

主持人:时间关系,互动环节就此结束了,大家可以演讲结束之后,与职业专家进行交流。今天的讲座到此结束,谢谢大家。

2016年度

职业成就梦想

浦东新区就业促进中心

浦东新区就业促进中心是浦东新区人力资源和社会保障局下属事业单位，主要承担落实全区促进就业政策和规划，全面推进创业工作；为服务对象提供职业介绍、职业指导、职业培训、职业见习，为用人单位提供代理招聘、招退工备案、国(境)外人员就业申请受理等公共就业服务；负责失业保险基金管理、区域内就业扶持以及来沪人员就业管理和服务。中心积极探索适合青年的就业服务项目，如就业特训班、青年职业导航班等，全面做好重点人群的就业工作，如启航人员、退伍士兵、企业分流人员等，举办多场专项招聘会，并为重大项目提供就业配套服务，切实提高新区就业工作的质量和成效。

开场

春节一过,2016 年的第一波招聘浪潮向上海青年打来,召集各大企业的管理人员一起聊聊,果然,伴随着招聘浪潮的是辞职海啸,大伙聊到青年人的辞职理由,真是五花八门:办公环境差,讨厌读书会,年会没抽到好奖品,不让收快递。哦,还有一条——经常被洗脑。领导最头疼的事情,可能就是怎么给现在的青年人开会了。价值观宣传这种事根本就是对牛弹琴,经常是领导在台上卖力地讲,员工在下面微笑且迷茫地看着你,心中真像有一万头"草泥马"在奔腾。那么问题来了,现在的青年人到底在想些什么呢?

第一幕:独白

"唉,找不到工作,怪我咯。当我妈妈在我这个年龄的时候,她已经订婚了。他们那一代人,在这个年龄,对于自己的人生要做些什么,至少已经有了一些想法。而我现在呢?学了两个没有什么对口工作的专业,手指上还没有戒指,我甚至不知道自己是谁,至于我未来想做什么,就更是没有头绪……不过,好在我还年轻。有时吧,当想到我遥远的未来,能从那种空白中感受到一些其他的东西。我会意识到,前面没有什么东西可以让我依靠,因此我从现在开始不得不依靠自己;我也意识到,没有任何方向,正意味着我必须"锻造"出属于自己的方向,才能成功,可是,怎么锻造呢……唉,有人可以帮帮我就好了,(接电话)要哥帮忙啊,一句话,哪个区,就上线,就上线!"

作为独套公寓里的独生子女,实际却是互联网的原始居民,在虚拟社会里是主人,在现实交流中就经常呈现木讷、发呆、不屑、迷茫等表情包,他们其实是现实生活中非常不善于和人打交道的一类。这样讲吧,70 后基本是线下的,80 后是线上线下两栖的,而现在的小青年就只有线上了。经常见到他们在虚拟空间里谈笑风生,一旦进入面对面的交往,就像鱼儿上了岸一样。但是,在 20～30 岁这个独特的生命阶段,他们逐渐开始考虑,怎样才可以为未来想要从事的工作奠定基础。他们会问自己,我擅长做什么工作?什么样的工作且我长期做也会觉得满意的?我有哪些机会去获得最适合我的领域内的工作?可是,这道题一个人来做,的确难了点。想要去问,又拉不下这张颜值那么高的脸,这时候,我们的一线冲锋队伍就登场了。

第二幕:又见就业援助员　干货:宣传政策

自古以来,一个人要想成功,只有两个最基本的源动力:兴趣或生存。要么你为了自己喜欢的事情去奋斗,要么你被生活逼迫着去努力。现在年轻人的父母一般都是60后,他们的生长环境非常恶劣,小时候吃过不少苦。而人就是这样,自己吃过苦,就一定不想让孩子再吃苦。于是主观上有意愿,客观上有条件,啃老就会成为一种群体现象。这还只是说到父母,还有爷爷、奶奶、外公、外婆呢,作为唯一一代独生子女,集三家之力供养一个孩子,生活想有压力都不行,即使现金没那么宽裕,也有好几套房在那儿放着呢。

怪我咯。

好在我们还有点追求,既然你诚心诚意的来了,我就跟你走一遭吧。

第三幕:初见职业指导老师　干货:职业定位方法

现在的小年轻,不要说小学和中学,就是到了大学,基本上专业、方向、自我生活管理、学习方法、个性形成,都是家长和老师替他们选择的。没办法啊,你说就这一个熊孩子,得管他啊,他一"小孩子",啥都不懂,万一选错了呢?于是这猛一下工作,啥事都要自己做主了,倒是他也要会呀!爹妈没教过啊!和现在的青年人的沟通中,我们发现最大的问题就是他们大多都不知道自己想要什么。那该怎么弄清楚职业定位呢?

第四幕:多次陪伴面试　干货:面试技巧

小徐最终还是被相中了,公司经理问他的兴趣,说喜欢和人打交道,那好吧,就去做招聘员,天天都能和人交往。一个月后小徐要求调岗,原来他只喜欢和熟人沟通,觉得之前和朋友们在一起都聊的不错,但和陌生人沟通太难了,还经常被挂电话。那好吧,既然喜欢和熟悉的人打交道,那就去做员工关系吧,两个月后又不行了,觉得接收到的负面情绪太多,自己都抑郁了;转去做企业文化吧,那个正能量多。过年前,他跑来职介所跟我们说准备离职了。

这事不难,我们带着他仔细分析,哪有什么事情是他全部喜欢的。喜欢和人打交道,那相应地就要承受陌生人的不理你和面斥;喜欢做管理,那就得准备好承担巨大的业绩压力;喜欢做设计,可能设计稿会一遍一遍地被产品部门打回;喜欢写文章做公众号,一篇文章可能整整憋了一个礼拜也没有感觉,比便秘还难受。你不信可以去问问

“大黑牛”，看看“范爷”的台前幕后有啥差别。老炮儿们的热爱生活，那是在看清了生活的所有残酷和不堪后，还来选择热爱它。

春节过后，小徐告诉我们最终没有离职。一个是他出去“转了一圈”，首先，发现5 000 元的月薪并没有那么好拿。其次，是公司让他参与游戏化的青年员工管理系统的开发工作，他觉得挺有意思。最重要的，是她老妈把她每个月的零花钱给停了。

所以，新时代青年人怎么走向成功？离不开公司的新管理策略，离不开父母的新教育理念，更离不开他们自己不断的成长。当然，浦东职介队伍，我们的就业援助员，我们的职业指导师，都会在通往成长的各个站点接力着协助你们，走向最终的成功！谢谢大家。

编织求职"蜘蛛网"

黄浦区就业促进中心

黄浦区就业促进中心是黄浦区人力资源和社会保障局直属事业单位，承担着区内失业登记人数控制、新增就业岗位、帮助长期失业青年就业和扶持成功创业等多项就业服务促进工作。中心连续九届被评为上海市文明单位；多次获得上海市就业促进系统年度就业服务工作优秀和创新奖。

大家,下午好。我们是黄浦区职业指导师,接下来请跟随我们俩了解一下黄浦区职业指导的新方法:“助你编织求职蜘蛛网”

陈:小鱼,怎么就我们俩呢?我们的另一位成员小解去哪儿了?

鱼:小解啊,去苏州买婚纱了。

陈:怎么说走就走了,去之前有没有做过功课啊?

鱼:你太不了解我们了,我们的口号是理性购物,绝不剁手。

陈:我可不信,女孩子怎么可能理性呢?

鱼:你知道么,现在有类网站叫什么值得买。每次购物前我会做充分的信息收集,根据需求去网上找各类测评进行比较。查优惠,比价格,每次购物都能物美价廉、合我心意。

陈:哦,是购物决策网站,帮助个人信息梳理,理性决策。

鱼:在我们决定买不买6S,买不买红圈,苹果还是三星,索尼还是佳能,苏宁还是国美,淘宝还是京东,分期还是白条时。我们会先去搜一搜、查一查、比一比、看一看。收集各类商品、购物、消费信息,查阅各种测评,综合分析,理性购物。

陈:理性购物需要信息来决策,那理性求职呢?

鱼:著名职业生涯学者哈瑞恩,将求职者分为三种决策类型:依赖性、直觉型和信息型。

前两者明显是非理性的,而信息型的职业生涯决策是在系统收集足够的自我和环境信息基础上,权衡各个选项的利弊得失,按部就班地做出最佳的决定。

陈:就像最新一集007幽灵党电影中,有一句话——信息就是一切,得信息者得天下。懂得收集信息,善于分析信息,合理运用信息的人才能成为真人生赢家。

鱼:在我们的实际工作中,常遇以下到这样的求职者:

第一类,全职妈妈,再回职场,是否还能回到管理岗位?(到哪里去找?)

第二类,人事行政、财务会计、会展策划,什么都想学的职场新人该如何选择?(需要学什么?)

第三类,101次面试失败,我比“面霸”差在哪里?(面试技巧)

第四类,辗转于收银、理货、餐厅服务岗位间的我,还能干些什么?(自我认知)

第五类,3000元的文员和5000元文员到底有什么不同?(职业认知)

陈:在他们身上共同的问题是缺乏信息管理能力,这些求职者不能准确认地识自我，把握市场信息。

鱼：可见，信息管理这一问题在不同年龄、不同学历、不同经验水平的求职者中具有较强的普遍性。

陈：所以，黄浦职介推出“助你编制求职蜘蛛网”的指导方法，通过信息收集、信息分析、信息运用三个阶段提高求职者的信息管理能力，达到让求职者科学理性地进行职业选择和职业生涯规划的目的。

鱼：同时，我们在指导过程中还引入了思维导图这一表达放射性思维的图形思维工具。将所收集到的信息进行进一步的汇总、梳理以及分类。以“求职蜘蛛网”的图形，将职业之间的内在联系，动态地展现在求职者眼前。同时引导我们的求职者主动收集职业信息，绘制意向岗位的思维导图。

陈：那在互联网时代，又有哪些职业信息是值得我们去收集的？

鱼：首先，你知道什么是“互联网＋”吗？

陈：……

鱼：我们的生活是方便了，但你有没有觉得，“互联网＋”好像使我们的就业岗位变得越来越少了呢？

陈：粗看之下确实少了些实体店，少了不少岗位。但这一改变并不是一种单一的消亡或淘汰，我想改变更是一个此消彼长的过程吧。门店转向后台，应运而生了对数据管理、电子商务平台操作、客服等岗位需求的增加。

鱼：是的，企业增加了大量的线上业务，这次转型对员工的需求也确实发生了不小的变化。这些都是我们值得收集的职业信息啊。此外，“互联网＋”还是一个跨界结合的理念。也就是说，行业之间的互通性将越来越强，你中有我，我中有你。

陈：让我想想，IT 和卖水果的结合，做 IT 的可以说自己不是 IT 人，是一个卖水果的。同样，卖说水果可以称自己是电商。

鱼：学计算机的做了警察成为网警了；学房地产的在银行工作；苏宁加互联网等苏宁易购；私人小店加互联网等于淘宝卖家。

陈：据数据显示，小微企业的用工需求和就业形势相对比较突出。企业对人才的标准已经不再只注重于个人头上的种种光环，他们更需要有很强自驱力、执行力和责任心的合作伙伴或员工，他们喜欢有非常强的学习能力，善于总结，又充满好奇心的人，他们不再紧盯专业人才。这些景象可以说是赋予了我们“蜘蛛网”更广阔的延伸空间呢。

鱼:比如某国有银行,招聘不仅限于要有银行工作背景。保险、担保、信托或金融衍生甚至于有房产行业的工作背景都会被看重,可见多专业的融合、岗位的共通性是越来越凸现。

陈:比如我们职业指导师:虽来自不同的职业领域,但有着内在的共同点——那就是(能接受不同领域的观点,能够互相学习,学会融会贯通)认真、执着、勤恳,我们具有专注力、自控力、执行力、意志力、进取心,有着积极乐观的人生态度和专业服务精神。

鱼:当面对我们的求职者时,我们鼓励她们去积极的沟通和收集信息、分析信息、运用信息。

陈:在编织自己的“求职蜘蛛网”,运用思维导图的过程中,我们还进一步推出了旁听面试环节,旁听面试正是将求职者主动带入信息的收集和整理过程中去的一项实践活动。

鱼:旁听面试法是指导对象以面试官的身份参与旁听一场真实的现场面试,观摩应聘者和企业 HR 在面试过程中的表现。是黄浦职介在“企业人事介入职业指导法”的基础上的一次更新升级。

陈:旁听面试给了青年们多一个角度认识自己,不仅能从职业指导师这里了解自己可以做什么,也能从企业人事那里知道自己与意向岗位间的差距到底有多少?还能从其他求职者身上找出可以借鉴的面试技巧。

鱼:比起模拟面试,对参与者来说,旁听面试降低了实践难度,可以多途径获取信息,具有共通性高,适用性强的特点。想要更直观感受旁听面试的过程,请观看我们的情景模拟。

跨越职场“布鲁斯”

普陀区就业促进中心

普陀区就业促进中心是普陀区人社局下属公共就业服务管理机构，通过政策引导、服务聚焦、资源整合，为各类企事业单位提供用工指导招聘服务，为各类求职群体提供职业与指导服务。中心打造的“乐业 1036”就业服务品牌深受青年人的喜爱。

第一幕:场景:家

场景内,受助青年正在家里玩手机游戏,他母亲在身后忙碌着一边给他端茶送水,一边唠叨:就知道玩游戏,你好找找工作,以后准备喝西北风啊?

儿子专注游戏,头也不回:哎呀,知道了知道了,烦不烦啊你,那也得我找得到好工作才行啊!

(动作定格,指导师 A 出场)

指导师 A 独白:我是一名职业指导师,其实每一个青年都有着自己的想法,为他们打开心结,他们可以做得更好。言罢敲响了受助青年家的大门。

(话音落门铃响起,室内青年和母亲继续刚才的动作)

受助青年,不为所动,继续打着游戏。母亲手指狠狠戳了下青年的脑袋,“真是个讨债鬼”。

“老师,你来啦。”

指导师 A 看着母亲,“阿姨你好阿,上次向小高推荐的职场孵化器项目,马上就要启动了,今天特地来和小高交流下,听听他的想法。”

母亲:“哦哟,乖囡,老师来了,快点,我们到隔壁房间去和老师聊聊”拖着儿子从电脑旁起身,(青年一边向老师尴尬地点头示意,一边恋恋不舍地看向电脑。母亲、青年和老师一起走下舞台,母亲热情地和导师聊着天(无声)走下舞台,从后台转至上台处候场等待第三、第四幕上场。青年作低头状,被母亲拖着走,母亲下台后,青年到舞台右侧角落背对观众整理第二幕变妆(整理头发,将衬衫袖口扣好)并快速归座,同时,第二幕演员上场,调整座位坐下)。

第二幕:场景:室内团训现场

指导师 B:同学们,现在问题来了,用我手里的吸管刺穿一个生土豆需要多久时间呢?谁能告诉我?(此时群演都认真看着老师,受助青年目光呆滞看着前方)

群众演员和青年一边表演摇头拒绝的动作,一边同时悄声交流

以下台词请群演们窃窃私语装(动作表现上是悄悄商量,但实际声音要大)

“大概起码要 1 个小时吧。”(葛慧惠)

“吸管这么软,怎么戳得穿?!”(赵亮)

“网上查查看就知道了。”(姚瑶)

“这是绝对不可能的事情。”(青年)

指导师B:“谁想来挑战一下?!”(老师问话与同学商量的话同时进行,做鼓励同学尝试状)

青年怂恿着群演1(姚瑶):“你去呀,你去试试。”

群演1(姚瑶):“我不去,要去你去。”

群演2(赵亮)在旁边听到了,玩笑道:“肯定是他自己不行,才叫你去的。”

青年:“谁说我不行?!”

指导师B听到了对青年说:“好,那就你来试试,来吧,集中意念,用尽你全部的力气!”

青年凝视着土豆将吸管奋力一插,吸管瞬间穿过土豆。(台下安排两位老师现场演示给评委和观众)

他愣住,一脸不敢相信地看着手里的土豆和吸管。

指导老师B:“看到吗,许多看似不可能的事只是你认为不可能,并不代表你做不到,首先要对自己有信心,这也是我们这堂课的主题——一起成就更好的你。”

所有人定格,受助青年单独走到台前,独白:“从来不敢对自己抱有太多期望,可是这一次,或许我真的可以……我……想试一试。”(此时独白的情绪请注意:青年是一个经历了许多求职失败,有一些自闭又自卑的青年,所以一开始情绪应该是低落的,因为沉浸在过往的情绪中,然后在表述中展现内心的纠结和矛盾,最后下决定想“试一试”的时候口气也不是很坚决,因为心中还有些忐忑。)

其他演员走下舞台,青年走至舞台右侧角落变装并快速归座(披上西装外套)。同时,第三幕演员上场调整道具并坐下。

第三幕　场景:办公室

同事A与青年面对面电脑打字状,同事A接到电话:“好的,我会和他说的,对,他是做职业体验的,确实基础不太好。”

同事A对青年:小高,你这个表格又做错了。你看这里,还有这里。(青年抓脑袋,展现沮丧状态)

同事A拍着青年肩膀:你也别急,刚开始都这样,慢慢来吧。(走回座位继续忙碌)

(指导师A上场,快速走向青年)

青年抬头发现走进来的指导师“傅老师,你来了?”(青年站起来)

指导老师 A 微笑:“今天是第三次现场辅导,最近还好吧?”

“哎,我觉得这份工作做起来真累。”

“记得我们一对一辅导时学习的心灵减压法吗? 一步一步来,其实你的带教老师对你评价很高。”

(所有人定格,青年来到台前,略带失落地独白:“理想很丰满,现实很骨感! 不过……我会坚持下去的。”(说到最后,眼神坚定,身体挺直。场景转换,演员变装(带领带)归座,其他人下场,妈妈上场)

第四幕　场景:家中

受助青年穿戴得体,正在整理面试材料文件夹准备出门。

“叮咚”就业源推送面试消息。

“妈,下午有几场面试,我先走了,老师还等着我呢”自信满满的样子。

母亲:“啊,好,好!! 路上当心。”(惊讶又欣慰的样子)

人物定格,青年推开大门(走几步至台中间,并回头看看门),独白:“走出这道门,生活原来如此精彩! 我相信,我可以!”(握紧拳头,有力地举起,坚定地看着前方,展现信心爆棚,成熟稳重的状态)

(所有演员一起快速上场)

共同大声道:“我们相信,我们也可以!”(音乐起)

职业选择中的误区与对策

李　弘

首席职业指导师，国家二级职业指导师。具有8年职业指导工作经验，了解上海市招聘市场发展态势，深入学校、社区开展职业指导讲座，推荐职场岗位。职业指导理念：“用我的专业和真诚，帮你走过职业道路上的崎岖和坦途”。

我想先来给大家介绍一下自己，我来自宝山区就业促进中心，是一个为老百姓提供职业介绍、职业指导、创业咨询等多项公共就业服务的机构。我是宝山区就业促进中心的一名职业指导师，大学毕业之后，选择了这样一份职业，干了差不多十年了。所以我可能没有像企业人力资源大咖那样，带给大家强势的人生指南，也没有办法像那些“体制内”和“体制外”都待过的指导老师一样，去帮大家分析各种利弊。

下面请大家先观看一个情景剧《失业特烦恼》。

失业特烦恼

（情景剧）

宝山区就业促进中心[①]

时间：现代某日。

地点：小钱家中。（PPT 背景）

① 宝山区就业促进中心是区人力资源和社会保障局下属的全民事业单位，公共就业服务机构。中心肩负着宝山区行政区域内职业介绍、职业指导、创业指导、就业援助、失业保险事务管理等多项公共就业服务工作。

人物:小钱,老钱的儿子,待业青年。

老钱,小钱父亲,本剧中主要以声音表演为主。

樊某,职业指导师,为小钱提供就业指导和心理辅导。

弘某,职业指导师,带小钱参加拓展活动,积极融入社会。

道具:长条书桌,键盘,椅子。

开场,小钱房间,整洁明亮,小钱翻来覆去睡不着(视频)

小钱(独白):明天第一天上班,你别说,心里还真有些小激动,翻来覆去睡不着,索性起来再检查一下明天的"装备"。(拿出包,一边拿出里面的东西一边说)手机、钱包、钥匙,日记本……(手拿着日记本,若有所思)可别小看了这本日记本,上面记录了我从失业到就业的心路历程。(翻开日记本,屏幕上日记本同时翻开,出现的是小钱的大头照,表情抓狂,或者配表现崩溃的图)

屏幕播放游戏视频,小钱面容憔悴,情绪激动,正在打游戏,嘴里念念有词,房间里灯光昏暗。

小钱:又遇到一个坑货,补刀啊,上啊,盖伦上啊,逃什么啊!(突然断线,屏幕显示正在连接,小钱怒起,检查了一下网线,冲到门口,打开房门对着外面喊)老钱,你是不是又把网线拔了,你知道我在打排位赛吗!知道这局多重要吗!

老钱:叫你吃饭叫了多少次了,吃饭重要还是游戏重要?!这么大的人了,工作也不去找,天天窝在家里打游戏,我养你一辈子啊?

小钱:谁要你养,快点把网线给我接好!

老钱:接什么网线,网线老早给我剪掉了!

小钱:你!!!(愤怒转而抓狂)啊……(愤怒地关上房门,配音效关门声)

屏幕场景转换,回到开场时的场景。

小钱(独白):看,这就是我失业三年时的状态,愤怒、焦虑、担忧、逃避,现在看来是多么的幼稚与不堪,多亏职业指导师樊某及时伸出援手,帮助我我走出心理失衡的怪圈。(定格)

樊某(上场):小钱,最近写日记的习惯坚持的怎么样?感觉如何?

小钱:我觉得我开始能理解自己,坦然接受自己有一些情绪困扰,有压力,不满,无助,没想到承认这些后反而让我感到轻松了许多。但是有时候我还是会感觉到莫名的焦躁和紧张。

樊某:没关系,你的进步已经很明显了。今天我再教你怎么进行放松练习,进一步帮助你消除紧张情绪，跟我一起来，吸气，呼气。（教小钱进行肌肉放松法和深呼吸法）很好，就这样，坚持20分钟看看（配舒缓音乐，屏幕显示20分钟后）小钱，感觉怎么样？

小钱：我现在感到无比的轻松，身体负担好像也没那么重了。

樊某：既然有用，那就每天坚持下去吧，我先走了，再见。（定格）

小钱：再见。（定格，樊某下场）

屏幕播放"导师小花园"活动照片。这部分主要是职业指导师弘某向小钱介绍"导师小花园"活动的情况，邀请小钱一起参加该活动。

弘某：这就是"导师小花园"活动，我们会我们会分享一些好书，欣赏一部电影，一起聊聊一些话题。……（弘某介绍，小钱聆听。）小钱，记得明天来参加活动，再见。（下场）

小钱：再见。

屏幕场景转换，回到开场时的场景。

小钱：自从参加了"导师小花园"活动，我准渐变的健谈、开朗、愿意与人分享感受了，因此也交到了一些新朋友，感觉重新又融入了这个社会。（此时门外传来老钱的声音。）

老钱：小钱，这么晚了还没睡啊，当心明天第一天上班不要迟到哦。

小钱：老爸，知道了，这就去睡了，你也快去睡吧。（把笔记本重新装进包里，下场，慢慢进入梦乡（视频）与开场情景呼应。）

光线渐暗，收光。剧终。

我想把一些工作当中经常接触到的东西，拿来和大家分享。这个部分我把它叫做"来访者的烦恼"，就像刚才小品中小钱失业的烦恼。失业了该怎么办？焦虑？纠结？还找得到好工作吗？渐渐我发现，来访的失业者开始不烦恼了。为什么？可以啃老，有的人都懒得啃，等着老人主动上来喂。现在年轻的求职者们最大的烦恼之一，就是关于职业选择。选择很重要，选择也很难。自己该怎么做选择？选择之后又会不会后悔呢？今天我想跟大家来分享一些职业选择中的故事，希望能对大家有所帮助。

第一个故事，我给它取了一个特别洋气的名词，叫做"Mr. right"，百度翻译为真命天子或如意郎君。好多朋友就要问了，谈恋爱和职业选择有什么关系？让我们一起听下面这个故事。在我的来访者当中，有许多年轻的身影。其中有一个女孩子让我印象很深刻，她的名字叫晓晴。晓晴原来在一家新创办的民营企业里从事会计工作，做了两年，现在辞职在家。她一直也提不起精神做下一份工作。家里人也着急，托朋友给她介绍。这期间她也有机会进入下一份工作，可是她总觉得，那些工作不是她特别喜欢的。于是，她拒绝了。因为她说，之前的一份工作经历，让她深深体会到做一份自己不喜欢的工作有多么的痛苦。现在她只想找一份自己真正感兴趣，可以做一辈子的工作。在家失业的一年多里，原来的同事，有的升职了，有的跳槽了，有的转行去做自己喜欢做的工作了，只有晓晴越来越消沉。她的妈妈很着急，就问她，你到底喜欢什么，到底想做什么工作？晓晴说自己也不知道，只想找一份自己真正喜欢的工作，难道这有错吗？而且我只要找到这个真正喜欢的工作，就一定会全力以赴，不会再像现在这样一直消沉了。

晓晴的例子之所以让我印象深刻，是因为在她的身上，我看到了许多人的影子。渴望遇到自己真正感兴趣的工作，被过往的痛苦经历吓怕了。也许我们中的有些人做各种各样的职业测评，来了解自己是什么气质的类型，适合什么工作，擅长做什么。可是做下来发现，每一个结果都似是而非。我们中还有一部分人，可能会向自己的亲戚、朋友、专业人士寻求建议，可听了很多建议，发现依然过不好这一生，就像晓晴这样，在苦苦寻找着那个真正感兴趣、可以从事一辈子的工作。就像恋爱当中的很多人，致力于寻找他们命中注定的真命天子，仿佛找不到自己就过不好这一辈子，找到了就能解决任何问题一样。

后来我给晓晴讲了一个故事，也是一个笑话。一个虔诚的基督徒，他非常虔诚，每天进教堂祷告。他对上帝说，主啊，我是一个好的基督徒，我这辈子从来没做过坏事，我只有一个愿望，请你让我中一张彩票吧。他在世的时候天天这样祷告，却一无所获。后来他死了，进了天堂见到了上帝，他很生气地质问上帝，我这么虔诚，天天祷告，可是你为什么从来不帮我?! 上帝表示很无奈：亲，我也愿意帮你，但至少，你得先买张彩票吧。

对于大部分的人来说，想要一下子就找到自己的终生事业的机率和我们买彩票中奖的机率是差不多的。所以如果你只有确定了一个所谓的终生事业才开始投入，那你可能始终没有办法找到自己的目标。那些说着我只想做真正喜欢的工作，我只想找到那个想要从事一辈子工作的人，就像恋爱中没什么经验的人说自己只想和可以结婚的人谈恋爱是一样的。大家知道在谈恋爱当中的一见钟情、两情相悦和白头到老，作为有恋爱经验的人都知道，在恋爱中你会一见钟情许多人；到了一定年纪，你就该两情相悦一些人；最后选择和一个人白头到老，这是最理想的方式。职业选择也是一样，在年轻的时候尽可能尝试和体验一些工作，慢慢寻找其中有趣的几个，最后专注于其中的一个。但是糟糕的是你搞错了顺序，年轻的时候见到什么都想做一辈子，到了年老你还只这样，什么都只能做一阵子。我想对那些和晓晴一样的人说，虽然尝试是冒险的，但是不尝试才是最大的冒险。

在开始第二个故事之前，问问在座的各位，是否有替自己的孩子听讲座的父母？因为在我的工作当中，看到很多上了年纪的听众，父母替孩子找工作，都同样问这么一句话，老师好工作有吗？我不得不向他们了解，他们认为的好工作是什么？事业单位朝九晚五的工作是好工作吗？高薪热门，人人向往的工作是好工作吗？是不是真的有“事少钱多离家近”的完美职业呢？我想先邀请大家跟我欣赏一部短片，这是一部阿根廷的短片，名字叫《雇佣人生》，这部短片大约7分钟，但是没有一句台词，却获奖无数。让我们一起来欣赏一下。

（视频播放中）

李弘：短片很精彩，每个人的理解不同。我的理解是社会是以人为单位构成的，每个人在其中各司其职，去掉所谓的标签和帽子，其实身处不同职业的人并没有什么不同。我们在某些场合，接受别人的服务，换个场合服务别人。我们雇佣别人，也过着被别人雇佣的生活。如果职业本身没有什么好坏，为什么那些热门职业人人向往？吸引人们的究竟是什么？

我有一个非常要好的朋友，她原来在一家著名的会计师事务所工作，是一名所得税会计。大家觉得这个职业是高薪好职业，人人向往。没错，无论是薪资还是发展前景，这都是人人向往的好工作。她工作五年之后，就有了不错的经济基础。可以这么说，她工作两个月，就抵得上我辛苦工作一年了。大家也猜到了，这样的工作，压力肯定不小。我们普通人一周大概工作40个小时，她要工作70～80个小时，那还不是最多的，再加上一年当中有好几个月在外出差。因为工作压力大，她的身体和家庭都出了不同状况的问题，几乎崩溃。于是她请了一个月的假在家休息，在这期间她去看了一次心理医生，当然一开始她非常排斥去看心理医生。觉得自己又不是神经病，去看什么医生，但是经过了两三次咨询之后，她的身体状况和情绪有了明显改善，也渐渐走出了阴影，最重要的是她对心理咨询这个行业的印象完全改变了。她认为这是一个非常伟大，非常了不起的职业。于是，她突然萌生了一个想法，自己应该去做心理咨询师。当她跟我谈起这个想法的时候，我觉得非常突然。因为她之前没有接触过这个行业，于是我问她为什么，她跟我分析说，第一这个职业有可控的工作时间，想接咨询的时候就接咨询，不想接的时候就可以休息；第二薪资也非常不错，因为她看的那个心理咨询师，每小时收费在500～800之间。她是一个会计，一算就清楚了。最重要的一点是这个职业可以帮助别人，是她真正喜欢做的事情。她再也无法忍受回到原来的工作当中去，于是毅然决然地辞职了。她用之前的积蓄报了一个在职心理咨询师的研究生，还去报考了心理咨询师二级和三级的培训和考试。我非常佩服她，在没有任何基础的情况下，她考试都通过了，拿到了证书。接着进入了实习咨询阶段，刚刚进入实习咨询阶段，她惊恐地发现，这份工作原来不是她想的这么回事。这个行业的压力更大，负面情绪爆棚。每天还有大量的报告要写，根本没有可支配的自由时间。因为刚刚入行，她辛辛苦苦接个案，好的话收入跟我打个平手，她突然纠结了，不知道怎么办，于是来问我。我和她是非常要好的朋友，我的很多建议可能不太客观，她可能也听不进去。于是我就给她介绍了一个专业的职业咨询师，但是我依然很担心，我怕她咨询了一两次以后又对职业咨询师开始产生向往。

这个故事告诉我们，吸引你的可能不是职业本身，而是职业的广告。所以在进入一家公司，进入一个行业之前，我们要警惕职业的“艺术照”，了解职业的真实信息。很多人就要问了，要我们了解职业的真实信息，难道要我们把所有职业都尝试一遍吗？这不科学。事实上我们可以用现有的方法，轻松地了解职业的真实信息。通常我们会通过招聘广告、搜索网页来了解职业的信息，在这里再给大家三个方法：

第一，你可以找一个在职的专业人士做一次职业访谈，了解职业方方面面的信息。

第二，你可以尝试一个与目标职业有关的培训，最好是兼职工作来体验一下职业当中所需要的技能以及工作环境和场景。

第三，可以进入一些专业的职业论坛和行业博客，里面有大量的专业人士，来解答你在职场中产生的各种各样的问题。有时候，看看“吐槽”也会觉得很有收获。

第三部分我想和大家一起分享一下，职业选择当中的“错过与后悔”。在这里还想请大家跟我一起欣赏一部短片，这部短片最近非常火，在微信里面疯传，它叫“In the Fall”，它用了100秒的时间，向我们讲述了一个震撼的人生倒计时的故事。

大家看到一个中年男子，在楼顶上浇花，一不小心跌落了下来。在这危急的时刻，他回忆起自己的一生，从丰富多彩到单调乏味。在这个故事当中，充满了错过与后悔。有些事现在不做，以后也不会做了，有些梦现在不追，以后再也追不上了。我们下面要说的是，关于选择当中的错过与后悔。相传伟大哲人苏格拉底布置给柏拉图一个任务：看见前面那片麦田了吗，进去摘一颗最大、最饱满的麦穗。柏拉图走进了麦田，他立刻发现身边都是最大最好的麦穗。于是他没有犹豫，摘了一颗他认为最大最饱满的麦穗，决定走出麦田。可是他越走越失望，越走越沮丧，因为他发现，前面还有更多更大、更饱满的麦穗，可惜他都不能摘了。当他失望地走出麦田，把麦穗交给苏格拉底的时候，苏格拉底告诉他这种选择叫做“后悔”。

苏格拉底见他那么后悔，就跟他说，这样吧，再给你一次机会，你再进去摘一次。柏拉图很高兴，再一次走进了麦田，依然发现了很多很大、很饱满的麦穗。这一次他吸取了教训，没有马上摘，他知道前面还有更大、更饱满的麦穗，于是一直往前走。直到发现自己已经走出了麦田，才猛然意识到，自己已经错过了最大、最饱满的麦穗，于是只能随便摘一颗走出麦田。这次他自己明白了，这种选择叫做“错过”。

着急选择的后悔模式和总在等待的错过模式，在我们的职业选择当中也总是会遇到。那职业选择要想不错过，又不后悔，我们有什么好的策略呢？这个问题很难，一时之间也找不到答案，我们先来把这个问题放一放，一起来看下面的小故事，可能会有所启发。

现在我们来做一个假设，假设你是一位美丽的公主，现在有100位波斯王子向你求婚。他们每个人都会带来一箱彩礼，这个彩礼有多有少。你不得而知，他们会逐个排队和你见面，见面的时候他们会打开自己的宝箱展示彩礼，但是你需要当场回答他们是否愿意，如果不愿意他们就会带上彩礼离开。

有些女性朋友会说，我是颜值控，外貌协会理事，彩礼对我来说不重要，主要看气质。在这里我们没有这样的设定，假如这些王子都蒙着脸，无法辨认容貌。在不考虑外貌和其他条件的情况下，你只想选取最多的彩礼。你有什么好办法呢？和苏格拉底的故事一样，一开始选择容易，陷入后悔模式，总在观察又容易错过彩礼最多的王子，那要怎么办呢？这个问题已经有经济学家们，得出了一个最佳的经济选择策略，这个策略叫“37％的选择策略”。

我给大家解释一下“37％的选择策略”，就是把前面37位公主或者王子，作为一个参考样本，不做任何选择。只是作为判断大概的高财富是什么程度，在过了这37位之后，后面的63位第一个超过这个标准的，就是最佳选择，这是最科学也是最合理的。如果要把这37的策略用在我们的职业选择当中，我们至少可以做两点：第一，给自己设立一个不做选择、观察判断的时间和空间底线；第二，在这段时间里，了解不同的职业，建立自己与职业的基准线。这个基准线包括了解自己适合什么样的工作，盘点自己在不同职业里的不同能力，了解目标公司的收入、待遇、发展前景等。一旦超过了这个选择的时间底线，第一个超过这个基准线的职业，就是最好的选择。

第四部分想跟大家一起探讨一下，选择背后的原因。我常常听到有朋友这样诉苦，不知道自己喜欢什么，不知道自己能做什么。这个时候，我就会问他一个问题，今天你要出远门去旅行了，行李也都准备好了，正准备出家门，突然在你面前出现了一个穿着白衣服，长着白头发和白胡子的老神仙，他表现得非常热情，想要送给你一份礼物，作为旅途的帮助，但是你只能在下面三样东西当中选择一样，第一样是一匹在《射雕英雄传》中提到的汗血宝马，第二种是被视为神物的丹凤白骆驼，第三种是一头强壮的大象，如果要你选择一头坐骑，你要怎么选择呢？这个问题我也想问问今天在座的各位听众，你们会怎么选择呢？有愿意跟我们分享一下的吗？

听众：我选择马。

李弘：能跟我们分享一下原因吗？

听众：因为汗血宝马的速度快，而且非常名贵。

李弘：因为速度快，非常名贵。有不同的选择吗？大部分人的逻辑可能是这样的，我喜欢马很威风又快，跑起来有奔驰的感觉。还有人会说，我不喜欢骆驼，也不喜欢大象，因为他们都太慢了。当然之前抱怨的那些人，现在可能还会抱怨：我不知道自己喜欢什么，我也不了解骆驼、马、大象有什么用。要怎么选择呢？通常选择的时候，我们都会问自己两个问题。第一，为什么会选择这个？第二，我是依据什么来排除其他的选项呢？无论在座的各位你们的回答是什么，下面这个回答是我听过最棒的回答。

这取决于我去哪里旅行，如果我要去沙漠，我骑一头大象，走不出20公里就得渴死；如果我要去草原，我要一头丹凤白骆驼有什么用?! 这个选择取决未来对于我的价值，而不是取决于现在对于我的价值。职业也是一样，对年轻的朋友来说，考虑一份职业的未来价值，要远远重要过考虑它当下的价值。我现在喜欢做什么，我现在能做什么，我的专业是什么，我现在能拿多少收入这些是当下的价值。好的平台、资源、眼界、机会、好老板、尝试失败的经历这些才是在未来可以增值的价值。所以，在不知道自己喜欢什么、能做什么、怎么选的时候，问问自己要去哪儿。

我有一个非常厉害的学长，他的经历可谓传奇。他大学毕业以后进入了一家杂志社工作，第一次离职，他去做了自由写作者，第二次离职，他去做微信运营的公众号，在一次聚会上他说，这是他人生做出过的最艰难的选择，但是现在看来却是最正确的。在他离开杂志社的时候，他已经是编辑部的主任，他父亲不理解他为什么要放弃这么安逸的生活。在他离开纸媒，没过几年之后，许多纸媒当中的中层、高层纷纷跳槽、转行，屡见不鲜。我们大家都非常惊讶，为什么他这么有远见。他坦言道，不知道自己怎么选的时候，选择一条难走的路，是他保持幸运的秘诀。但是相反的，现在很多父母，希望子女选择一个稳定的工作，走一条容易的路，希望子女的生活可以过得安逸些，却不知安逸对于年轻人来说，是一个陷阱。你想要过安逸的生活，可能是一条下坡路，要求低，是没有办法维持原有的水准的。所以走一条容易的路，并不能解决他们的问题。亲爱的爸爸妈妈们，如果你也遇到自己的孩子在职业选择当中感到迷茫的时候，请建议他们走一条难走的路。因为难走才会调动人所有的潜力，克服所有的苦难，收获理想的状态。经历过挫折的人生，会越来越幸运的。

最后想跟大家分享一下，选择当中的坚持和放弃。我们一直在说选择，有一个问题我想问问大家。大家觉得是选择重要还是努力重要？

观众：选择。

李弘：我听到很多朋友说，选择重要，是的，有些人说选择不对，努力白费。还有一些人是这么说的，有些事情不是努力可以改变的。这 50 块钱的纸币设计得再好看，能有 100 块钱招人待见吗？我不是很喜欢这样的道理。小时候妈妈告诉我，这世界上很多事情，努力就可以了，还没有到要拼天赋的地步。所以我认为选择和努力同样重要，那既然选择和努力同样重要，很多人在职场上面，好不容易做了选择开始努力了。努力了一段时间之后，问题又来了。行业不景气了，发展没空间，薪资上不去，就迷茫了——我的选择是否还对，是否还要坚持自己的选择。在做出选择之后，选择的困境并没有消除，我们会评价、会比较我们的选择，还会有新的选择出现，选择的困境依然存在。

有些人可能会说，应该坚持，要坚持，因为坚持一定会成功，坚持真的一定会成功吗？大家都知道刘德华，我们今天不说他的故事，我们今天来说刘德华的粉丝，她叫杨丽娟，她很出名，16 岁开始辍学追星，可谓疯狂痴迷于刘德华。父母劝阻无效，就卖房、卖肾筹资供她追星。最终她的父亲，因为女儿的追星行为跳海身亡。杨丽娟没有放弃，一直在坚持，但刘德华最终还是和朱丽倩结婚了。有些朋友就说，此时此刻的付出看不到回报，坚持太难，应该果断放弃。大家也知道竹子，大熊猫爱吃的竹子，竹子前四年仅仅长了 3 厘米，第五年就会开始以每年 30 厘米的速度，疯狂生长。仅仅用 6 周的时间，就可以长到 15 米。在前面的四年虽然看不到，但是竹子将根在地下延伸数百平方米。做人做事，亦是如此，你只关注此时此刻的付出是否得到回报，却忘记了人生需要储备。职场上有多少人没有熬出这三厘米啊?!

那矛盾来了，坚持不一定会成功，放弃又可能太草率。职业选择当中的坚持与放弃又要何去何从？这里我想给大家介绍三个人，对于这三个人大家一定不陌生，对他们的故事也是耳熟能详。

第一位是释迦牟尼，古印度的王子，他住在宫殿里，父亲疼爱，人民爱戴。29 岁的时候有感于人生的生老病死，于是放弃了王族生活，出家修行，创立了佛教。如果他坚持下去，以他的智慧会不会成为伟大的国王，迎娶美丽的公主呢？

第二位是鲁迅，在日本留学的时候，他深刻理解到拯救灵魂远比拯救身体重要，于是放弃了即将学成的医学，回国从文，成为了一代文豪。如果他坚持下去，以他的深刻和正直，会不会成为中国那个年代最好的大夫，救死扶伤呢？

第三位是李开复，他早年学习法学，但是发现自己讨厌法学，转而学习了自己高中时就很喜欢，但是功底不深厚，前途不明朗的计算机专业，最终获得了杰出的成就。但是如果他坚持法学，以他的儒雅，会不会成为一位著名的律师呢？

可惜他们都放弃了，但是他们一个成为了释迦牟尼，一个成为了鲁迅，一个写了做《最好的自己》。坚持不一定会成功，但是坚持是成功的必要工具，放弃也是成功的必要工具。

释迦牟尼放弃王位，坚持智慧；鲁迅放弃医学，坚持救国；李开复放弃法学，坚持做最好的自己。职业选择，既要勇于坚持，也要勇于放弃。因为我们需要明白，坚持的是结果，放弃的只是方式。坚持和放弃都是达到目标的一种手段。

今天的故事跟大家分享到这里，告一段落。我跟大家一样，都不喜欢听大道理。小时候我妈经常跟我说，我给你讲道理，不打你。我心想还不如给我两巴掌得了。但是直到有一天，我终于明白，任何人给的任何人生建议，就算是老声常谈，是那些你听不进去的老话，也总有一天会让你感慨万千。在这里不想给大家什么简单的人生信念，有一句话想和大家共勉。这个世界所有的故事，都可以找到至少三种解释和三种以上的应对方法，请不要被任何教条主义支配着去立即行动，先试着找一下其他的可能性，再去做选择。

最后，感谢东方讲坛职业生涯系列这个平台，也希望大家继续关注我们之后更多更精彩的讲座，关注我们公共就业服务机构，谢谢大家！

主持人：好，非常感谢李弘女士的精彩讲座，与我们分享了错过与后悔、坚持与放弃。接下来是我们的互动环节，大家有问题现场可以和李弘女士进行交流，今天主办方给我们准备了精美的礼品，中间的这位听众有请。

听众：可能是我刚才没有听明白，您刚才提到 37％基准线的概念，可以再解释一下吗？

李弘：37%说的是数学上面的一个概率问题，用在职场上面，其实是希望我们的年轻人在选择之前，需要有一个给自己参考和不做选择的空间和时间。在这个期间，去建立自己和职业一条基准线，在建立这样的基准线之后，第一个只要达到这样基准线的职业，其实是选择的最好策略。

听众：能不能麻烦您给个具体例子怎么具体操作？

李弘：比如很多大四学生，他们家长对他们的未来感到非常担忧。这个时候可以先做一些职业了解，从一些网站上面，或者从专业的论坛上面找一些专业人士，做一些职业分析。给自己建立一个基准线，因为每个人的基准线肯定不同，所以要来测评一下自己在不同职业里面，不同的能力是怎样的，从而找到自己和职业的定位。比如说我的表达能力或者说我的沟通能力和市场的调研能力非常好，我主要把这个作为基准线。那这样的职业在市场上，大致是什么样的发展或者说薪资价位等。我会有一个基准线，等到过了一个选择的时间，我不是说一直等下去。我给自己先设了这样的基准线，超过这个基准线之后，只要有相似的职业达到了我的基准线，我会立刻做出选择。

主持人：我们继续提问，有请我们第一排的这位听众。

听众：大家好，老师好。首先感谢上图提供这么好的平台，使我们诸位学生来学习。其次，感谢李弘老师给我们做了这么专业的职场培训。第三，我有一个想法，作为一个真正职业选择人，在培训的时候，有没有可以让我们在职场中培训的场所？

李弘：你是想了解一下，如果你想提升自己的职业能力，有没有专门可以培训的机构是吗？是这样的，在之前的时候也给大家介绍过，在各个区县的就业促进中心都有这样的培训窗口，帮助大家了解一下政府补贴的培训，也可以查询到这些培训机构地址。不过我觉得最重要的还是对培训项目的选择，因为我遇到好多人他们都觉得什么热门就去选择什么，比如会计很热门我考一个会计证，再比如其他哪些方面热门，我去做这方面的培训。但是职业培训本身跟你的职业是挂钩的，搞清楚自己的目标职业需要哪些技能的情况下，再做这个会比较妥当。

听众：谢谢老师，我突然想到一个问题，我是一个小学老师，在职场中常说天赋是决定的，就是刚才说的要定位，刚才又讲了一个努力和天赋的问题。

李弘：是的，可能每个人的理解不同，我是比较赞同这样的观点，在职场上很多事情没有达到要去拼天赋的地步，大部分的问题只是拼努力而已，是你够不够比别人更努力而已。

主持人：谢谢，我们再请一位听众，我们给后面听众一个机会，这边这位戴眼睛的听众。

听众:李女士您好,我对你 PPT 倒数第二页的话比较感兴趣,你能大致解释一下这个理解吗。

李弘:任何故事都有三种解释吗?是这样的,其实今天我给大家分享了这么多的故事,不是想给大家什么很简单的人生信念,比如到底应该坚持还是放弃?如果要想不错过应该怎么办?我想告诉大家,在所有的故事当中,对于每个人来说,你至少可以找到三种解释方式。比如我的解释是这样的,可能其他人对于这个故事的理解并不相同。所以我希望大家在做选择的时候,不要急着下结论,不要被教条主义支配。比如某个老师说,就是应该这样,就是应该用 37%的策略,不是这个意思。在做选择之前应该找一个适合自己的可能性,然后再去做选择。谢谢。

主持人:我们还有最后一个礼品,我们再请最后一位听众,中间的这位女士。

听众:有时候我觉得在工作的积累过程当中,会有很多选择机会,但是因为不知道或者没有感觉而错过了。像我刚从学校里出来时,因为我那个时候不像现在,就业比较灵活,所以还是到学校做老师。因为同学的关系,拉我去做一些兼职工作,当时东方广播也刚刚成立,我是做兼职的,一开始做东方大世界,后来又调到音乐热线节目。那时候因为兼职,尽管工资待遇很高,始终觉得不是一份很稳定的职业,所以在我妈妈的规劝下,还是回到学校捧上了铁饭碗。后来跟我一起做的一名同事,当时他是坐冷板凳的。因为他是个机动人员,好像什么都能干,又什么都不太适合。所以他一直是,哪个节目临时缺个人,就顶上去凑数,经常跟我诉苦。我总是有一个固定的节目档,他总是有的没的跟我诉苦。差不多二十年过去了,他现在是东方广播电台栏目的总监,管理 68 个员工。再次碰到,他又给我诉苦,现在的问题不是没有合适的位子做,他要给 68 个人安排合适的岗位和内容,我觉得这个事情是非常有意思的。

李弘:所以您的问题是?

听众:我就是说,其实我们在职业选择当中有很多不可预测性,好像历史车轮滚滚,一切都在变化。完全不是这样一个概念,我当时就是这么想。好像我们只能随着潮流,随着时代而动,能够动的范围有限。我到学校去,反而我的发展空间更小了,别人都想反正你本事很大的,什么都可以做,他们都挤兑你,学校不能做了,出去做。我现在在做课程方案,就是哪个学校需要这个课程,他们校长会给我打电话,我为他们设计一个方案。

观众:我看到主题,快乐工作,美好生活。但是这个快乐工作,有时候怎么讲,我觉得好像现在尤其是对年轻人，这个机会越来越苛刻了。不像我们那个时候，可以碰运气，现在碰运气很难了。然后您还说，还有一个百分比，把我给转晕呼了，有这样一个感觉。

李弘：这位女士我非常感谢你精彩的分享。因为你自己也提到了稳定，包括职业的选择。我觉得，其实职业选择当中大家都会碰到同样的问题，到底选择稳定的那条路，还是选择那些自己无法预见的梦想。在这里我是这样想的：我觉得职业是流动的，不是固定的、一成不变的。大家觉得事业单位稳定吗，但是说不定哪一天可能就市场化了。大家原来觉得宝钢稳定，现在都要搬出上海了。职业并不是一成不变的，人都是在这样流动的工作里面，为了完成自己的使命也好，达到一些价值也好。我在这里祝福大家，无论选择怎么样，也希望大家遵循自己内心所想，创造自己的价值。

主持人：谢谢李弘女士带来的精彩讲座。

听众：我这个问题非常重要，而且我认为这个问题大家都需要考虑。今天我们来这边，我们都会参考的，但是有一个问题，很多在家里人他根本不出来的。就是刚刚李弘女士也说到了，现在在这边就业指导就是一些父母，现在年轻人越来越不着急了。据说几年前调查过一个问题，上海当初曾经有一个机构，帮助一些在家里啃老的人，帮助他们解决一些心理问题，帮助他们进入职场。现在来的人，他都会考虑自己如何找工作。但是大家不要忘记，还有很大一批人，虽然在家里一天到晚打游戏，但是他们想要工作，这些人是很容易解决的一批。我认为这些人在社会上根本不是问题，他迟早会找到工作。

但是还有很大一批人，我认为家或者亲戚里面，至少会有那么几个。这种人都是啃老的，就是在家里面打游戏，再简单的工作也不去，更不要提刚刚说的找一条难一点的路。对这些人来说，怎么解决他们的问题，冰冻三尺不是一日之寒，他们可能是从小不顺利等。怎么解决这些问题。

李弘：您说的非常对，这个问题我也说两点。我觉得职业的问题，不仅仅是职业的问题，也不是做一次职业指导或者开一次讲座就能解决的。职业和我们生活的幸福指数都是密不可分的，我们作为公共就业服务机构一直努力做这方面的工作。包括今天我们开这样的讲座，不是只受益大家这些人。而是希望大家把这样的理念，传播给周围的人，通过我传给大家，大家传给亲戚朋友，起到带动效应。我也感谢刚才这位朋友提出的，这也正是我们公共就业服务机构，一直想要努力，一直想触及，一直想解决的问题。我也希望大家继续关注我们，如果大家有好的点子，有好的主意也希望大家可以跟我们一起分享。

主持人:谢谢李弘女士,我们再次把掌声送给李弘女士的精彩回答。由于时间关系,我们今天的活动就到此结束了。

再次谢谢大家!

模 拟 职 场

杨浦区就业促进中心

杨浦区就业促进中心是杨浦区政府创办的公益性就业人才服务机构,承担着为区域内劳动者提供免费就业、创业、失业保险、人事人才服务,为企事业单位办理招退工登记备案、人才引进等服务,履行促进地区和谐稳定的职能。

时间:某个工作日

地点:《扬帆贸易有限公司》会议现场

旁白:武亭

指导师:熊晓燕

模拟受训员:李辅友、陈远、张燕婷

台湾岗位导师:销售总监阿哲

德国外贸专家:MR. Mao

道具:1个演讲台(或电脑桌),3把靠背椅,模拟电脑屏幕框边,假发、假胡、领结、眼镜

表演内容:模拟就业训练公司真实岗位体验—岗位专家指导的场景

场景一:

背景:《上海扬帆贸易有限公司》LOGO

模拟受训员(张)和台湾导师阿哲造型。

阿哲:模拟职场,职场模拟,大家好,我是来自宝岛台湾的岗位导师,阿哲,张信哲的哲,不是海蜇皮的哲,张信哲的爱如潮水都会唱哦,爱如潮水……啊呀,言归正传,我今天来就是帮大家解决问题的,大家不要怕,把你的问题直接讲出来哦。

模拟受训员(张):老师,老师。我在这里,我从小到大我的性格还是蛮外向的,可是每当向客户介绍产品的时候,我就不知道说什么了。

阿哲:你多大了啦?我和你们讲哦,岁数大不是问题,岁数小不是问题,主要是心理素质问题哦。

模拟受训员(张):老师。从小到大我的性格还是蛮外向的,可是每当向客户介绍产品的时候,我就不知道说什么了。

阿哲:哦,你的性格怎么了?你是什么星座的?我跟大家讲哦,狮子座的性格是特别热情、自信,射手座内心柔弱哦,比如天秤……

模拟受训员(张):老师。从小到大我的性格还是蛮外向的,可是每当向客户介绍产品的时候,我就不知道说什么了。

阿哲:产品,我跟你讲哦,我们讲所谓产品,是能够提供给市场,被人们使用和消费,并能满足人们某种需要的任何东西哦……

模拟受训员(张):不是的老师。从小到大我的性格还是蛮外向的,可是每当向客户介绍产品的时候,我就不知道说什么了。

阿哲:哦,是这样哦,其实你就是缺乏自信啦,不要急,不要担心,我在教学的案例中碰到很多这种案例。今天正好有几个同样问题的同学都在,来我们一起去探讨和解决这个问题。

场景二:当幸福来敲门(配乐)

视频一:公司内部繁忙的场景,电话铃声起伏,员工穿梭,打印,接电话,在这个背景下有时间的转换,如日历的翻页,表现一天一个星期,一个月。

旁白(武亭):我们专门创办的“上海扬帆贸易有限公司”,好比一个大型互动体验式游戏,提供360度模拟职场,我们有虚拟的外贸交易,真实的职场体验,远程或现场的岗位带教。瞧,我们的模拟公司开张已经快一个月了,大家在岗位上干的可带劲了。

视频二:切换会议现场场景(三名演员上场交头接耳谈论着)。

熊:好了好了,不要讲话了,开会开会啦(上海方言)(清嗓)(普通话)各位下午好,大家在销售部的岗位体验也已经有一个月的时间了,现在来听听大家对这个岗位有什么感受?小李,你先来说说。

模拟受训员(李):我啊,原来一直认为我比较适合财务工作,后来才发现每天做财务报表头都大了,后来我轮岗在销售部工作,快一个月了,我觉得很适合我,就上周,我跟小伙伴合作,又做成了一笔业务,我还当了销售部主管了,我特别有成就感,以后我会更努力的!

模拟受训员(陈):我学的就是贸易专业,贸易啊不就是买卖东西吗,我小学三年级的时候就把我家里的东西都倒腾出去了。后来到了模拟公司后发现,虽然这工作和学习的东西根本不是一回事,在这里我学到了很多东西,英语也有了很大的进步。可是我在计算到岸价和抵岸价中还是会搞错嘛,使得这个月我们团队的营业额下降了20%,20%啊!朋友们都这样说我,没有神一样的对手,只有我这样的队友。我都怀疑在模拟公司到底有用伐啦。

熊:(微笑)小陈你先坐,看来大家这一个月的模拟职场学习都有收获。我们的小李通过广泛性的岗位体验,最后找到了自己的职业方向。但也存在自己的问题,像我们小陈,他就发现了实际工作和学校学习的理论的差别。有问题不可怕,我们来一起想办法解决。小陈,你提出的问题我今天特别邀请到了德国外贸专家MR茅,让他来为我们解答专业性的问题哦，请看大屏幕，Hello，Mr. Mao。

德国外贸专家(MR. Mao)：(手持模拟电脑屏幕框，人藏于桌下，脸在电脑框内，模仿电脑画面)：大家好，熊老师好，熊老师你好像瘦了。今天很高兴能和杨浦的老师和同学们现场连线。看来小陈同学有一些困惑，不要着急，在外贸交易中，到岸价和抵岸价是两个很常用的价格，计算时一定要仔细，现在，我们来看下这两个价格的区别，在 PPT 中展示详细内容：

到岸价：货价＋国外运费＋国外运输保险费；

抵岸价：货价＋国外运费＋国外运输保险费＋海关监管手续费＋外贸手续费＋银行财务费＋进门关税＋增值税＋消费税)(站起走向小陈身边，拉她走向 LED 旁，比划指导)我们还要注意关税价格，各个地区会不一样的，(可以举例)。如果你想从事外贸这一行，这些在今后的工作中都要记牢。记住，仔细，漏项的 NO 要，一般就不会出现问题了，千万不能漏特，清楚了吗？(走向台前问台下观众)同学们你们清楚了吗？(听到回答清楚了)Very Good，你们去征服世界吧。

熊：谢谢 MR. Mao。

MR. Mao：(脸再次出现电脑屏框内，反复)我还没有讲完，重要的事说三遍，同学们刚才我说的内容你们都记住了吗？还有如果大家有需要咨询和帮助可以联系杨浦的老师们，他们都是专业、敬业、乐业的专家，联系方式请看大屏幕。

场景三：

所有学员上场点赞。

造型定位，不下场，视频出现主题 LOGO

前面大家看到的是模拟公司岗位体验的真实场景，这里体现了我们独有的三大亮点：

一，模拟职场

二，实岗实干

三，专业导师

你准备好了吗，让我们一起迎接美好的明天。

“启航”助你职业远航

徐汇区就业促进中心

徐汇区就业促进中心隶属于徐汇区人力资源和社会保障局，负责管理、指导和协调本区就业服务工作，落实促进就业的有关政策措施。

一、故事《起锚》

青年的妈妈(打电话):喂,职业指导师啊,我们的孩子还是老样子呀,天天跟一帮朋友一起到处玩,今天又去逛街看电影了。这个小孩,我急死了,他一点都不着急,他说凭他的外貌,以后要去“傍大款”。

对的,你说的对,朋友圈子还是影响很大啊,小孩长大了就不听我们家长说话了,你说怎么办?

哦,这个活动蛮好的,我看看能不能叫他来参加一下,职业指导师,要么先这样了,您将时间地址发短信给我,再见哦。

青年:再见,过几天再约哦。

青年的妈妈:宝宝啊,今天回来蛮早的嘛。

青年:马路上,注意点影响,被我朋友看到你这个样子,我很没面子。

青年的妈妈:小时候一直盯牢我,现在大了,让我离远一点,妈妈很伤心的。

青年:你知道哇,就因为你,朋友都叫我“妈咪宝贝”,不要太没面子哦!

青年的妈妈:你一天没上班,就一天是妈妈的宝贝呀。

青年:好了好了,你又来了,总是说什么都能兜个圈子说到上班的事情,烦也烦死了。你看刚刚跟我在一起的大伟,祖蓝,他们也不上班的,也蛮好嘛。

青年的妈妈:人家没上班,一个在读书,一个父母是开公司的,再说了,你怎么不看到好的榜样,比如说……

青年:看,你也说不出谁了吧。

青年的妈妈:我是一下子说不出,刚刚职介所的连职业指导师打电话来了,明天有个青年就业故事会,我们去哇。

青年:这个有什么好听的,这种会,说来说去,说点成功人士,马云咯,某某咯,某某咯,跟我搭界哇?

青年的妈妈:不去听听哪能晓得拉,你就当陪妈妈去好来,否则妈妈老伤心的。要么我再养一个,大号练费特了,练个小号,财产统统给他。

青年:好了好了,我晓得了,我跟你去,高龄产妇很危险的。

青年的妈妈:就晓得阿拉宝贝对妈妈好。

二、故事《远航》

职业指导师现场讲述看似平凡却集聚代表性的三个青年就业故事，其中前两个故事以职业指导师讲述及播放视频的方式，第三个故事除了播放视频，还将请青年请到现场进行交流分享。

主持人："启航计划"全称为扶持长期失业青年就业启航计划，旨在帮助35岁以下青年走出家门、适应社会、实现就业。截止2015年底，有752名渴望改变的徐汇"启航青年"在区职业指导员和街镇就业援助员们的帮助下成功就业。而从2012年初上海提出"启航"计划至今已有4年多的时间，在这4年时间中，徐汇区不仅帮助了2479名"启航青年"实现就业，也在帮助与推动青年成功就业过程中形成了一系列有着学理支撑和实战经验的方法。

今天我们将在这里与大家一起共同分享在启航过程中的那些看似平凡却集聚代表性的青年就业故事。

启航青年张阳

主持人：让我们来认识今天第一位启航青年，他叫张阳，张阳参加了我区就业训练工厂项目。那么就业工厂到底是一个怎样的机构？又是怎样运作的呢？让我们一起来了解一下。

VCR：播放就业训练工厂。

主持人：就业训练工厂是模拟人力资源公司的运作模式，以"自助、互助、他助"的经营理念，把需要工作的人打造成工作需要的人。就业训练工厂改变了张阳，也成就了张阳。

VCR：蒋老师对张阳的评价（评价内容为负面评价）

主持人：迷茫，旷工，情绪低沉。过去的张阳和他名字里的开朗阳光似乎有些搭不上边。这也和他的经历有关。张阳4岁时就开始学杂技，到退役他只有中专文凭。面对就业，他很迷茫。

VCR：张阳的介绍。（有杂技过程）

主持人：在就业工厂的短短三个月时间，改变，在张阳身上悄然发生。

VCR：蒋老师说张阳改变。（变化部分的介绍）

主持人:张阳变了,开朗热情,眼睛都带着笑,尽管家里还有不少让他烦人的事情,但至少他坦然了,他开始为自己的生活而努力。经过就业工厂 3 个月的培训,张阳找到了一份稳定的工作,在 4S 店成为一名单证管理员。

VCR:张阳介绍自己 4S 店工作内容。

青年妈妈和青年串词:张阳改变很大嘛! 看来就业训练工厂项目蛮有效果。

启航青年潘英杰

主持人:我们继续来认识下面一位主人公,他叫潘英杰,他的故事,启航导师帮助他的故事,也被上海电视台 7 分之一节目进行了专题报道。

VCR:7 分之一专题报道。

主持人:其实在找到这份稳定工作前,很长时间里潘英杰都在就业与失业中来回切换,由于个人的意志力不强,他每次拿到工资后都与曾经的伙伴们出去玩,将工作抛到脑后。

VCR:职业导师讲话。

主持人:2014 年 10 月小潘终于长大,有了第一份稳定的工作,在活动前夕,我们在和小潘沟通中,他脱口而出的一句话让我们非常的震惊。

VCR:潘英杰讲话。

主持人:正能量爆棚! 这句话我觉得对我们而言也很难会有这样的一个感触。稳定的工作让潘英杰长大了!

青年妈妈和青年串词:妈妈,我将来能否和故事里的小潘一样呢? 只要你努力,妈妈相信你,肯定可以的。

启航青年孙利吉

主持人:最后一位启航青年十佳就业故事来自龙华街道的孙利吉。

VCR:播放孙利吉的 VCR。

主持人:孙利吉除了自身的努力,街道也一直在帮助她解决工作上的困难,可谓无微不至。孙利吉也越来越自信了,她相信生活一定会越来越好。

VCR:播放孙的励志一段话:母亲和她说,没有工作经验不要紧。

主持人:下面让我们有请孙利吉。

主持人:小孙,你的精神让我们非常感动,其实你的身体状态和家庭经济条件都不需要你这样的拼，是什么信念支撑你这么努力的工作？

主持人：若这个环节孙回答比较简单，或还有时间，可以再煽情下，问问嘉宾问题。

主持人：感谢孙利吉，大家把掌声送给她。

主持人：这就是我们今年青年启航计划的励志故事。有改变，有成长，有励志，有感动。就业从来不只是政府报告上一个浮动的数字，它是无数个体的汗水与努力，无数家庭的幸福与和谐。走出第一步，然后坚定勇敢地走下去，生活只会越来越好。

主持人：今天我区的职业指导师叶老师也来到了现场，大家有什么问题，可以现场咨询。下面，由请叶老师。

三、现场互动《启示》

以职业指导师与求职青年现场问答的互动形式，向青年介绍公共职介的服务项目和服务特色，给予现场青年启示，帮助他们找到求助渠道。剧本如下：

职业指导师：大家好！聆听了这些青年的真实故事，大家是不是和我有一样的感受，感到振奋呢？他们改变、他们成长，他们勇敢迈出人生新历程。他们的奋斗精神深深地感染着我们。其实，他们就在我们的身边。

我是徐汇区就业促进中心的职业指导师。多年来，我们致力于青年就业服务，衷心期望能够成为青年就业路上的良师益友，帮助青年走进职场、融入职场、稳定职场，获得职业生涯的持续发展。就像今天故事中的潘英杰、张阳、孙利吉一样。

我常常在思考：到底青年希望我们提供怎样的就业服务？什么形式、内容的就业服务更受大家欢迎？今天来了这么多青年朋友，有没有愿意分享的？

青年：老师，你好！我从来没有工作经验，也从来没有找过工作，我该怎么办呢？

职业指导师：欢迎你来找我们呀！我们以尊重差异为理念，建立了乐业职业指导工作室，以一对一的个性化服务方式，常年免费提供职业现状分析、就业政策咨询、热门岗位推荐、求职方法辅导、职业素质测评、职业生涯规划等就业服务。

青年：现在有很多讲座什么的，你们这里有吗？

职业指导师：除了尊重来访者的个性差异，定制属于个性化职业指导方案之外，根据来访者的具体需求，强化辅导。我们主要依托徐汇区青年乐业起点，提供各类满足不同需求，达到不同职业能力提升目标的培训课程，有讲座、有论坛、有沙龙、有拓展。

青年：徐汇区青年乐业起点是什么东东？

职业指导师：徐汇区青年乐业起点是一个专门针对青年开设的就业创业服务中

心，提供各类个性化服务和优质课程。来到乐业起点，你选择参加轻松活泼、寓教于乐的不同课程，比如：6 至 8 人小班化、互动式的“星训练营”拓展课程、陪伴大学生暑假的求职夏令营活动、采用视屏教学的职业指导微课程、与社工合作的青少年就业扬帆行动、经验分享学习轮等等。我相信：总有一款适合你。

青年：太好了，就像是刚才故事里的杂技演员参加的培训吗？

职业指导师：刚才故事里的张阳参加的是就业训练工厂项目。这也是我区根据青年特点，注重体验，创新推出的系列体验项目。除了就业训练工厂实训外，还有培训沙龙、职场体验等体验项目，可以身临其境，在真实的职场环境中，感受职场氛围，从中了解自己，了解职场。

青年：太好了，我也想来参加。可是参加这样的课程，真的有用吗？

职业指导师：我们的课程全部是由专业团队开发，并在十多年实践的基础上逐步成熟，这支团队包括了：4 名首席职业指导师、7 名国家高级职业指导师、4 名国家星级职业指导师、以及 10 名 10 年以上指导经验的资深职业指导师。

青年：乖乖，这么厉害呀！

职业指导师：我们还拥有丰富的岗位资源，依托企业人力资源者之家品牌，与企业建立良好的合作关系，及时了解和掌握就业市场行业、供需等情况，开发更多的就业岗位，促进青年就业。

青年：太好了！我要来报名。

职业指导师：建议你关注我们的微信，随时了解我们的各项活动信息。今天讲座结束后，大家可以到我们的资料台领取活动资料，扫描二维码。

职业指导师：我们始终相信：每一名青年都有自己的闪光点，只要努力，只要付出，每个人都能在社会上找到属于自己的位置。我们愿意与你们携手，实现我们的职业梦想。谢谢大家！

开启职业体验之旅

静安区就业促进中心

静安区就业促进中心是以促进就业为目标的公共就业服务机构。中心根据政府确定的就业工作目标任务,制定就业服务计划,推动落实就业扶持政策,组织实施就业服务项目。为劳动者和用人单位提供就业服务,开展人力资源市场调查分析,经办促进就业的相关事务。主要对外服务项目包括:职业介绍、职业培训、就业援助、开业指导、劳动力资源管理、失业保险等。

大家好,我是来自于静安区就业促进中心的首席职业指导师胡静春。

职业体验活动是我们静安区就业促进中心的一项特色就业项目,从 2012 年下半年开始,我们就开始筹划这个项目了。当时,为什么我们会想到要开展这个项目呢?其实,那是基于我们的服务对象的需求而来的。我们的服务对象以社区青年为主,他们不愿意为工作而工作,也不愿意为找工作而找工作,他们渴望获得成功,获得成就感、存在感,实现自我价值。所以仅仅给他们一个单位、一个工作、一个岗位是远远不够的。

你看,小戚就是这样一个青年:

小戚:大家好,我叫戚四方,今年 28 岁,活了 28 年,也荡了 28 年,爸妈以前给我起这个名字为了让我吃“东南西北中发白”,现在我是吃爸,吃妈,吃社区,吃街道。我最看不起小白领了,别人上班就是我睡觉的时间,别人下班就是我起床的时间,别人睡觉,就是我最活跃的时间,谁不知道我“静安小白龙”,没人管得住。

爸:戚四方,戚四方,天天荡什么荡,去找工作去了。

小戚:爸,你不要管我,我已经这么大的人了,都已经成年了,身份证都拿好了,再说了,我又不花你什么钱。

爸:小东西,你每天吃饭不要钱啊

小戚:大不了我早上喝粥,中午吃包子,晚上吃泡面,你又不是不吃饭,多双筷子就好了,你只要给我上网打游戏就可以了!

爸:小兔崽子,你怎么这么不学好,你没工作怎么找老婆,就算找到老婆,也会和别人跑掉的。

小戚:你当我是你啊,老婆跟人跑掉了。

爸:小畜生,你不要跑。(父亲下台)

小戚:哎哟,还想追到我来,也不看看自己一把年纪了。喂,小王啊,唉,烦死了,我爸又催我找工作了,我死活也不会上班的。走,去网吧打电脑去了,我还没看到哪个上海人会饿死的。

(一眨眼,50 年过去了)

(音乐:当你老了……)

旁白:一晃五十年过去了,当年的戚四方已经是步履蹒跚满头白发的老人,每当他静下心来,都会回忆起自己的青春,回忆起自己父亲的唠叨,而如今却再也听不到了!

老人：大家好，老头子我今年 80 多岁了，好久没看到这么多小朋友了，什么，你们问我还玩不玩游戏，呵呵，早就玩不动咯。昨天老王的孙女告诉我老王也走了，唉，想想这辈子我就放不下这几个兄弟，现在也只剩我一个了，不过老王这辈子也满足了，找了一个好工作，娶了一个贤惠的老婆，孙女都已经结婚了，想想我这辈子也蛮精彩的，爸妈留了套房子，被儿子抢了，找了个老婆，被别人抢了，活了几十年，才发现儿子不是我的，当然也不是隔壁老王的，现在啊每个月守着这点帮困金过日子，呃……不听老人言，如果老天还能给我一次机会，我戚四方一定好好工作。

(雷击声)

旁白：戚四方的祷告感动了老天，于是再给他了一次机会，让他回到了 50 年前！

(老爸拍门)

爸：大方大方，已经五点钟了，别人都下班了，你好起来了，大方你怎么不睡床，睡地板啊。

小戚：爸，侬来接我啦。

爸：你说什么？

小戚：你打我一下试试。

小戚：爸，你没死掉啊。

爸：你脑子坏掉啦，咒我死啊！

小戚：哪能老爸也活过来了，难道老天真的再给我一次机会了，老爸我错了。

爸：不要来这套，是不是又要换电脑了。

小戚：不是的，电脑不是刚刚升级过嘛。

爸，那你是钱用完了？

小戚：我现在不用什么钱的，我游戏都全服第一了！

爸爸：那你要干什么？

小戚：老爸你听我说，现在我们家有多少存款？

爸：干嘛？

小戚：买房啊，现在我们家这里才 3 万一平方，3 年后就翻一翻！

爸：你昏特啦，小钱不要要大钱了啊，哪有这么多钱

小戚：那养老金呢，买股票啊，明年就是牛市，赚翻了！

爸：要死了，还要掏我们棺材本了。

小戚：那我们去注册几个商标啊，苹果，淘宝，支付宝！

爸:你能不能现实点,好好找一份工作。

小戚:我是大学生哎,我是要成为乔布斯,比尔盖茨那种叱咤风云的人物的人。

爸:乔布斯还不是死了。

小戚:我说我也想成就一番大事业啊,但是工作哪里这么好找?

爸:静安职介所,是您人生的启航,成功的导航。

爸:要不我们就去职介所试试吧,感觉比较靠谱。

小戚:你叫我"静安小白龙"去职介所啊。

爸:你去不去,不去就不给你上网了。

小戚:我前世的这个时候出去打游戏了,如果我现在去职介所,是不是可以改写我的人生了?(转向老戚)老爸,我跟你去职介所找工作。

老戚(吃惊):怎么今天答应那么快,吃错药啦?

小戚:我想通了,求人不如求己,还是找工作要紧。

场景二:职介所(PPT打职介所背景)

胡老师上台:我这两天忙得焦头烂额,都为了明天的职业体验活动。我们要从众多单位中千挑万选"高大上"的单位,还要跟他们沟通,做策划,宣传,组织,大伙儿都忙得不可开交。虽然有点累,但只要活动效果好,再累也是值得的。

老戚上场:胡老师。

胡老师:哟,老戚,你不是上班了吗?不会又把老板给炒了吧?

老戚:没有,我今天来是为我儿子来的。(转头)小赤佬,快点呀。

小戚:来了。

老戚:胡老师,这就是我儿子,戚四方,你看看,有什么工作可以给他做得啦?

胡老师:哦,我们见过,上次你来的时候还信誓旦旦地说不找工作,反正也不会饿死。怎么,现在想通了?

小戚:嘿嘿,想通了,想通了,我现在觉得求人不如求己,还是要找一份工作的。

胡老师:那好,你说说你想要什么样的工作?

小戚(边想边说):我想要工作环境么好一点的,薪水么多一点的,最好做个几年么能做领导的。

老戚:你也现实一点呀,有份工作做做么很好来。

小戚:哎呀,你不懂,我同学小李38岁就自己当老板了,钞票赚得盆满钵满。

老戚(一脸迷茫):你同学?你怎么知道他38岁当老板了?

小戚(意识到自己剧透了):额……算命先生讲的。(转头看胡)胡老师,你这里有这样的工作伐啦?

胡老师:我这里啊,还正好有一个基本符合你要求的工作,可是它的工作班时需要根据安排排班的。

小戚(挠头):啊……要排班啊。

胡老师:小戚啊,没有哪份工作是很完美的,有时候我们还是要学会取舍的,毕竟有付出才能有收获呀。

小戚(想了一下):也是哦,那我去试试吧,是什么工作啦?

胡老师:你看(拿出一张招聘简章),这是他们的招聘简章,上面有单位信息和岗位描述。

小戚:上海瀚洋电信科技发展有限公司,电信10000号客服代表。电信,这倒是个蛮好的单位嘛,可以试试。那胡老师,我要怎么应聘?

胡老师:我们明天就会到这家单位去做职业体验活动,你也可以去参加一下。

老戚:这个好,去看看吧。

小戚:职业体验?这是什么活动?

胡老师:是这样的,现在很多青年对社会上很多岗位都不了解,有些更是道听途说,人云亦云,那我们就想找一些你们能做的,想做的岗位,带你们去单位实地参观体验一把,让你们也能开开眼界,更有机会跟单位近距离沟通一下。

小戚:这个听上去还蛮有意思的。那我去参加一下吧。(老戚在一旁点头)

胡老师:行,时间和地点都写在纸上了,我们明天见。

小戚:好,明天见。再见,胡老师。

老戚:诶,我明天请个假跟你一起去。

小戚:哎呀,不用了,你上班去。

老戚:不行,我怕你半路又跑掉了。

小戚:现在不会了,放心。(下台)

场景三:

时间:第二天,地点:国立大厦。

胡老师(边看手表边上台):小戚你来啦,那我们去职业体验现场看一看吧。

胡老师:你看现场有一些新老员工的代表,要不你先去新员工那里看看吧,他们也入职不久,你的一些问题他们也应该刚刚经历过。

小戚:好的。

小戚:你好,我是今天来参加电信体验活动的。

林某:你好我是入职三个月的员工,你对我们 10000 号客服有什么疑问吗?

小戚:客服我是听说过,但是具体是干什么的呢?

林某:要不我接一个电话你听听看吧。

小戚:好的。

(电话)

林某:这就是一通普通的电话,虽然是账务问题,但是也不是很难吧。

小戚:那万一遇到什么不懂的问题怎么办?

林某:你平时游戏玩的吧,接电话是可以暂停的,和玩游戏一样,卡主了,暂停一下,上网查一下攻略,继续就可以了,我们接电话也是,现场有专门的老师全天候守护在我们身边给我们及时的帮助,如果遇到问题把电话暂停再回答用户就可以了。

小戚:那这样我就放心了,还有个问题啊,你也刚入职不久吧,那翻班会不会不习惯啊?

林某:其实就算中班下班到家也差不多是你平时准备睡觉的时间吧,而且翻班都安排充分时间休息的,这个你就放心好了。

小戚:啊哟,那我听下来你已经算一名很出色的员工嘛,那我还有个比较关心的问题,你们这边的薪资待遇怎么样呢?

林某:我只是一个三个月的新员工嘛,每个月也就 3 500 左右吧,要不我带你到那面那位老员工那里看看,他是我们这里的销售精英。

小戚:老师你好呀,我刚才听了前面那位老师接电话,好像你们工作蛮枯燥的嘛,没什么挑战性。

张某:也不是啊,其实我们每天面对的用户很多,碰到的问题也很多样化,你听电话来了。

张某:其实作为我们客服不单单只是接电话解决用户问题,还可以在接线中为公司为自己创造效益,提升自己。如果你有能力公司会为我们提供相应的平台展现自我,像我因为营销能力突出就是销售精英。

小戚某：那老师你营销做的好，是不是收入也会比其他的老师更多啊？

张某：这是自然的，销售也是有收益的，像我每个月差不多可以拿 5～6 千吧。

小戚：那老师不知道你们这里有什么岗位发展吗？

张某：这样啊，你可以去班长那里看看，他是我们新晋升的班长。

小戚：老师你好，我觉得 10000 号的工作我还是蛮有兴趣的，那总不能一辈子都接电话吧。

王某：你好，其实我们公司每年都会有许多岗位可以晋升，像数据员，工单员，培训师，班长等。而我就是工作了 4 年，刚晋升的新班长。

小戚：那工作的压力会不会很大？

王某：其实不管什么工作，都会有压力，但是公司会为了缓解员工的压力，在空闲时间组织一些休闲活动。比如英雄联盟比赛，篮球羽毛球比赛等。

小戚：想不到除了工作还有那么多其他活动。

王某：当然我们还会有很多技能类比赛，比如营销技能擂台赛，话务员技能大赛等，你可以根据自己的特长，选择自己的发展道路，我们电信这么大的公司，总会有你的一席之地。

小戚：好，那我试试！

胡老师：小戚，今天的活动即将结束，你看后有什么感想吗？

小戚：胡老师，我觉得今天真的收获很多，原来看招聘简章还有点担心这个单位是不是适合自己，现在看了这个，觉得它还是能给我提供一个平台，让我展示自己的能力，所以，我想应聘这个单位试试。

胡老师：恩，好呀，你之前没有面试经验，现做个面试前的指导，然后再参加之后的现场面试吧。

小戚：好的，那我先去做指导了，再见，胡老师。

胡老师：再见(转向观众)通过今天的展示，你们感受到职业体验的魅力了吗？其实我们的职业体验远不止这一场，在四月下旬我们还将开展一场职业体验活动，大家可以关注乐业上海和静安就业微信公众号，来关注我们活动的开展情况，以及报名方式。最后，我们感谢上海瀚洋电信科技发展有限公司的员工给我们带来的精彩演出，谢谢大家！

选择职业，就等于选择人生

傅敏悦

普陀区职介所职业指导师，国家二级职业指导师，国家心理咨询师二级，国家二级企业培训师，国家高级劳动关系协调员。有一定职业指导以及培训指导经验，对于新人入职、心理调试、职业定位、培训规划等方面有一定的见解。

各位，下午好！今天很荣幸能够站在这里和大家分享关于职业话题，大家都知道职业对我们人生非常重要。

国际著名职业规划师舒果(音)，曾经规划出一张职业彩虹生涯图，大家可以来看一下。这张图清楚规划出每个人职场空间和生活的广度，横向是生活的广度，从我们出生到生命消退；纵向是我们生活的空间，每个人在生活中扮演六种角色，分别是持家者、工作者、公民、休闲者、学生和子女。各位现在属于20岁，在这张图中可以清楚看到，大家处于三个角色：休闲者、学生、子女。随着年龄增长，大家大四毕业以后，从25岁开始，代表着工作者的身份会不断开展。

当我看到这张图，标识55岁退休，现在我们65岁退休。说明每个人的职业生涯周期在不断延长、扩大。既然职业如此重要，那我们到底如何选择一份适合自己的职业呢？我想在今天讲座开始之前，先问在座各位，现在已经决定好自己未来职业方向的，请举手，一个都没有吗？都没决定好自己职业方向吗？这样吧，我想让一个同学现场分享一下，他现在的专业是怎么决定的，为什么会选择现在的专业？请第四排绿衣服男孩子站起来分享一下，好吗？请问你是什么专业，当初为什么会选择这样的专业？

听众：我是城建土木工程专业，是家长帮助选择。

傅敏悦：我们来探讨一下，在职业选择当中，哪些因素会影响我们职业选择？第一点，来探讨外部因素。如刚才同学分享的，第一点是家庭的期望值。在我国父母对子女择业影响非常大。根据调查，97%以上的父母都认为择业是孩子的事情，要尊重孩子的决定，可是这些父母中，七成希望自己子女在择业时能够尊重父母的意见，参考父母的意见。

2015年上海统计局对806位应届毕业生和他们的家长进行了调查，调查显示应届毕业生和家长在择业方面有一定的共通性，也有一定的差异。

我们先看一下差异性。在首选单位类型上面，应届毕业生和家长产生一定程度的差异，应届毕业生首选外资企业，而家长首选是机关事业和国有企业。也就是说大部分家长希望自己子女从事体制内的工作，家长都认为体制内的工作比较稳定，比较轻松。我们应届毕业生是怎么想的呢？这三年我们受访毕业生就业单位首选比例中，外资企业的比重不断升高，国有企业事业单位比重不断下滑。某种程度也代表着目前舆论的影响，因为舆论上面表达国有企业和事业单位不景气。

再看共通性。家长和毕业生都认为择业时最重要的考虑因素，是薪酬、福利待遇和发展前景。有趣的是，家长虽然认为薪酬福利待遇、发展前景是比较重要的因素，同时他们也认为孩子应该从事体制内的工作。也就是说，他们认为体制内的工作，代表着发展前景好、薪酬福利高，是这样的吗？我这里找了国泰君安证券研究的一张图表，这张图表搜集了2009～2014年各类型企业的工资增长幅度，也就是进入企业后每年会加薪的程度。2009年国有企业薪资上涨幅度非常大，大概能达到13%左右加薪比例，到2014年的却已经低于10%的加薪程度。而私营企业在2009年的时候，仅仅只有6%的加薪比例(这就是为什么家长会认为私营企业不稳定，工资待遇少的原因)，五年过去了，私营企业现在是什么样情况呢？现在已经远远高于国有企业的加薪程度。

如此看来家长的观念和目前就业形势已经不一致，不过我们还是要参考家长的意见。2015年，我们对一些用工单位在挑选录用应届毕业生所看重能力上进行了调查，调查显示单位除了考虑应届毕业生专业水平以外，还考虑综合素养、工作责任心，适应性方面的素养，这些都可以从家长外获得讯息。此外，如果各位家长从事的职业，正好与在座的未来职业理想相符合，那么可以从家长处获得宝贵的职业发展经验。

第二点，性别因素。过去认为女性做好妻子、母亲的角色就是成功的典范，现在对于女性来说，可能选择会更多一些。这是一张在北京西城区婚姻登记处离婚室外的海报，挂了十个月下岗了，为什么下岗呢？看到海报的内容，大家理所应当认为它应该下岗了，海报是这么说的，作为一个好主妇、好母亲是女人最大的本事，为什么非要“削尖”了脑袋跟男性争资源、抢地盘呢？

如果看到这张海报，各位女性听众还没有一个明确的想法，下面给大家一个更直观的，这是去年三八妇女节，百度和Google挂出来的版头。从百度的版头，这个女孩从儿童时期到少女时期到主妇时期，在这个八音盒内转啊转，围绕她身边是珠宝、情书、首饰、婴儿车，而Google给出的，各种各样的女性，在各行各业发挥着自己的光和热。毋庸置疑，Google完胜百度。

为什么要跟大家分享关于性别因素的话题，其实选择怎么样的人生，对于每一个女听众是有一定的自由度，但是我们希望每一位女性，能够在30岁之前有一定的职业规划，不要浑浑噩噩到30岁，家庭问题没解决，职业问题没解决，从而缺乏核心的竞争力。到那个时候大家会发现，职场上会受到一定的歧视。毕竟现在用人单位还需要承担一定的生育成本，需要承担一定的女性生育时带来的额外负担。

第三点，生存需要。前阵子职介所带来一个大客户，浦东机场招聘，招聘200名人员，薪酬福利也不算低，平均从8千到1万4千每年的月薪收入，包吃包住。我们都觉得这工作其实不错，可是在职介所挂出去，乏人问津，很少有人愿意应聘。大多数上海户籍人员觉得太远了，他们也不稀罕包吃包住。事实上大家在考虑职业选择，也需要把生活成本考虑在内，因为包吃包住毕竟能减少生活成本方面。

第四点，文化定式。不知何候，大家对行政办公人员，这样的类型岗位有较高的偏好性。可以看一下公共招聘上的数据，这边罗列一些职业类别和求人倍率，也就是说每一个岗位招人数和多少人招聘，应聘数和招聘数之比。平均每类岗位求人倍率是1.5到1.8之间，唯独两个岗位有特别明显的差异性，是办公室行政人员，求人倍率高达3.33，也就是说每一个招聘岗位有3.33个人应聘，相反，销售人员求人倍率仅仅是0.7，也就是每一个招聘岗位不足一个人去应聘。激烈的求人倍率会带来怎样的影响呢？意味着企业可以有更多的选择余地，提出更高的要求，应聘者给出更低的薪酬，很多办公室行政人员已经要求应聘者达到本科学历，给的薪酬福利，远远达不到应该有的薪酬福利水平。

大家向往走办公室行政人员的道路是因为很多同学认为，这个岗位比较体面，工作内容比较少。真的是这样吗？前阵子我接待一个女孩子，做了四年行政，过来咨询想要跳槽。女孩子在非常好的500强企业做行政，她说刚进入这家单位，做了两年，头两年像打鸡血很努力，第三年、第四年发现没有可以让她努力的空间，工作的内容都是重复的，每天都是机械性的劳作，更可怕的是虽然每天都很忙，但当她晚上回家以后躺在床上，回想今天到底做了哪些事情的时候，却发现一件事都想不起来，因为工作内容实在太琐碎，太难以总结了。最悲惨的是她发现，跟她同期进入的同事，薪酬福利增长程度远远高于她，另外也让她愤愤不平的是，好的经济资源、好的培训资源，企业优先考虑销售部、研发部。

大家以后进入职场后，也会发现后勤部门最大的缺点在于没有直接产出效益。自然而然，企业在考虑薪酬，加薪，在培养考虑一些培训资源时，也不会优先考虑后勤服务部门。所以在我们选择职业时，一定要对职业有更多的了解，职业信息有更多的搜集。

我们究竟应该搜集哪些职业信息呢？首先，最基础的我们要知道任职资格，这个岗位到底需要什么样的人员。我去年接待一个年轻人，他从小的梦想是当警察，除暴安良，匡复正义，可惜始终没有渠道，迟迟没有进入到警察这个行业，失业两年。一看他已经26岁了，我告诉他警察招聘年龄限制在25周岁内，25周岁以前还可能做警察，25岁周岁以上不可能再做警察了。其实在之前两年时间，他有足够多的时间去考虑怎么样做警察，警察任职资格是什么样的，这些信息在网上唾手可得的，但他没有这样做，错过了他的职业梦想。

第二点，工作内容岗位搜集。这个岗位到底是做什么的，这是我们必须要去了解的一些信息。去年碰到一个男孩子，应届毕业生，积极进取，活泼开朗，管理专业毕业。他找到我们，说想做图书管理员，他比较喜欢阅读，认为图书管理员可以给他更多的空间，可以徜徉在知识的海洋。于是我们联系图书馆，让他进行短期的职业体验，职业体验以后，他发现这个岗位跟他想象的不一样，是一个非常寂寞的岗位，每天要对着无穷无尽的书，每天的工作任务要把书归类，给书修补，登记书籍信息。两个礼拜后，他决定改变他的职业方向。所以很多时候，我们一定要认真了解，工作内容到底是做什么，而不是只听它的名字。

我希望大家能够了解一些应届毕业生信息。各位听众可能只有大一、大二，还没有到找工作的紧迫关头，但是现在开始了解你们师兄、师姐的信息，会对你们有非常大的帮助，他们今天碰到的问题，很可能是你们以后会碰到的问题。这个是 2015 年不同学历应届毕业生签约情况，去年一共有 17.7 万应届毕业生，今年在这个数字上有所增加。其中本科生 9 万，去年签约率达到 57.95%，是三种学历当中较低的，但是跟 2014 年情况相比还是有所上升；研究生虽然签约率最高，但同比情况在下降。大家可以想想为什么本科应届毕业生，签约率相对而言比较低呢？本科毕业生处在比较尴尬的水平，专业水平比不上研究生，但是在薪资要求期望上会比大专毕业生要求更高一些，所以在岗位需求高的会招聘研究生，在要求不那么高的会招聘大专生，减少用工成本。

大家需要关注的是签约率高的专业和签约率低的专业。可以发现有一个专业在三行里都出现签约率低，法学专业是研究生签约率比较差的，也是本科生签约率比较差的，同时在大专生签约率还是比较差一些。为什么？法学除了需要一定的专业背景以外，还需要有一定的工作经验，零经验的法学毕业生，确确实实对企业来说还是需要再多一些经验。比如说艺术方面的，艺术设计传媒在大专生是属于签约率比较高，在本科类别也是属于签约率比较高的，可是跑到研究生类别里签约率就比较差，这说明一个问题，像艺术专业是靠直观的艺术能力，而并不是考查你的专业背景，多高的学历也不能替代你本身的素养。另外，也有一些专业，越高的学历签约越高，比如说医学、工学本科生、研究生，签约率比较高的，但是在大专水平上签约率就不够的，说明这个需要一定的专业能力，所以学历水平、专业水平越高，他的签约率越高。

在座的同学有什么收获呢，不是说在座的法学专业赶紧换专业，是要有一个警惕的心理，要给自己上一个法条，要开始努力的，有努力的方向。

再来看一下应届毕业生薪酬状况，这是2015年签约应届毕业生薪酬状况图。蓝色表示用人单位给多少钱，橘色是应届毕业生希望拿到多少钱，灰色是实际签约的金额。对于大专毕业生签约是3500元，单位希望给3200元，实际上自己希望拿到5200元。对于本科应届毕业生，期望当然高一点，5900元，单位觉得5400就可以了，实际成交5100元。研究生也是类似的情况。看了这张图，除了发现自己的期望值和单位期望值有一定差距以外，我们还能发现一点，是不是越高的学历，离自己期望的薪酬越近，在大专学历期望薪酬5200，实际拿到3500，对于研究生来说期望7200元，实际拿到6800元。也就是说专业水平越高，在薪酬福利的话语权就越大。所以各位同学，职业的规划就是这样，当你们达到一定水平的职业发展能力以后，你们就可以掌握更多的薪酬福利的主动权，能获得更高的薪酬水平。

除了知道应届毕业生情况以外，我们还要关注职业和行业的发展前景。因为这跟我们以后的职业规划是密切相关。行业好，自然而然，未来获得的报酬也就越好，行业发展不行，未来可预期获得的报酬，也就自然而然不太高。

这是各行业工资变化图。可见，从2004年到2013年十年间，各个行业工资变化是怎么样的。有的工资没什么太大变化，有的工资下调了。工资没变化的，像教育行业、公共设施行业；工资下调的，像金融行业、文化体育行业等等。信息行业上调幅度非常厉害的，确实“互联网＋”是非常热的名词，带动信息行业非常热，工资的福利，行业增长也非常可观。传统的金融行业，工资涨幅也有所下调，很多人仍认为银行职员是非常好的岗位，有较高的薪酬水平，其实现在跟往年不一样了，毕竟现在银行坏账非常厉害。之前接待过一个女士，是上世纪90年代从大学毕业，毕业后她做了英语教师，她不喜欢英语教师岗位，觉得非常累，所以她毅然决然从英语教师岗位跳槽，跳槽到一家外资咨询行业，做知识产权。当时跳槽时，她并没有意识到这个行业在将来会有怎样的变化，她只是觉得教师岗位不适合自己，十年来这个岗位有了翻天覆地的变化，当然她也有自己一番努力，通过司法考试，成为专职知识产权律师，年薪达到百万，这十年，因为行业的变化，因为她自己的努力。

同时，并不是说现在看这个行业以后发展前景好，将来就一定发展前景好，事实难料，同样一位先生，在高中毕业选了环境专业，他同时认为环境工程是非常好的趋势，虽然他兴趣所在是计算机，他当时认为计算机并不流行，以后发展前景看不出来，环境工程似乎更好一些。没想到他大学毕业以后发现，专业对口的工作真的很少，不是研究机构，就是第三方检测渠道，就业渠道太狭窄，后来他还是转行成为一名计算机网络管理人员。

归根到底，我们关注再多的行业信息、职业信息，还是要考虑自己，到底擅长什么、对什么感兴趣。下面讲一下影响职业选择的内部因素。

首先，要肯定自己的优势。大家业余时间的爱好、特长，最擅长的一门功课，比如你同学告诉你，我喜欢找你玩，我觉得你特别好、特别乐观，跟你在一起特别开心，这些都是你的优势。自己有成就感的地方，比如考试之前花一个星期把这本书背出来，考试挺好，说明你记忆力挺好的。还有对自己哪些方面特别满意，这都是你的优势。可能有的同学，找了半天，觉得自己没有优点，你觉得你不是没优点，而是缺乏自信。所以除了在优势方面，还要克服影响你职业选择的内在障碍，第一个就是缺乏自信的问题。

总有一些人，不断在自我怀疑，遇到什么事情，也不敢争取，每次都想到最好别人发现你的闪光点，做什么事情还没开始就觉得自己是失败的，每次预期都是最差的结果。我想说这类人最大的问题，缺乏自信心。缺乏自信心会这样的影响：很难勇于表达自己的优势，很难让别人看到自己的闪光点。很多同学会说，那自己要先努力起来，我努力让自己变得优秀，只要我优秀，就会自信。事实上不是这样子，不是你变优秀了才会自信，而是你自信了，才会优秀起来。优秀某种意义是代表外界对你正向的反馈，为什么外界会对你有正向的反馈，是你表达你自己擅长的地方，才能得到正向的反馈。所以我希望在座的，每天给自己正向反馈：我是足够好的，我是值得争取的，只有每一天展现最好的自己，才会越来越优秀。

我经常碰到求职者找工作，跟我说，我计算机能力不行，我想找一个不需要计算机操作的工作岗位；我方向感很差，我不识路，最好离家近的工作岗位；我沟通能力很差，能不能找一个不需要沟通的岗位。我说可以，正好我们物业在招一个保安，不需要计算机能力，你愿意试试吧；你们楼下超市招理货员，离你家只有 5 分钟的路，你想去试试吗；正好一个单位招清洁工阿姨，不要你说话，安安静静地打扫卫生就可以了，这些工作毋庸置疑，没有人愿意试一试，如果你一直等不到你要的岗位，等不到不需要计算机操作技能的功能，等不到那个不需要的沟通的岗位呢，继续找，就会陷入死循环。希望大家树立一个成长的心态，大家现在还很年轻，年轻意味着无限潜能，意味着你有充分的时间去提高你的技能，沟通也好，计算机操作能力也好，都是一种技能，只要是技能就有办法提高，就有办法加强。

什么是成长心态？成长心态就是认为事物是可以改变的，任何事情合适不合适更多取决于自己的努力。与成长心态，相对应的是固定心态，认为事物是一成不变的，任何事情合适就是合适，不合适就是不合适。放到职业选择中，成长心态的人会认为我计算机操作能力不行，所以要提升计算机操作能力，我要找一个更合适的工作岗位。固定心态的人，我计算机操作能力不行，需要找一个不需要计算机操作能力的岗位。固有心态无疑是影响你未来职业发展，影响你未来的职业规划。

走出过去失败的阴影。很多同学会对过去的失败耿耿于怀，总想着自己曾经做的错误决定，对自己以后工作产生很大的影响。上个月职业指导专家倪红（音）女士在上海图书馆开了一场讲座，这场讲座之后，有个观众朋友现场跟大家分享了她的职业经历，这位女士说了十几分钟，进行了很大的感情宣泄，看出来她已经有心理的阴影。

我把她的问题给大家表述一下，20 年前她曾经是一名教师，有一个机会可以让她在广播电台做兼职播音员工作，她做的非常不错，这是兼职岗位，跟稳定的老师岗位比起来，遥不可及，虽然她很喜欢这个岗位，最终选择放弃，回到学校。这个行业越来越好，当时一直做她替补的那位女士，已经成了节目总监，而她默默无闻地在学校当老师，她心里感觉不公平，觉得自己做错了这样的决定。此后的人生当中，她可能都沉浸在做错决定中，最终影响了她的职业生涯，在她的描述当中，最后还是离开了学校。如果我们确确实实在过去做错了一个决定，现在很后悔，但要学会告诉自己，不会怎么样，当时做的决定，是当时情况下根据当时现场分析，根据当然的信息，所能做的最好的决定，时间回到过去，你还会做出这样的决定；告诉自己，坦然面对未来的情况，告诉自己未来不要发生同样的错误，搜集更多的信息，保证决策的正确性。

适应社会，不要理想化。前阵子我收到一青年投诉用工单位，这位同学的工作是我们职介所介绍的，做了三天就辞职了。给我投诉的理由是这样的，人事非常不专业，人事在解答关于劳动条款，表现出极不耐心、极不负责任的态度，而在他脑海中，每个人都应该对自己工作负责，每个人都应该清楚自己工作内容。他非常不高兴，他辞职了。他告诉我，你应该跟那个用人单位好好说说，录取这样的人是对自己的不负责，是会损失很多人才的。我告诉他，你用这么大的成本，那么大的代价去告诉用人单位，他这个同事录用的不够合格，人事不够合格，这并没有意义，这个岗位是你好不容易找到的，这个岗位是你非常喜欢的。所以大家要理解，在我们社会中，会有形形色色的人跟我们共事，每个人有每个人的工作方法和工作态度，只要把自己工作做清楚、理清楚就好。很多毕业生到我们这儿找工作，都会告诉我们，他所理想的岗位应该有比较良好企业氛围，不错的企业文化，同事亲切，领导和蔼，带教的老师耐心等等。我说你的要求挺高，比事少、钱少、离家近的要求还要高，我真的很难服务，我说给你介绍开业指导中心，你可以尝试自己创业。再好的、再大的公司，也很难做到管理完全分工明确，也很难确保每个同事对待你都是和蔼可亲，如春风般和睦。

最后，希望大家少一些抱怨，这张图片是过去网络上比较流行的图片，很多同学看到这张图片会觉得恍然大悟，虽然大家都说在同一起跑线上，事实上虽然是同一起跑线，可是每个人情况都是不一样的，似乎为以后跑得慢找到一个很好的借口。我们看看马云怎么说。

（视频）

看了马云这段话，我希望大家有点感触，幸福掌握在自己手上，掌握在自己对未来的规划上。从一开始选择一个自己感兴趣的职业，从一开始想想这个职业到底要怎么样的发展。说了这么多职业的影响因素，我们为了给自己职业有一个良好的发展，要学会制定职业选择计划，时代在不断变化，知识更新换代非常频繁。所以我们要随时随地调整自己的职业发展计划。其次，大家知道职业过程在不断探索中，只有深入职业当中，你才可能了解职业到底有什么样的秘密，有什么样的提高空间，你和它的差距，这就是制定职业选择计划的原因。

第一步，制定职业选择计划。初步确定你的职业选择，尽可能多的列出职业意向。很多时候应届毕业生通过专业列出自己的专业选择，比如说我是建筑行业，我可能以后从事建筑规划方面工作。即使是一个专业也可以同时多种职业方向，比如物流管理同学，可以从事采购、仓库管理、供应链管理、快递员。第一步就是把你能想象出来的职业选择列出来。

第二步，根据你列出来的职业选项，搜集相关的职业信息，包括任职资格、工作要求、行业、职业发展，值得注意的是，大家必须要扩充你搜集信息的途径。可以采取采访式的，和自己相关的前辈们探讨，也可以和自己的长辈们探讨，也可以求助互联网，甚至可以求助类似我们的职介所。

第三步，评估职业选择方案，这是非常重要的。大家需要知道你和这个职业意向的差距以及这个职业选项最有价值的地方。比如你的职业意向是外资企业咨询管理员，你首先要了解一下，你要从事什么样的咨询行业，化妆品行业，培训形象方面的等等，你要了解行业情况，要了解这些行业需要你具备那些素质、哪些知识水平积累，要学会每个职业选项最吸引你的地方所需要的技能，最后把这些评价制作成一张评价分析表记录下来，当你把这些记录下来，你会发现你将来每一步都是有据可依。

第四步，制定行动计划，当我们了解了职业方向，了解到职业差距，我们需要试图去弥补这样的差距。光想，不会让你有能力进入这个企业，只有行动才可以让你迈进这个职业大门。那么如何制定行动方案，最重要是确定一个目标。很多同学喜欢打游戏，为什么喜欢打游戏，游戏在哪些方面吸引你，一个好的游戏，一定有长期目标、中期目标、短期目标。长期目标是国战胜利，中期目标是获得某个装备，短期目标是升级，完成新手任务。在一个一个短期目标、中期目标、长期目标积累以后，你会慢慢沉浸在游戏当中，其实人生也是这样子，它只是个不能读档的游戏，它非常自由，没有人给你规划好新手任务，也没有人规划好你的远期目标。你可以自己为自己规划，你可以自己为自己设定目标，让你完成人生大方向这样一个游戏。

同时，大家一定要注意，我们所制定的目标，一定要具备可行性，不要假大空，否则只会给你负面反馈，造成你沮丧、失落。制定详细的、可行性的执行目标，比如你的中期目标是提升英语能力，那么你短期目标，每天需要背多少单词，一步一个脚印走下去。

最后，一定要及时调整职业发现方向。之前提及职业是不断探索过程，形势变化非常快，只有不断调整职业方向，才能离自己职业规划生涯越来越近。很多同学可能有个思维状态，是先择业，还是先就业的探讨。有人说先择业再就业，最好这个工作是能够让你长期做下去的工作，很多人有一步到位找现成的想法。但根据调查，60%应届毕业生在毕业后三年都有跳槽经历，有时候是企业的原因，有时候是你自己的原因。

我们看一下小张的故事。他 2012 年入职了，毕业起薪 3 500 元，我们假定他每年的薪酬增长度为 14%，事实上现在企业大多还达不到 14%的工资增长率。4 月份刚刚出现的社评工资企业指导线，高位数 14%，中位数 9%，低位数只有 6%，有不少企业工资增长率连 10%都不到。我们假定小张所在的企业是不错的，薪酬增长幅度是每年 14%，这样我们看一下小张 2015 年工资是多少钱？2015 年小张如愿拿到 5 185 元。可是 2015 年本科应届毕业生实际签约工资是多少？大家还记得吗？5 100 元。假定 2015 年本科应届毕业生小李毕业了，他的起薪达到平均数 5100 元。大家可以想像这时候小张心里的阴影面积是多大，如果各位是小张，你们会跳槽吗？都不愿意跳槽吗？真的非常执着。小张这个时候还不愿意跳槽，对这个企业有感情，结果上网一查，同样岗位有三年工作经验企业提供的薪酬是 7 000 元，我相信大家都不愿意留在这个岗位。假设当小张发现，他的岗位薪酬在市场上的价值是 7 000 元，他不愿意跳槽，于是，小张对领导说："我对工作很有感情，给我提高薪酬，我就不跳了。"领导说：

“小张再给你涨薪，就得给你提一级。”领导不愿意，小张只能跳槽。

发生这种情况的原因是我们每个人的薪酬只有在入职那一刻，才会被人事部门以市场价值加以评估的。以后你的薪酬增长是按照企业晋升通道的，你晋升一个级别，公司给你相应地涨工资，你不晋升级别，按照市场情况给你涨工资。如果市场薪酬相应回报要比企业薪资增长幅度来得高的时候，大家算一下性价比，这个时候就不得不跳槽了。所以大家不要抱着从一而终的心态，抱着这种我要一家一步到位的企业，我打算一辈子在这个企业做下去，实际上是不可能的，就算为工资收入考虑也好，就算为其他发展前景考虑也好，你都需要有换工作的想法。

我给大家分享一个我跟踪过的案例，小李的职业生涯，看看他是怎么实现“屌丝逆袭”的。小李起步并不是特别好，2001 年 6 月份高中毕业，高中毕业没考入大学，2001 年 9 月读了大专，学了物流管理专业，他觉得专业不错，前景发展很好。2004 年 6 月份毕业了，市场不是太理想，没有找到专业对口岗位。他还是坚持，于是找到 2005 年 7 月，他妥协了，找到空运业务员见习工作。企业不给他缴纳任何社保金，他在企业相当于做的是实习工作，他也愿意，他想自己先累积物流方面经验，以便后面能找到更好的工作。

没想到这六个月见习期间，他发现自己并不怎么喜欢空运业务工作，他觉得这工作非常乏味，非常单调，每天机械性地不停输入报关单，校对这些报关单的正确率。相反，跟他业务接触的财务部门工作对他有一定的吸引力，他觉得财务工作不错，很有发展前景，也觉得挺适合他的，因此 2006 年 1 月份中止见习以后，决定往财务方向转行。问题来了，那个时候已经 23 岁，既没有财务方面工作经验，也没有财务方面专业背景，他怎么克服这个问题呢？第一步，给自己报名一个会计上岗证的培训，这是最基础的，花了一些钱读了一个上岗证的培训班。考了上岗证，在 2006 年 9 月份报考复旦大学网络学院专升本三年制会计专业，很多人可能会跟他有类似的学习轨迹，也是读了专升本。很多人在读专升本，学习压力很大了，就不要工作，专心学业。但小李不是这么想的，他清楚地认识到，财务工作除了需要专业背景以外，还需要工作经验，他积极在外面找工作，为自己累积工作经验。工作不是乱找的，他给自己找了这样的工作——伯灵顿国际货运公司港澳台企业财务部办公人员。说是财务部办公人员，其实就是财务部打杂的，做各种各样的杂事，而企业之所以录用他，也是因为他有国际货运代理公司物流行业经验，这两家公司共同点都是港澳台资企业，都是物流行业，只是职位不一样。

在这个岗位仅仅工作了八个月，他发现自己已经掌握了财务方面一些基础知识，这个时候他下定决心跳槽，于是在 2008 年 4 月份到全球国际货运代理做正式的财务，终于他不再是一个财务部打杂人员了。很快，到 2009 年 6 月份，他的专升本会计专业学历拿到手，他认为这又是他新的跳槽时机，是可以向更上一层楼职业转换的机会，2009 年 10 月份终于告别物流行业，跳槽到一个商业经营的管理公司做财务。同样类型的岗位，都是财务工作，但是行业已经不一样了，在 2009 年 10 月他进入这家企业，并不是停止了学习脚步，他开始了注册会计师的学习。两年以后，他取得注册会计师证书，这个时候他认为又是重新转换工作岗位的一个好时机，他又给自己选择了一个新的工作，广告公司财务工作。别看职位程度没有上升，但是薪酬可是实实在在翻一倍，这个薪酬已经达到两万多元税前工资，距他 2006 年中止见习，没有任何财务工作，仅仅过去的五年半，在这家公司工作三年以后，他决定不仅在职位类别上，还要在职业等级更上一层楼。于是 2004 年 5 月份在工作三年以后，他告别这家广告公司，进入到另外一家广告公司，这次他的职业类别已经提升到财务经理，而这次薪酬福利已经达到将近四万。

这是非常成功的职业规划经历，每一步都切切实实落在实处，从行业转换到职位转换，到职业等级的提升，每一步有依可据，并且这期间也获得相当多的职业资格证书，他的时间安排非常合理，这是我觉得非常推崇的职业规划。

大家可以在未来职业生涯规划当中，从他的职业规划中学到一些经验。第一步，积极地调整，我们以后的职业，需要哪些职业资格，怎么样安排空余时间去进行资格提升，技能提升。第二步，我们了解行业转换的情况，要勇于跳槽，不要裸辞。大家可以发现，他每一段跳槽经历，都不是裸辞，都是下一个工作找到以后，上一个工作才辞职的，轻易裸辞是一种浪费时间的行为。第三步，积极搜集一些信息，搜集你想了解的一切行业信息，给自己下一步找到一个明确的落脚点，这样才是一个良好的职业规划，也能够帮助你在短时间内，可能是毕业十年以内达到一个职业高度。

最后，要学会落实职业选择计划。其实落实职业选择计划，无非从两点做起：一方面要学会时间管理，一方面要学会克服压力。时间管理方面，大家要有计划性地过每一天，每天都能安排一些事情，排除一些干扰性的因素。专注于当下，自己已经想好的方向要落实，不要听太多他人的意见，不要轻易改变你的决定。要定下非常严格的截止日期，到底什么时候完成任务，一定要有截止日期，同时要合理安排放松时间。

第二点，克服压力。多给自己留一些时间，不要太紧绷。其实有两个极端，有些人没有压力，过日子得过且过，过一天是一天。有些人压力太大，总觉得这步不走好，下一步就完了。压力太大的人，多注意给自己留一些时间，另外做一些运动，运动非常重要，你们看哪一个高级的CEO，不喜欢运动，运动多多少少可以排解压力，可以锻炼身体。另外，多与朋友与家人交流，保持幽默感觉和自嘲，把注意力集中在切切实实的目标上。相信能实现这两点，会对大家在职业选择上非常有帮助。

说了这么多职业选择、职业计划，还是希望大家能够切切实实行动起来，能够给自己一个很好的职业选择、职业计划，规划好自己的人生，不要在将来，回忆起现在的岁月是虚度光阴、虚度青春的，不要把未来的失误，都怪在今天的青春上，怪在今天浪费的时间上，行动起来。

感谢大家今天能够到现场，跟我们一起享受这样一个职业选择的话题，也希望这样的分享，能给大家一些切切实实的帮助，谢谢大家！

主持人：谢谢傅敏悦女士的精彩演讲！接下来进行互动环节，如果在场大学生有任何问题，都可以和傅敏悦女士交流。比如就业方面、职业方面都可以跟傅敏悦女士进行交流。

听众：我刚才在下面听了之后有两个问题，第一个问题关于职业规划，比如我们是大一、大二学生，可能在选择专业时，不是按自己意愿选的，可能被调剂的，当我的专业不是我自己喜欢的，这个时候怎么进行职业规划？

傅敏悦：专业不是自己喜欢的，是很多人存在的问题，所以第一个要分析你不喜欢这个专业什么方面。我们说职业规划无非三点，认清自己，认清职业，人职匹配。

首先，如果是不喜欢的专业，你需要了解这个专业，先要分析清楚，这个专业对你不适合的地方，才能加以规划，这是比较细的方向。我们举个例子，假设你被调配到物理化学这些应用专业，专业难度非常大，你不是很喜欢这个专业，觉得未来不知道从事什么样的行业，这时候就需要规划好，第一，把本职专业学好，因为学不好，毕业证书就拿不到。我有一个同学，也是被调剂到这样一个专业，难度非常高，上半学期高数挂了，下半学期好不容易把挂掉的高数过了，发现物理又挂了，下半学期再物理考好，化学又挂了。还是第一步，先把自己专业学习水平学好了，确确实实保证自己能够毕业。第二步，现在其实很多应届毕业生找工作，并没有达到专业对口的程度。并不是说将来大学毕业以后，你一定要找跟自己专业完全匹配的岗位。

我刚才举的例子，有的同学选择环境工程，但是大学毕业以后，发现环境工程不适合自己，毕业以后转成计算机网络管理人员。如果你确定这个专业确实不适合自己，也不想以后从事这方面工作，一定要趁早准备，给自己第二手准备，你喜欢什么，要从这个方面去提升自己的相应技能。比如环境工程的同学，他想办法提升计算机方面的技能，以便到时候能够合理地转行。比如说你不喜欢这个专业，你可以旁听你喜欢的专业课程，了解这些专业方向，上网搜索一下，这个行业需要哪些岗位资格，和自己的要求是不是匹配，早做准备。

你不喜欢这个专业，没有关系，因为你未来有很多选择空间，年纪越小，选择越多。只有等到你40多岁的时候才没有选择空间了，你的职业已经达到中期阶段了，那个时候你很难有更多的选择空间。希望这个回答能给你们一些帮助。

听众：在整个职业过程中要学会不断调整自己的就业方案，关于这点我在想，当面临毕业时，一般需要选择，比如大企业、小企业，如果我选择进入小企业，会面临不断跳槽的问题，如果我经常跳槽会给到企业不好的印象，针对这个问题，老师怎么解答？

傅敏悦：我觉得跳槽不可怕，就怕你没有目的瞎跳槽。刚刚给大家分享的小李职业规划，某种意义也代表我自己的个人看法。小李属于跳槽非常频繁的人，第一个工作做八个月，第二个工作坚持一年，第三个工作坚持两年，但他每一步都有明确的职业规划。其实用人单位关注你之前跳槽是一种情况，特别关注你的核心竞争力，你从上一份工作中获得了什么，你自己的能力在哪里。如果你有足够的能力，足够的性价比，用人单位也不会管你跳不跳槽，因为它确实需要人才为它服务，如果你性价比很高，用人单位不会关心你之前跳槽多少次。关键是，要么不跳槽，不跳槽以后，职业规划不断出现瓶颈，因为职位没有提升，工资没有提升，你自己做得不开心，就怕你瞎跳槽，做一个是一个，前台也做过，电话客服也做过，行政人员也做过，没有持之以恒地深度走下去，也会对你的职业规划有很大的影响。也希望这个答案，能给大家建议。

主持人：大家还有问题吗？

傅敏悦：可能很多人现在不是很需要职业规划方面的建议，可能到你们大三、大四会需要职业方面的建议，我们这样的一些公共就业服务机构是每个区县都有的，大家毕业以后，如果需要相应的帮助，可以到我们这边来，我们会给大家提供帮助。其实希望大家从大一、大二开始，就要明确职业的意向，不要等到大四毕业了，才找到我们，我们更需要你们依靠自己的力量，找到适合的岗位。

主持人：谢谢，我们互动环节就到此结束，如果现场有什么问题，可以和四位咨询专家进行交流。

三十岁女性就业心理与规划

叶 莎

徐汇职介高级职业指导师，国家星级职业指导师，曾获“振兴杯”全国青年职业指导技能大赛冠军，擅长青年求职人群的各类指导和职业指导项目开发管理。

叶莎：各位来宾下午好，下面我想和大家分享一部影片，这部片子比较老，不是特别火，想和大家分享一下这部影片，这部影片主要讲述了一段在北京打拼的小夫妻，他们在生存的压力下，面临了一个家庭和事业之间的两难尴尬选择，故事主人公，就是我们图片上看到的女主角薇薇，她今年34岁了。她和丈夫结婚已经五年了，目前没有孩子。突然有一天她的婆婆从老家来到了北京，逼她生孩子，因为她已经34岁了。她的婆婆就说，如果你不怀孕，我绝对不离开北京，已经决定长期驻扎在北京，包括今后带孩子。这样一来给她带来了很大的压力。其实从自身来讲，她也想生孩子。但是因为有房子，车子的压力，所以她不得不奋斗。没有时间生育，就在这时候她得到了一个升职的机会。

她拿了一个大项目，她老板非常高兴，对她说这个项目如果顺利动工，那公司将升你为主管。这个对她来说将带来很多收入，所以她非常心动。她在她婆婆和升职当中，选择了她的事业。她的婆婆则发现了一个问题，在她儿子的口中，她得知了原来这薇薇是29岁进这家企业的，她当时就承诺5年之内不生孩子，因为有这样的承诺，企业才肯聘用她。但婆婆得知这样的消息非常气愤，跑到了女主角所在的公司，和她的老板沟通。这时候她的老板才知道，原来自己的女员工是有生孩子的愿望的。本来女主角是很难和老板提出来说要考虑要生孩子了。借这样的机会她就和老板谈条件了，她也考虑了自身的情况，如果她在一个月之内能够怀孕的话那么整个怀孕的过程，正好是这个项目的前期准备。等到这个项目动工了，那么她的孩子正好生好了，这样合理安排既不影响工作，也不影响生育，老板和她沟通之后，同意了她的请求。但是前提条件是一个月之内马上怀孕。

一个月之内发生了很多事情，比如说为了怀孕，她的婆婆天天给她煲汤，炖补品，想了很多办法，甚至吃了一些药物辅助生育。包括她的闺密也是这家企业的员工，她给了他们免费提供了两天一夜的度假，也希望他们怀孕成功。但是大家肯定猜到结果了，一个月之后没有成功，因为一个月的失败导致了他们夫妻之间矛盾越来越多，几乎天天吵。她的婆婆天天看到她的儿子和媳妇天天吵也忍受不了了。她放弃了，她知道自己没有办法让他们怀孕了。她就伤心离开了北京，回到了老家。

我们都知道，其实我们女性在职业生涯发展的时候，每一位女性都有一颗事业心。那么当发展一定阶段的时候，这时候可能会发现我们的事业将成未成，可能还需要奋力一搏。但是这时候可能到了黄金生育期，这时候我们会面临更多的压力。下面我们就来分享一下，我们30岁女性在职业生涯过程当中这样一个转折点上，我们碰到的一些问题。

第一个是就业难,女性就业难这个问题,是所有有职场工作经验的女性都会碰到。下面我们看两个例子,两个不同的女性,而且她的情况是不同的。第一个叫铃铃,她是一名全职妈妈,她中专毕业后,从事过房产销售、营业员等等,一共工作了7年。后来因为结婚生子,家庭没有人照顾。就辞职照顾她的家庭,现在她的孩子马上要读小学了,她考虑到经济因素方面,她觉得将来也需要有一份工作可以给自己提供保障。于是她就去找工作,但是一直没有找到。这位女性很明确,她是全职妈妈。她为了家庭过起了相夫教子的生活,经历了一段职业的停滞之后。她想重回职场,我们知道重回职场会碰到很多难题。

第二个是我们的芳芳,她的工作经历比较顺畅。她毕业之后一直在企业里面从事会计工业,因为这家企业经营不善破产了,所以她不得不放弃这个工作,再找新工作。但是她找新工作的时候,发现了很多难题。基本上面试的时候会给她机会,但是最后总是没有得到通知。这是她很苦恼。芳芳是我们一个大龄未婚未育的女性。那么她碰到的问题是很多未婚未育会碰到的,那么企业在录用员工的时候,特别是是录用女员工的时候,会算一笔账,会考虑企业的用工成本,甚至会考虑因为你怀孕了,整个生理会发现变化,对整个企业会造成影响,会考虑女员工怀孕会对企业造成什么影响,会考虑方方面面的因素,所以在就业方面可能就不会录用未婚未育的女性。

各种原因造成了女性就业难。首先是就业歧视,我们知道社会一直呼吁我们要平等,我们要实施就业平等。实际上性别歧视,年龄歧视一直存在。这些隐性门槛一直让女性求职者倍感无奈。在刚才的案例里面,芳芳一直面临的就是就业歧视,后来我有和她沟通,她说她每次面试的时候,其实面试官每次并不是注重她的专业问题。只是问的最多的是是否有男朋友,打算什么时候结婚,如果结婚了以后是否很快生育?他都会有这样的问题。甚至她告诉我,企业有的人就直接和她说,其实你的能力我们企业非常看重,但是就是因为你的年龄非常尴尬,所以我们没有录用你。我们只招已婚已育的女性,但是大家都知道其实企业不能进入到招聘广告里。但是他会通过其他途径,通过面试当中了解你的情况,知道你是否已婚已育。但是还有一些企业他不会明说,但是会有一些限制性的词语,让我们女性知难而退,这个就是我们就业歧视。

其次是观念陈旧,如果说就业歧视是来自社会大环境,那我们的就业观念就来自于我们自身,经常工作当中会碰到很多女性和我说找工作三大原则,工作轻松、离家近、不加班，这是很多女性经常说的。我们说这种观念，如果你择业的时候只选择待遇好的岗位，其实你是为自己的求职增加难度。我们可以画一个圈，我们可以用一个方法。整个就业市场是一个大圆圈，我们每画一个小圆圈表示我们增加了一个难度，如果说我要求收入高画一个圈，我要求离家近再画一个圈，要求不加班再画一个圈等我们会画很多圈，会发现圈和圈的交集部分越来越少。这个交集部分是我们求职者所期望能够满足条件的求职范围，但实际上这个范围越来越小。就是我们这样自己为自己画一个又一个圈，导致我们的就业难上加难。

我曾经接待过一位求职者，她原来是一名房产销售。大家知道整个上海市的经济，在 2000 年开始，我们的房地产逐步发展。她是中专毕业，当时她进入这个行业之后，作为上海第一代售楼小姐，她的收入非常高。她在售楼处就能卖出很多房子，可以拿到很多提成。后来她在工作当中认识了她的老公，一位小老板。后来就结婚生子，照顾家庭。现在因为她丈夫生意碰到了一些问题，她需要出来工作，而且她的孩子也已经长大了。那么她再回到就业市场的时候，她会发现她对职业的要求完全框死了。首先她现在不想从事房产销售，因为现在售楼市场没有那么好做了，压力非常大。如果她做其他工作，要求舒适离家近，她发现她无从选择，根本没有适合的岗位。我们说如果她可以拓宽她的就业观念，可以把我们的限制去掉一些，尽量选择 1～2 个认为是非常必要的限制，那么就业面就豁然开朗了。

第三个是积累不足，可能很多女性同胞觉有疑问，因为我们今天的主题针对的是 30 岁的女性。说实话，不要说是一个大专生，哪怕是硕士研究生，我 25、26 毕业，到 30 岁也有 5 年的积累。我们这边的积累是指职场核心经营力，就是你最有价值的地方，对企业对别人最有价值的地方你是否有积累到。大家都知道现在的女性都想做文员，因为非常稳定，办公环境幽雅，听上去也非常体面。但是我如果招聘一个文员岗位，一个岗位几十个女性来竞争。大家可以考虑一下，我这个公司去招一个文员的岗位，可以说几个月都招不到。有什么差别？就是说我们的文员，她的积累其实是不够的，她没有达到形成核心竞争力。而行政经理是达到了一定层次。

我曾经有一个朋友是一家企业的 HR 经理，她已经有十年的工作经历，她和我差不多，比我小一两岁。她前不久生了二胎，这个二胎的话题也是我们目前比较热议的话题。我就很奇怪，为什么你生二胎，这个企业还愿意把位置保留给她。她和我说，其实她在十年的工作经历当中，有很多出彩的地方。她曾经碰到过一次劳动纠纷，企业里的工人，把这个办公室，包括办公楼包围了。把他们锁在办公室谈判，对于加薪的要求进行谈判。那么作为 HR 经理，最后说服了员工，妥善解决了这件事情。以最低成本给到员工，但同时也在企业能承受范围之内。那么把这件事情妥善解决了，企业老总对她印象非常好。所以他愿意让你生二胎，因此这位 HR 经理，就企业来说就是有价值的。所以企业宁愿空岗也愿意把你留下来，留住人才。

第四个是职业断层，大家都知道我们职业生涯是连续的。一旦由于一些原因，全职妈妈，可能有一些长期事业的女性，也会有这样的问题。当你有职业生涯停滞之后，你再回到就业市场的时候，你会发现你对就业市场会有脱节。这样的情况下更容易造成你的心理问题，会对你的求职、就业带来惊慌、不适应。

举个例子，我大学毕业已经 13 年了，有 13 年的工作经验。我记得我大学毕业的时候，包括我现在的这份工作，是通过《人才市场报》找到的。随着我们新媒体发展，《人才市场报》已经没有了，对当时来说，我们传统报纸是一个很好的求职渠道。现在来说，95％的工作都是通过网络求职找到的。如果说我是有职场停滞的，如果我再跨入职场的时候，我会发现完全不一样了。

今天再给大家举一个例子。我有一个高中同学，以前她在私立学校当老师。大家知道民办学校非常火，但是对于老师来说，工作压力非常大。她没有办公室，包括午休、吃午饭都是在教室里面。甚至手机，她的 QQ 群，始终和学生家长保持联系，随时随地处理学生和家长之间的关系，和一些意外的事情。因为工作压力太大了，他们的奖金是以学生成绩来定的。所以她后来就辞职了，当她孩子入学之后。她再次就业的时候，她非常迷茫。首先她不想去私立学校，她就想考公务员。可是她发现都根本看不了书了，看着看着就睡着了，她觉得这条路是不可能再去走了。她再想第二条路她就想不到了，她觉得非常茫然，不知道做什么样的工作。这个就是我们的职业断层。

那面对这样的情况，我们也有方法。首先我们觉得就是要提升自己的能力，可能你原来积累了一定的技能，但是你经过了这样的停滞之后，你的能力有一些退化，甚至你不具备目前市场一些新机能。这个时候你可以通过自己的学习，或者向身边的有经验的人请教，使自己尽快弥补这方面不足。提升自己再进入就业市场的能力。第二个就是我们要有一个重新定位，包括刚刚我讲过售楼小姐的故事。因为她曾经拿过高薪，如果她再回到就业市场，还想拿到高薪，肯定不符合就业市场的定位。首先你要有自己的一个正确的定位，然后你要整个市场的供求。你可以通过身边的朋友，可以通过自己参加招聘会，通过网站浏览你就知道，要做到文员岗位。如果通过文员岗位拿到一万块就不太可能，经过市场的了解，可能市场上对文员的收入是 3 000～5 000 元，及时做出调整。如果调整和原来跨度比较大，需要进行一个权衡。还要考虑到我调整的风险，和我的家庭生活是否有冲突，这些也是我们要考虑的范围。第三个就是放大优势，其实我们每个人都是自己的优势。当我们踏上职场的时候要挖掘自己的优势。

我讲一个我碰到过的求职者，她非常瘦小，可能就 1 米 5 左右，长相非常普通。她原来是一名建材营业员，就是销售地板、开关这样的建材。一天她正好来我们这边办事情，和我交流了一下。我发现这名求职者原来是一名营业员，现在是一名出纳，我们知道如果一名从事服务业岗位要转变为从事技术性的专业性岗位，是非常困难的。原来她曾经给一位客户卖建材，这名客户是一名企业老总，她做销售非常成功，和客户能够保持非常好的关系，有亲和力，通过她手里卖的建材，她都会后期回访。这位老总就是在她后期回访的过程中，觉得这名营业员非常热情，会根据需求推荐建材，而不是推荐最贵的给他，而是根据合理价位选择合适的建材。这时候回访的时候，他就想到这个人工作非常认真，销售的东西会回访一下使用情况。他就问她，我现在有这样的岗位，你是否愿意尝试这样的岗位。你没有经验没有关系，你做过营业员对数字打交道，肯定是很熟的，所以我们出纳工作也是对数字打交道，你不要有顾虑。你没有上岗证也没有关系，我们许多愿意送你去培训。当然对这名营业员来说，她也是 30 多岁了。确实有这样很好机会转型，她觉得非常好，她抓住了这次机会。现在她在这家企业做会计也非常顺利。

她其实从她工作经验来说，从她的长相，是没有优势的。但是她放大了自己的优势，她的责任感，亲和力，正是因为有这样的优势，使她能够抓住新的机会。还有一点我们要做好求职的准备，包括求职技巧，职场心理，以及家庭也要做一些准备。比如要做好心理准备，因为女性经过一段时间断层，再踏入职场的时候，我们会发现会面临更多挫折，这时候要让自己更有自信，使自己能够承受挫折这样的心理承受能力，需要不断培养自己。接着要有一些求职技巧，刚才我也举一些例子，求职渠道发生了变化，我们也需要掌握一些技巧。我们怎么样和企业进行面试，如果入职之后，我们怎么样适应职场，这些都是需要做准备的。那么进入职场之后，可能环境发生了变化，现在职场里面讨论的话题也和之前话题有所变化，也要做一些准备。最重要的就是怎么样和家庭协调，因为很多女性基本上选择孩子 3 岁和 6 岁这两个时间节点会考虑就业，3 岁正好是孩子进幼儿园，6 岁正好是孩子进小学。无论是进幼儿园还是小学，应该说孩子上学时间和上下班是不能吻合，这中间就需要家庭成员辅助。

因为在家里需要做家务，一旦入职之后这些事情由谁承担，我们都要有周全的考虑。

这边我再给大家介绍一个“三最方法”就是帮助大家发现自己的优势，我最喜欢的事情是什么？我做的最成功的是什么？别人称赞我最多的是什么？通过这三个问题找到自己的优势，如果找不到的话，你可以问一下自己的非常好的朋友或者闺密，通过这样的问题问朋友，通过朋友了解朋友眼中的自己，了解自己的优势。

第二个话题是我们的家庭与事业的平衡，这个和我们刚才整个讲座之前的故事是类似的。除了我们女性事业和家庭平衡，在生育和升职之间会有一些举棋不定之外，其实我们进入了职场之后，是一名职业女性，但是在家庭当中我们还要承担教育孩子的这样的任务。我自己也身有体会，我们进入到生育当中，很多女性会发现他们在职场当中会想着孩子。但是在生活当中又会想着工作，很矛盾。那么怎么样使自己达到一个平衡？有一个非常有效的方法就是时间管理方法。职场妈妈最缺的就是时间，但老天是公平的，它给了大家每天都是24小时，一年都是365天。那我十年、二十年、三十年回过头想想，为什么上天给我们的时间是公平的，但为什么三十年后的发展有差异呢？这些差异是什么造成的？古希腊苏格拉底说过一句话，当许多人在一条路上徘徊不前时，他们不得不让开一条大路，让珍惜时间的人赶超到他们前面去。所以说我们的差异就在于我们对时间管理的有效性是不一样的。时间管理不是把所有事情都做完，而是通过事先的规划作为指引，帮助我们优先考虑、安排更重要的，更优先更有效率的事情和任务。可以确保我们的工作速度和目标保持一致，把我们有限时间用在真正重要，有价值的事情上。同时因为把时间管理做好了，也消除自己内心的焦虑。

下面我来介绍一下我们时间管理的策略，也希望可以给大家一些参考。首先是我们要明确目标，我们做事情的时候，一定要知道自己的目标是什么。目标必须是具体的，比如说今天去商店买东西，如果目标不明确，这就是女性和男性去商场买东西的差异。男性同胞目标很明确，可能去商场半个小时可以把他需要的鞋买好了，我们的女性同胞会犹豫，会挑选款式，会挑选价格，会考虑很多问题。因为我本身脑子里是对鞋子是没有概念，至于买什么样的鞋子没有方向。这样的话，我们花在买鞋上的时间差异就出来了。第二个就是我们要有计划，有组织进行工作。我们每天千条万绪，每天工作都非常多，我们可以对工作进行分类。哪些是今天做的，哪些是明天做的。都要有这样的安排，比如说做一些项目，肯定前期需要调研，调研之后我确定这些事情怎么做，要有一个框架，接下来我按部就班每一步做，最后我去执行，执行之后有评估。如果我对流程清晰，不管做什么项目，都可以确保顺利完成。如果脑子中没有这条线的话，我可能不知道从何入手。

第三点是要知道事情的轻重缓急，大家可以画一个象限，画一个十字，每一个象限有两个维度，一个维度是我们工作的重要性，还有一个维度是我们工作的紧迫性。我们画了象限以后就会发现，其实所有事情可以分成四类，重要的紧急的，重要的不紧急的，不重要的紧迫的，和不重要的也不紧急的，分成这样四个象限。通过梳理之后会发现，其实重要紧急的事情需要立刻做。但是重要不紧迫的事情，我需要进行考虑，通过你自己的意愿衡量什么时候做这些事情，但是并不是我马着手做。对于不重要非常紧迫的事情，需要好好评估和考量，对于那些不重要和不紧迫的，建议大家不做。所以通过这样的梳理大家会发现，其实手头的事情都会清晰明了。

第三个是合理分配时间，我介绍大家一个 80/20 法则，就是我们很多人工作当中，回过头来想想，我们把 80％的时间花在了琐碎的事情但是量非常大的事情上，只有把 20％的时间花在量很少很重要的事情上。如果把这个分配倒一下，如果我能够把更多的时间花在重要的事情上，可能事情取得的成效会更高。

第五是学会与别人合作，我们说 1 加 1 大于 2，这是一个需要说明的理念，我们的工作当中也是。如果你学会合作和别人共同来做，可以达到事半功倍的效果。那还有一点，我们要遵守规则，遵守纪律。特别是你要掌握打电话的艺术，包括工作的一些方法。比如说有一些事情可能需要和领导协商。这时候领导可能很忙，你打断他，你会发现领导根本没有办法和你好好协商这件事情。但是你找适合的时间点和领导谈，你会发现这个时候和领导会谈得很顺利。所以我们要掌握一个适合的地点，适合的时间谈论这件事情，对我们职业是非常有效的。

我们知道对职场妈妈来说提高效率是很难的。每天要做家务，要烧饭，要买菜，要照顾孩子，还要辅导孩子学习功课，这么多事情要怎么办？我推荐大家，可以阅读一下管理学大师彼得克鲁克《做有智慧的管理者》里面有三步帮助大家管理时间，第一步是记录时间，管理时间，统一安排时间。每一步都有它非常核心的步骤，我记录时间最核心的步骤就是诊断。发现自己哪段时间是浪费的，或者哪段时间可以再利用。第二步就是管理时间，主要是帮助大家消除浪费。把时间记录下来之后，比对一下就会发现其实有一些时间在浪费，我要把这些浪费时间剔除掉。第三步是统一安排时间，我剔除了浪费时间之后我会化繁为整，我会发现我做很多时间是很零星的，我会把这些事情集中在一起做，那么它的效率会更高。

我们可以通过这三个步骤来提高自己的时间安排效率，举个例子。可能每一名女性时间安排并不是这样，我这边也是给大家一个启发。我这边也有一个职场妈妈，她对自己下班时间进行了管理。大家可以看一下大屏幕，她睡觉时间是不一样的，她是晚上 11 点睡觉，而和 9 点半睡觉比，当中差了 1 个半小时。但是这 1 个半小时对女性是非常重要的，有这个时间大家可以做自己喜欢的事情，可以学习，可以早点休息，可以做运动。为什么有 1 个半小时差异，其实她该做的事情还是做了。我简单说一下差异，首先差异在于买菜时间的半小时省下来了，她用很多方法可以省。一个是利用午休的时间，利用空档买菜，或者早上上班的时间顺便买菜。第二个网络，现在有很多送菜的合作，他和定点菜场有合作，大概每天配价值 50 块钱的菜。那么这是一种方法。第二点是省了她把洗碗、打扫、整理房间和孩子一起玩要是同步做，她和丈夫协商，说是在同一个时间段，你来洗碗，你来陪孩子玩，这两个是我们一起分工。对丈夫来说，我可能只挪了半个小时做这个事情，这样一来又省半个小时。还有半小时是省了洗衣服的时间，波轮洗衣机洗的衣服基本上在 40 分钟，衣服放进去到晾出来 40 分钟，如果是滚筒洗衣机可能时间会花更多，会根据你的模式，在一个小时到一个小时 20 分钟左右，这样的一个时间。

那么我可以用高科技，因为当事人她家里用的是滚筒的，是可以设置洗衣时间。她设置了洗衣时间，在睡觉前调好时间，她再去睡觉，等到第二天起来的时候，衣服已经洗好了。现在洗衣机的功能是最基本的，在洗衣机的价位上是有这样的功能，并没有多多少费用。在这样的情况下，节省了一个半小时，有经验的女性都知道，这一个半小时真的非常珍贵。

第二个平衡家庭和事业是情绪管理，我们很多女性身上背负了很多身份。又是职场人又是母亲，是女儿，同时也是妻子，这么多的压力，使我们心情非常烦燥，很容易引起心理问题。当我有压力的时候，我们有些女性会选择容忍，但是一味容忍和长时间忍耐很容易产生心理问题。也有一些女性选择逃避，其实逃避解决不了问题。第三种方法也是我这边强力推荐给大家的，就是倾诉。我们将自己心中负面情绪，扼杀在摇篮中，可以帮助我们更好生活，更好工作。其实这种方法也是经过一定论证，这个方法就叫“霍桑效率”。在 1924 年，美国芝加哥一家叫霍桑工厂开展了这样的试验。这个工厂在郊区，是生产电话交换机的工厂，这个工厂整个工作环境非常好，福利待遇也很不错的。但是这家企业生产效率逐年下降，员工一直在抱怨，他们一直在给企业提一些负面问题。管理层就感到疑惑，企业待遇也不错，为什么员工会有那么多负面情绪。这时候他们寻求帮助，包括一些人力资源的专家入驻了这家企业，做了为期两年的实验。这两年这些专家没有给他们改善员工环境，他们只是找所有员工谈话，一共谈了2万多次。在这个谈话当中，他们愿意接受所有员工所有的负面抱怨，而且不加以训斥，并且做好隐私，不把你的抱怨告诉管理层。仅仅是做了这样的对话，但是很震惊的结果就是使这家企业生产效率大幅度提高。这个大家会发现，其实人是需要发泄的。这些工人就是通过发泄，把自己对企业不满，对管理层不满，倾诉了以后，整个人是得到提升了，消极情绪减少。其实我们每个人都会有委屈失意的时候，其实不及时清除，如果遇到这些问题时候，不及时发现，其实在心理当中会产生消极情绪，而且这些消极情绪是能够累计的。我们如果能够把这些情绪发泄出去，可以帮助我们更好工作、生活。

我们也可以好好利用这样方法，特别是女性同胞，其实从生理结构说，女性通过倾诉更容易得到发泄。比如说你可以像亲戚朋友大胆倾诉，可以写写日记，可以把自己不良情绪，流淌在文字里面。也可以通过听音乐、学习、旅游这样一些方式帮助自己舒缓情绪。

第三个方法叫有效沟通，我们知道沟通非常重要。很多事情通过沟通可以得到圆满解决，我给大家举两个例子。第一个例子是南方的孩子，大家都知道三亚孩子，和海南孩子从来没有见过雪。大家都知道其实他们对雪的认为是来自老师的讲述、书本的知识。当然现在我们有视频，我们有电视媒介，我们可以通过电视媒介知道什么是雪。如果没有这样的媒体，没有这样的方式，我单纯是通过沟通的话，如果老师说雪是白的，大家会把雪想象成日常吃的盐，因为盐是日常看得到的。如果说老师说雪是冷的，小朋友可能会想象成冰淇淋，如果他没有看到过真正的雪，通过老师的描述，他会认为雪就是又冷又冰的沙子。那这是雪吗，认识雪的人会知道，这不是雪，那么这里面会产生沟通误差。

再举一个例子，有一个人请了四个人吃饭，甲乙丙丁，但是丁没来，他说了一句话，他说该来的人怎么没来。大家会怎么想？里面的甲就有想法了，他说那我是不该来的了？他就走了。这时候请客的人就非常急，他马上说怎么不该走的人走了。那么留下的人又想了，那是不是该走的人留下了，然后又有一个人走了最后只剩下一个人。他对请客的人说，你太不会说话了，你怎么这样说他们，把大家气走了。没有一个朋友高兴，最后这顿饭也没吃成功，说明我们的沟通真的是非常重要的。包括我们和家人沟通和丈夫沟通也是这样的，如果说你能沟通好，可以带来很好的效果。

再和大家分享一下，是一对小夫妻，结婚半年，是她的妻子拖着老公，拉拉扯扯来到我们职介所找工作。但是这名丈夫他没有说要工作，是他的妻子说老师您给他介绍一份工作。然后他们的职介所整个过程一直在吵架，我就不明白他们的到底是什么情况。后来才知道，这名男性原来在国企做流水线上小领班，因为是24小时轮岗，有一些加班费，因为他是老员工，中专毕业就进入了这家企业，大概有十多年的工齿，收入还是可以。后来这男孩子结婚以后还是觉得压力很大。他们的新房有房贷，他们两个人通过父母付了首付，在市中心买了一套小房子，每个月要还几千块的放贷，他觉得压力非常大。他的朋友都在外企的，在外资的制药公司，也是做流水线的领班，收入非常高。他就想为了还房贷，在考虑是不是能跳槽，在朋友的帮助下，他跳槽成功了。但是他妻子一直在抱怨他，因为他原来的工作就是三班的，但是去了外资之后，加班时间更长了。所以要他能够再找一份工作，不影响他们夫妻生活。后来我才知道，其实这件事情归根到底是因为，妻子埋怨丈夫跳槽没有和我她说。妻子说丈夫第一次跳槽，这件事情妻子不知道，是妻子不认可的。因为有这样的心结，这个妻子天天和她的丈夫吵架，甚至要求如果不跳槽，就辞职到单位闹。用这样的话威胁丈夫。整个矛盾出发点就是因为夫妻间缺少沟通。我不知道大家知不知道，我们外企年底的时候有面谈，通过面谈的时候可以提出加薪比例。每个外企根据效益会有一定提升，一般的话会根据企业每年经济形势不同，会有5%～10%的加薪的比率，这个是由以下因素决定的。

第一是根据你的工作绩效决定的，第二是通过面谈，通过面谈你的老板知道你对工作的情况，以及你对工作今后发展的预期，，给你得出是给你工资提5%还是提10%，甚至提15%，那么这个面谈就非常重要。这时候就需要和老板进行沟通。在沟通当中你需要和老板展示出你是有价值的，同时我这一年的工作是有成效的。如果你能够很清晰把这些信息转到老板那里，那么你的加薪就高于普通的员工。这些都是需要我们进行沟通的。

如何提高我们沟通的成效，我们说要把握好四个点。首先，我们必须知道自己说的什么，就是你要知道今天沟通的目的。其次，必须要知道什么时候说，要把握好说的时机。碰到过不少求职者，他们都因为在公司工作几年了，没有得到加薪，甚至周边人有升职加薪他们没有，他们会和老板谈，但是他们都谈判失败了。但是一旦出现这样局面，女性朋友是非常尴尬的。你不得不无奈地在这个公司做下去，最后的结果就是不得不辞职。我和大家介绍过，如果我们在年底面谈的时候说，我就顺理成章了。所以我们内心的抱怨沉积在心里的时候，要选择适当的时候说，而不是想说就说，或者我实在忍受不了和老板提，这个时机要掌握好。

第三就是我们怎么说，就是刚才举的例子。很多聪明的员工，他会和老板说自己工作的绩效。但是这个绩效并不是说我做了多少事情，其实老板关注的不是你做了多少事情，而是你给公司带来了多少利润。就是你和老板说今年以内做了多少业务，价值是多少，销售额是多少，通过这样的方法你就成功了一半了，所以说你必须知道老板的关注点。第四是你必须知道和谁说，我们知道很多业务部门有直属领导，决定薪资这块是人力资源部。如果对人力资源部说是没有用的，如果有这些需求你要和负责你这个部门的人说。这样成效会更大一些。所以我们必须明确沟通的对象。

第三个话题是职业倦怠，我之前接待过一个求职者，她在旅行社做自由行签证的。她中专毕业以后，就在这家旅行社做了十几年。她的工作就是收集材料，把签证表格收集好以后。帮每一个人填写表格，填写之后准备材料，之后把材料复印好，到了和合作旅馆签证的时候，再跑到领馆签证，再快递给每一个办签证的人。她的内容非常简单，每天就是重复收集表格，每天就是再办这些琐碎的事情。她有一个问题，她每天跑领事馆那几天，她会莫名肚子疼。她跑了各种医院，跑了各种科室，查完了之后她没有任何疾病，但是去完了之后还是没有变化，医生说可能是因为工作压力大神经的问题。她觉得确实是，后来她考虑转行，因为她在旅行社，她会想到做导游每天非常开心，所以她考虑做导游。所以她的企业说做兼职导游现在也是缺，而且她考导游证对她不是简单的事情，而且整个企业也是提供给她考导游证的资源。回家她和丈夫商量了，她有孩子你当导游天天跑不合适，为此这位女性朋友非常困恼。其实这名女性朋友面临的问题就是职业倦怠，就是我们职业个体在工作重压下产生的疲劳。我们 30 岁女性特别容易产生这样的职业倦怠，我们主要表现在五个方面：

首先是身体倦怠，大家会觉得有的时候会失眠，特别劳累，有的时候会有身体不适，这些都是职业倦怠的表现。我们会发现自己做一件事情注意力不够，甚至有些难的事情不想去挑战，这些都是职业倦怠在智力方面的表现。那在社会表现会表现不愿意相处，有的时候只想自己待着，团队里面有活动我不想参加，会不愿意和别人交往，不愿意结识新朋友，常常怀疑自己的能力，甚至会用一些消极的办法对待一些工作，或者人际关系。有的时候处处会提防着别人，很容易猜疑，甚至个人承受感会降低，丧失自尊心。精神方面的表现是情绪的升级，当情绪积累到一定程度的时候，精神方面是会有所反应的。比如我们经常压抑自己，当发生变化的时候，我们内心会产生一些焦虑、冷漠、迷茫，这些都是职业倦怠在生理、社会、情绪以及精神方面的表现。面对这些职业倦怠，产生的原因是什么？我们说其实产生职业倦怠是多方面的，有来自主观原因和客观原因。客观原因，有工作任务的频繁变动，给我们任务和能力是不匹配的，社会评价较低等。主观原因，兴趣转移，不良情绪干扰等，这些都是产生职业倦怠的原因。克服职业方法有很多，我给大家分享一下自己的方法，希望大家能有所借鉴。我们工作当中其实有一些放松的方法，比如说不要把事情推到明天。今天的事情拖到明天，明天的事情就更多了，从一份到两份到三份到N份，这会产生恶性循环，越不做越做不好。

其次，是换电脑桌面，大家如果心情不好的时候，在网上找一些励志，比较产生正能量的照片。现在《太阳的后裔》比较火，大家如果对里面的“欧巴”比较喜欢的话，也可以把他的照片作为桌面，就是说在工作环境允许的情况下，可以创造一些对自己有所激励有所提升的一些好的照片，包括一些美丽的风景，都可以放在电脑桌面上。

第三个是美化一下办公环境，我有一个同事，觉得她的生活非常有活力。她每个星期都在网上订了快递，每个星期一都有一束花放在她的办公桌前，这个花会维持一个星期，到了下一个星期会换下一束。那么这些都是我们美化办公环境的做法，有的时候我们的花不一定来自于男士、丈夫，我们的男朋友。其实我们自己也可以给自己送一束花，包括我们有一些朋友喜欢多肉植物，现在也比较流行。大家如果喜欢的话，也可以放在办公桌。我们的妈妈可以做一些有宝宝照片的台历，把台历放在桌面上。当我们烦闷的时候可以看到我们宝宝的笑容，对自己心理一个提升，会消除职业倦怠。

最后就是我们中午可以稍微休息一下，中午午休的好处不言而喻。专家统计过，我们的午休其实只要10～15分钟就够了。大家可能会担心，我没有一个小时这么长时间的休息，十分钟就够了。我花10分钟对身心放松，对工作的好处是非常大的。还有就是疲劳的时候，可以做一套体操还有运动。可能外企的女性朋友会不方便，觉得在外企做这样的伸展运动不方便。大家可以借故泡一次咖啡，或者上厕所，甚至可以在办公楼里面兜一圈走一走。既不影响工作，也不让外人看出你在放松，你可以通过这样的方法，使自己得到那一刻的休息。

在工作之外，还有一个放松的方法。比如说可以通过音乐会，通过聚会，我们也要有自己的运动方法。甚至我可以带动家人，带动我的孩子，丈夫一起运动，不一定是很激烈的运动，一起骑骑自行车，在公园里面散散步。通过微信圈会发现，其实每个人都有自己的爱好，有的人经常拍花花草草，那么她是非常热爱植物的。有些人经常晒，这个双休日我在苏州，那一个双休日我就在常州了，下下星期就去杭州了，这些朋友就喜欢旅游，这些都是他放松的方式。甚至我们有一些麦霸喜欢到 KTV 唱歌，我们可以找到自己喜欢的兴趣爱好点，再比如我们可以尝试社交，我们要有自己的朋友圈。这个朋友圈未必很大，可以和闺密逛街，参加一些社交活动。可以利用一些社交活动结识更多朋友，最后我们要适当进修，但是这个未必指我们要报一个班。你可以阅读一部好书，看一部好的影片。这些都是我们放松的方式，我们充电的方式。之前有一部非常火的电影叫《疯狂动物城》这部电影就是一部非常好的电影，通过这部电影可以能够得到很多励志的东西，给我们又得到放松，又给内心得到一定的支持。

最后一个分享的话题是我们职业定位的困惑，那么应该说 30 岁的女性面临着各种各样的职业瓶颈，女性在生育后的再就业，甚至会转行一直是一个长盛不衰的话题。应该说我们的转行有很多种，基本上可以分两种，一种是主动转行，还有一种被迫转行。被迫转行一般就是我们是吃青春饭的工作，所以不得不的转行。我认识一个小姑娘，她做了十年的经理秘书。大家知道秘书这个工作，收入是很高的。应该说经验积累也比较高，她一直没变，但是经理是一直在换。现在的经理，年纪比她小，而且经常在她面前抱怨，说现在年纪太大了，精力不如以前了。其实对这名女性同胞造成了很多心理压力，有时候在想经理是否在给她下“逐客令”。同时她也考虑到自己，一方面她工作效率没有以前高，另外一方面生育之后身材走形，没有时间打理自己，她的衣服都是几年以前买的。生孩子之后几乎是没有买过非常高档的衣服，那么她出于这方面的考虑，她犹豫了，她觉得她自己已经到了被迫转行的关口。但是又不知道自己怎么转行，非常困惑。

还有一个问题就是主动转行，一位国有大型公司的物流文员。她的月收入 3 000 多，她在这家企业工作已经有七八年了，现在她有一个 1 岁多的孩子。但是有了孩子又要买尿布，又要买奶粉，现在 1 岁多了又要开始早教，经济压力对她来说很难支持，现在孩子花费太大，没有办法承受这样的经济。再加上同时进公司同事，升了办公室副主任。而他们的办公室主任是 50 岁左右的女性，那么她觉得她在几年以内是不可能有发展的。而且和她同样学历的人却升职了，她却没有，那么对她来说是一个非常大的打击。她就想跳槽，她了解到如果跳槽还是文员的话，收入不会太高，可能最多是 4 000。所以她就不考虑文员了，因为她在做文员当中会为企业做一些报销的整理。她会觉得这是不是和出纳很相近，她了解出纳的工资也不高，达不到月薪 7～8 千的期望值，所以她了解下来只有会计是可以达到的。所以她决定转行做会计，而且她有了实际行动。她花了一定时间考会计上岗证，而且她以非常优异的成绩考出会计证。她就一边在现有的岗位工作，一边找岗位。找了一段时间发现，她还是没有找到。

我们梳理一下她的情况，其实她是主动转行的。其实她转行有两个目的，第一个是收入，第二个是职业发展。那我就和她考虑，你考虑收入时候还要考虑两个问题，第一个，你孩子现在1岁多，对你孩子来说，你提高收入是为了改善家庭，改善孩子。那么你现在孩子最需要的是你的陪伴，是需要吃更好的奶粉还是需要更好的早教，你应该了解一下，或者通过网络寻找一下。我想1岁多的孩子，可能还是更需要妈妈的陪伴。我们给她算了一下成本，她现在的工作轻松，如果她有一些事情，是完全可以请假的。而且她的工作是不需要加班的。这些我们说都是要成本的，如果我换一个企业经常加班，不能及时请假，工作压力会很大。我就建议她这些都要算进去。如果你跳槽到了另外一家企业，工作强度很大你再算一算，你实际收入是多少。

第二个是关于职业发展，我们说职业发展是有一个积累，你如果说从事会计，其实你的积累也是零，你也是要从底层发展。那么肯定是现在这样一个积累，至少对你今后是有帮助的，你已经有这样的优势，就不要浪费它，最后在我的建议权衡之后，她决定还是在原有的岗位做。像她这样主动转行的例子告诉我们不要急着去转行，我们还是要对自己的情况进行梳理。如果说你真的对自己的现状不满，希望得到提升，希望有所发展，我觉得你可以了解一下内部有什么机会转岗，如果有的话你要抓住机会。如果实在没有，真的要从外部考虑发展的话，那么你在外部发展的时候，你要更多考虑跳槽的风险，外部成本是否可以得到家人的支持。一旦你真的决定转行，你可以通过一些进修，学历深造。

我这边还有一个成功转行的例子。一位大专毕业长期在外贸企业做过的办证员，后来因为生孩子全职在家，现在孩子3岁了，打算出来工作。我认识她的时候在去年7月份，我们那边有一个活动，她是过来参加活动的。我和她聊了，她在去年1月份开始，她已经做准备了，她了解了相关网站，已经考了心理咨询师的证书。外贸企业在1、2年前变化比较大，我们职介所经常有外贸企业回来的求职者，整个进出口贸易的萎缩，导致了我们上海整个外贸产业，包括金融危机的影响是很大的。所以因为市场经济发展导致了整个岗位的减少。她也了解过这个行业的变化，她再找外贸行业会很难。所以她就觉得很难，她一方面考虑到原有行业很难入行了，另外一点她非常关注她的孩子。她想读一个心理咨询师的证书，她可以更好了解她孩子的成长，可以更好的教育、养育她的儿子，也为今后职场是不是做这方面有关的工作。所以她读了心理咨询师。后来7月份到我们这边找工作，8月份正好有这样的活动，她作为志愿者参加这个活动，是没有任何费用的。但是在这个活动当中，她表现的非常沉稳，而且她因为有工作经验，而且做事情非常认真，被企业认可了。最后这家咨询公司聘用她为咨询助理。她的心理咨询师证为她的转行，增加了一定的砝码。所以说大家如果有这样一个转岗、转型想法的话，我觉得明确好目标以后还是要读相关的一些书，进修一下，为自己争取一些竞争优势。

女性发展到一定阶段，特别是做到企业中层以后，会很难晋升，而且很难进入到企业决策层。这是企业女性的就业瓶颈。面对这样的问题，我们女性要克服这样的瓶颈，必须树立新的形象，我们要给我们的老板有一个干练、自信的形象，我们才能够帮助自己在职场上树立良好的形象，给人感觉是职场人角色定位。

突破瓶颈，首先要提升综合能力，不仅是我们技能上的能力，也包括沟通能力，包括语言交往能力，包括语言管理能力。不断提升这方面的能力最后突破瓶颈。

其次要建立自信，培养企图心，我们常常在职场上，有一些女性是必须含蓄的，可能内心是有需求，但是不暴露出来。在企业里面我们需要把这份心展现出来。如果说你现在是主管，没有给你的上司那样一种上升信号，那么上司也不会让你当经理，所以在工作当中展现出自己的志向。我们要建立一定的自信心，我之前看了调查，很多企业的高层一般都是男性，是这样评价自己企业的女性。他认为企业的女性往往在自我评价的时候，给自己的评价分数是很低的。而他们同等职位的男性的自信度，给自己的评价打分是非常高。这说明我们职场女性对自己还是缺乏自信，所以我们一定要相信自己。

第三就是要有自己的定位和规划，我们的职场时间是很长的，以20岁毕业为例，20岁参加工作，55岁退休。当中有25年的工作经历，那么30岁的时间节点起来职业生涯才发展了十年，未来的路还很长，我们不能只看到今天。我建议大家把规划做的小一点，因为我们的职业规划把未来二、三十年都做完，个人觉得还是远了。所以说把职业规划做的小一点，对自己有一定要求，有一定方法。今天我来的时候非常感动，和大家分享一下。就是在我的身边，同行的一位朋友，刚入我们这行。但是她赶到了我们青浦，完全是自费。我们整个系列的讲座，不管在哪里她都参加了，她就是对自己有一个近期的目标。所以她有了这样的目标而制定行动计划，参加这样的讲座，对自己能力有所提升，熟悉业务。我觉得这也就是自己的规划，我们通过规划制定我们执行策略，按照这些策略执行。

第四是我们要善于营销自己，刚才我也介绍过外企员工怎么样给老板谈工资，第一步就是营销自己，表下自己能力有多强，为企业带来多少效益，她就是隆重地推出自己。我们在应聘的时候发现，简历很漂亮，能力很好。但是为什么面试的时候过不了呢？我们求职面试那一关是很重要的，面试是给了你一个机会去营销自己，去展现自己的优势。但是我们女性往往很含蓄，我们的生活，整个是市场的需求就是这样。你必须通过这样的平台表现自己，表现自己的才能。所以我们一定要学会在适当时候推销自己，所以大家不妨去看一下销售学、成功学这方面的书，帮助自己提升销售能力是有很大好处。

最后一点是培养自己的上进心，对自己有一个目标。当然不仅仅指职场，比如说我有一些女性朋友是全职妈妈。上进心就是希望自己孩子成绩优异，把自己的孩子培养进高等院校。但是你对自己要有一个生活目标，你有生活目标才能通过。

以上就是我认为通过这样的方法，可以提升自己的职业瓶颈。

最后我想和大家分享的，就是熊青云，她也是宝洁在中国培养的第一位职业经理。微信上一直在传这样的一封信，她离开了宝洁跳槽进了京东。她在宝洁公司有 23 年的工作经历，她离开宝洁公司时写了这样一封信留给了她的同事。这封信很长，里面有她工作感悟还是生活感悟，我就不一一读出来，如果有兴趣大家可以百度搜索一下。我这边截取了几段感受比较深的话送给大家，在我们低头干活时，别忘了抬头看看天，保持一颗谦虚还有学习的心，不仅让我们站的远，还能让我们走的更远。这个就告诉我们，不管是生活、学习我们都要有学习的心，要不断学习、不断要求上进。

接下来是消费者至上、化繁为简，不止是工作，我们的生活也需要化繁为简，我们需要敢于对现实生活的平凡元素说不。这个教会了我们生活和工作的理念，把复杂事情简单化，要有宽容豁达的心，面对我们的工作，面对我们的生活。

在战略层面，一个卓越市场人的直觉同样可贵，因为他们的直觉能让公司看到数据看不到的东西——那些深藏在消费者心里的东西。这也是为什么她这么成功原因，她塑造了“玉兰油”还有“舒肤佳”的品牌。大家都知道这两个品牌，这个就是她塑造的品牌战略。她通过她的品牌战略，把品牌打造成中国人人皆知的品牌。为什么她能够做的这么好？就是因为她抓住了消费者的心态，我们在工作中也是，如果说我们在工作中能够把握中消费者的心态，我们就可以把这个事情做好。

当然任何职业经理人在事业拼搏奋斗时，都不免会相对缺乏照顾家人的时间。起初，她最担心的是自己的女儿，担心自己没有足够的时间陪伴她。而当这个成为一个必然状况时，她选择了将有限的时间花在陪伴她的心智成长上。她希望女儿能有独立思维和自由的思想，富有同情心同时充满自信，并且愿意为自己的选择付出努力。而这一切，在今天获得了回报，她有清晰和坚定的“人生方向感”这是我很骄傲的事。那么我们熊青云女士，她在工作非常成功的同时，也培养了一个非常优秀的女儿。我们在这个当中也给大家一个正能量，其实我们只要用心，我们的家庭和事业都可以平衡。

最后这句话也是熊青云对自己工作的总结，也是她分享给她的同事的。

最后我这边也祝愿大家在职场当中能够努力发挥出自己的优势，并且勇于表现出自己的能力，相信职场的成功能够给每一位女性收获更多的成就和满足感，谢谢大家！

主持人：非常感谢叶莎女士为我们带来今天精彩的讲座，接下来就到了现场互动环节。大家有任何问题都可以举手提问，与我们叶莎老师在现场进行一个交流互动。不论在职业上或者在生活上都可以。

听众：叶莎老师您好，就是现在社会里有一个观念就是“女性干的好，不如嫁的好”，您对这个问题怎么看？

叶莎：我个人觉得，其实每个人价值观不同，我对这个问题看待的比较客观。如果说有追求自己希望实现自己价值的，我觉得你在事业上和家庭上可以配合的好。如果你真的可以做男性的“依附品”，比如说全职妈妈，我觉得要给予鼓励。我觉得每个人都有自己的价值，至于你的追求和价值，不论是选择事业还是家庭，我觉得我们都要给她非常大的鼓励。如果在座有不同观点，我们可以分享，因为我们今天就是一个头脑风暴式的分享。

主持人：非常感谢叶莎老师，还有没有其他问题，也可以举手提问。

听众：老师您好，您今天讲的问题很真实，我就是想问一个现实生活中比较多的问题。我其实也遇到过一位老师是做审计的，她的小孩面临一个小升初，因为审计一年到头都是非常忙，她也非常担心自己孩子小升初的情况。我想问一下，她是留在家里面教育小孩子还是继续自己的工作？

叶莎：我觉得这个问题她可以自己给自己答案，因为这个审计行业是非常忙的，在审计这个行业，往往女性在30多岁都是不能结婚了，这名女性不仅结婚了，而且她的孩子已经小升初了，我们可见她在平衡家庭和事业当中是非常有一套的，她缺乏的是一点鼓励一点自信。其实这名女性只要进一步相信自己，提升自己的自信度。因为她做了很多年的审计，应该是这方面的专家，我觉得她辞职还是有点可惜，我觉得她还是要更好，不妨来听听讲座，学会更好的管理时间。我相信这样的女性，她肯定可以平衡好家庭和事业。

主持人：再次感谢叶莎老师，因为时间关系今天互动到此结束，听众朋友们接下来还有什么问题，可以在活动结束后和我们的叶莎老师，和现场专家进行一个交流互动，今天讲座是到此结束，请大家将手中的问卷交给场外的工作人员，谢谢大家。

注重职场中的另一种成长

周 琴

国家星级职业指导师，国家一级职业指导师，国家二级心理咨询师。东方讲坛·职业生涯系列讲座聘用讲师。长期在一线从事职业指导工作，善于把握青年求职者的求职心理，对青年的求职需求、就业理念，均有独到的见解和指导方法。

各位听众，大家好。今天的这次演讲得到了很多老师的指点，其中有一位老师给我讲了这样一段故事，让我感触很深。他是一位摄影爱好者，当他来到了黄河的发源地，他被震撼到了。他看到了一滴一滴的水滴聚成了涓涓溪流，仿佛是蹒跚学步的孩子。当黄河来到若尔盖湿地的时候，遇到了阻碍，它没有选择走直径，而是选择了拐弯。拐弯没有什么不好，让它看到了别样的风景也有了九曲十八弯的美誉。他继续吸收着支流，慢慢它变得强大了，强大到没有什么能够阻挡它了，它就一路奔腾而下。

这正如职场中的我们，我们只要不断提高自己的能力。遇到困难我们不能选择捷径，不要撞的头破血流，而是应该选择拐弯。也许有一天你就能强大到没有人能阻挡你前进的步伐。这个形象的比喻深深感染了我，今天再次也分享给大家。因为我们今天探讨的就是这样一个成长的故事——《注重职场中的另一种成长》。

首先，我们要明白另一种成长是什么，接下来我们要问为什么要注重这另一种成长。第三成长有哪些表现，最后我们如何成长，成长所具备的条件是什么。那么我们一一来看。

我们说另一种成长是一种看不见的成长，是一种经常被我们忽视的成长。那么在生活中我们是如何忽视它的？企业在招聘的时候，经常要看证书，看学历，看经历。有的人就拼命去考证书，提高自己的学历。然而有的人即便是拿到了证书或者提高了自己的学历，企业还是不录用他。殊不知，企业真正看重的是你对专项技能的掌握，是你的沟通能力，良好的心理素质，以及你独立的人格，是一种多元化能力的综合，而不仅仅是几张证书。我们常在影视剧当中看到白领的生活是月薪数万开着豪车，经常出入高档场所，悠闲地喝着咖啡。但是我们没有看到的是他们经常加班甚至通宵达旦。有时候下了班，他们还要赶去各个培训机构来学习充电，为了某一个工程项目，他们可能要到实地勘察调研，回来之后又是漫长的思考和研究。光环背后的付出我们难以想象，就像歌中唱的那样没有人能够随随便便地成功。前几天，有一个求职者找到我，他说周老师，你有好的工作就介绍给我，如果没有好的工作你就不要和我讲了，我可以等着，我就问你所谓的好工作是什么。他说最好不要太累，离家近一点，稳定一点。我们说他在找工作的时候看到的是工资多少，离家远近，是不是国企。但是他没有看到的是工作也是展示自己才华的舞台，也是提高自己各种能力的平台。他可以在家等，但失去了锻炼自己的机会。不在小的平台上锻炼，就想到更大的舞台上展示，谈何容易。还有的人总觉得自己的工资太低，好像别的企业工作更高一点，就想跳槽。即便是不跳槽,他们也会觉得就拿这点工资不用那么卖力,他们看到的是工资。但是他们就会“自断经脉”,失去成长的机会。

我们说工作中艰巨的任务可以磨炼我们的意志,新的工作任务能够拓展我们的能力,和同事的相处可以培养我们的人格,和客户的交流可以锻炼我们的品性。公司支付给你的只不过是金钱,而工作赋予你的却是能力。我们应该向自然界的植物学习。一棵苍天大树,有树干、有枝叶,甚至硕果累累。但是这样的大树不是凭空长成的,是它的根支撑着它的成长,越是环境恶劣,越是需要庞大的根系。研究表明,在肥沃的土壤当中树根与树冠的比例约为1:1。在贫瘠的土壤当中树根与树冠的比例约为3:1,而像沙漠地带树根与树干的比例可以达到5:1甚至更高。那么我们就像这棵树一样,我们想高薪水,也想福利好,我们也想离家近,也希望单位好,也希望有好的社会地位环境等。但是是什么支撑我们能够得到这些呢?我们的根,又是什么呢?我们的根就是我们的知识,我们的观念,我们的机能,我们的心理素质,甚至是我们的人格等。在职业生涯当中,我们管地表以上的部分叫做外职业生涯,这都是我们关注的。而地表以下我们称之为内职业生涯,我们今天所讲注重职场中另一种成长,就是看不见的内职业生涯成长。

外职业生涯是大家所关注的,所以你们都会注重而内职业生涯就是因为看不见,容易被忽视。所以我们提倡注重内职业成长。除此之外,我们说外职业生涯是别人对你的认可和给予,所以也容易被别人剥夺。而内职业生涯,一旦你取得别人很难抢走。举个例子,Lily,大学毕业以后,进了一家办公家居公司工作,做人事助理,单位离家很近,收入也不错。Lily对她的生活非常满意,但是刚过完年企业就通知要搬迁到郊区。没有班车,Lily上班地铁坐完还要坐公交,路上就要花两个小时的时间,她决定辞职重新找工作。我们说令她满意的外职业生涯就是因为企业搬迁一下子就没有了。但是事情并没有结束,由于她了解人事工作的内容,又有证书,所以她很快又找到了一份物业公司做人事专员的工作。我们说有了她的内职业生涯,又很快让她争取到了她的外职业生涯。所以说我们今天提倡更注重内职业生涯的成长,内职业生涯就是一种看不见的成长,那我们怎么知道我们成长了还是没成长了。我们说成长是一个过程,或多或少会有一些外在的表现。下面我们从四个方面说明,首先我们成长了我们的事业会发生一些改变。紧接着你会发现你的沟通能力会提高,还有我们在做事侧重面会不一样。紧接着随着我们的成长,我们的个性也会发生一些变化。让我们来看一下。

视野，我们说视野有广度和长度之分。我们先看广度，这是一幅图，我问一下在座的听众，你们是怎么理解这幅图的。谁愿意举一下手，我就自己点了。

听众：第一幅图景色比较少，第二幅图景色更加美好。

周琴：谢谢听众的分享，第一幅我们更加关注是自己。第二幅我们看到的是更大的环境，可能更关注的是自己在这幅图所处的位置，甚至看到这幅图前进的方向。所以初入职场的时候自己会关注自己，等到慢慢会发现自己在这个部门会处于什么样的位置，会发挥什么样的作用，会看到一个更大的视野。我们小时候都听到过《盲人摸象》，摸到大象腿的人认为大象像一个柱子，摸到大象身体的人，认为大象像一堵墙，摸到大象耳朵的人像大象像一个大的蒲扇。摸到大象尾巴的人觉得像蛇。每个人都是从自身出发的，是那么真实，他们根据自己真实体验做出了主观判断，但这种判断并不全面。就像初入职场的我们，根据我们的判断做出了主观判断。但是随着我们的成长，我们会综合各个方面，多角度看一个事物，一个问题，我们的视野会变得更开阔，对问题的把握可能会更清楚。

说完视野的广度，我们来看看视野的长度。所谓视野的长度，我们说是用发展的眼光看待问题。前几天，我有一个同事，他的孩子大学刚刚毕业，对前途一片茫然，听说有几个同学要到澳洲打工，他的儿子也想去，他的妈妈就很不理解。大学毕业生怎么想到国外做屠夫的工作，起码应该去拿个学历，至少应该读一个语言学校把英文说好。儿子认为，职业不分贵贱，做屠夫没什么不好。妈妈说你出去就做体力工作，有什么好。两个人争执不休，我们帮他分析一下。如果在澳洲当肉品工人每个星期能拿到折合人民币 5 000 元，而当餐厅服务生的时候，每个星期可以拿到折合人民币 3 000 元。我来问一下在座的听众，如果是你，你的选择会是怎样的？为什么？有谁愿意回答吗？

听众：我应该会选择在澳洲当一个肉品工人，我感觉还是行行出状元，我感觉在这个行当里面如果你优先开始的话，感觉这个工作好像不被当今社会传统的观念认可。我相信这个行当以后做长的话，应该有一定的发展。

周琴：谢谢你的分享，我们再找一位听众分享一下。

听众：因为我没有那么大的力气，我觉得可以当服务员，工资少一点也可以。

周琴：谢谢分享，还有人吗，我们请这位听众谈谈你的想法。

听众：因为我肯定不太适合当肉品工人，我也没有那么大力气。因为讲到长度，如果当服务员的话，我可以从服务员起步，然后慢慢做的好的话，可以和同事关系很好，很会沟通的话，可能会慢慢从服务员变成一个小领班或者怎么样。事实上这样的成功例子很多，包括希尔顿一开始也是服务员，在酒店里面拉大门的，现在已经缔造了一个商业王国了，我觉得这个很有前景。

周琴：谢谢这位听众，给我们带来了一个很生动的例子。我们说一个理想的职业选择有两件事情很重要，一是杠杆，二是弹性。所谓的杠杆就是你今天的付出明天得到更多，所谓弹性就是让你的职业选择越来越广，而非越来越窄。那么我们看这两个岗位当中，我们先看肉品工人，他的投入结构是什么样的。我们假设它的投入体力占50%，时间占40%，技能10%，基本上没有什么组织能力。这样的一个投入结构，透露出一个什么问题？我们看到体力和时间占了很大的比重，但是随着我们的年龄增长，这两个资源是成下滑的趋势，我们再看看技能。技能占的比重不是很高，而且除非你以后一直做杀牛的这件事情，否则你的技术沿用性不是很高。那我们再来看看在餐厅当服务生，假设它的体力占30%，略低于肉品工人，那么时间占40%，和肉品工人一样。技能因为要帮顾客点菜，推销一下他们的特色菜，可能技能占20%，组织能力10%，因为可能会有客户投诉他要处理，会有一个工作优先权的安排和协调工作。那么我们说从这个结构比例来看，剩了更多的体力我们会有更多精力思考别的问题。技能基本上都是与人打交道的，相对来说它对技能的沿用性比较高。我们说如果一个餐厅服务员再去做肉品工人，他可能很快胜任。而一个肉品工人反过来做服务员，他可能还需要一些时间锻炼才可以胜任。虽然职业没有贵贱，但是相对来说，我们说服务员可能比肉品工人在这个市场上的选择会更广一点。我们说去看一个岗位的时候，不是光光看现在有多少工资，得到了什么。而是要用发展的眼光去看，我在这个工作上积累了一些什么。我们说职业发展就像阶梯式的，当你在一个岗位上积累了一定经验的时候，你会到一个更高的层次上积累。如果这个职业或者岗位，没有任何积累，当你失业的时候会发现，又到了原点，还是只能从事一些基础性的岗位，那么相对来说这个职业就不是那么合适。所以我们希望以发展的眼光去看待你所选择的职业，而不仅仅是看它的工资。要让你的职业有持续化的过程，随着我们的增长，不仅我们的视野改变了，我们的沟通能力也改变了。

沟通我们从倾听和表达两个方面阐释，首先说倾听。大家都知道职场的倾听很重要，但是你真的会倾听吗？我们有时候倾听会带着选择性。我们听我们想听到的，我们听我们好奇的，我们听我们认可事件，所以我们这样听。

我们再来看看表达，说是有技巧的。前几天，盈盈(音)找到我，她是某知名银行的客服人员，她说周老师，我可能要辞职了。我说为什么，你不是很喜欢客服的工作吗？她说是的，我很喜欢，可是我的客户经常说，我要投诉你，你们收我这么多钱，是一家烂银行。可是天天这样，我有点承受不了。她问我有什么办法，可以平息他们的怒火。我教给她了一个方法，在座的各位以后碰到发火的人也可以试一试。我们说在职场上我们举一个极端的例子，在职场让如果有一个人对你发火，说你真是一个混蛋。这个例子够极端了吧，这时你往往有两个选择，第一个选择，是的是的，我是混蛋，对方可能就不生气了，但是对方不会再和你做生意了。第二个选择，我不是混蛋，你才是混蛋，那你"走"的更远了。那我们该怎么办？这时候就像我们武术当中的打拳，你打回去也会受伤。而我们常用的方法是什么？将对方的拳拨开，灭了对方的气之后再作出反应。我们应该怎么做？我们会顺着对方的话，您很生气，我理解了。然而，不能说"但是"，因为"但是"是一个直角。然而我们最近公司的规定就是如此的严格，我会帮你和上面沟通，尽快帮你解决这件事情。记住这个句式，用太极拳的方式进行处理。我们说，说是有技巧的，但是除了技巧更重要的是用心。说的时候，你要为对方考虑，让对方容易接受，愿意接受，他才愿意改变。我们举个例子，如果你是一位主管，你想告诉你的下属，他接电话的方式和语速可能会给客户留下不好的印象。你该怎么和他说？我们找一位听众，如果他是主管，如何对小刘建议语速过快的问题。我们请这位听众和大家分享一下。

听众：如果是我，你可以试一下，下次我们在和别人聊天的时候，看看我们是怎么说的。我会说，和他说下一次我们和别人聊天的时候，看一下我们是怎么说的，我私低下我会和他说，如果是同一种情况的话，你用你的方式再来表达一下，如果这样的话，他可能会做一次比较。可能下一次他会注意到我们语速和语调的不同。

周琴：谢谢这位听众的分享，还有吗？我再找一位听众讲讲。直接告诉他吗？

听众：我不会直接告诉他，可能私底下告诉他。

周琴：以开玩笑的方法告诉他？

听众：对。

周琴：谢谢这位听众私底下婉转告诉他，我们看一下这两种方式。第一种就是说小刘，你接电话方式真是太唐突了，你从现在开始要训练，要改。第二种方式要小刘关注你在电话中与顾客交流的方式。我注意到你讲话的速度相当快因而我担心对一些顾客来说，很难理解你所表达的，毕竟你比顾客更了解，更熟悉情况。这么一说，如果我是小刘，我会分不清领导在夸我还是批评我，不过我觉得这样的话，我更愿意接受。

我们经常碰到一些事情，这个话说出来是很有道理的，但是对方就是不愿意听，就像我们训小孩一样，小孩也觉得你是对的，但是他觉得都是大道理，就是不改。当我们所说出去的话，对方不愿意接受，不愿意听的时候，他就不愿意改。如果他没有改变的行动，你不是说了等于白说了吗。所以我们说说话要为对方着想，以一种他愿意改变的方式告诉他。

所以说话的艺术随着成长越讲越有“艺术”。我们说话的方式决定了你的高度，所以随着职业的成长你会发现我们越来越注重说话的方式，说话的技巧，甚至说话的艺术。那么我们随着成长，不仅我们的视野，我们的沟通改变了，我们做事也改变了。在职场初期，我们做事就是把某一件具体的事情做好，做实，做细。举个例子，地铁1号线是我们委托德国帮我们设计的，设计好以后我们没觉得好在哪里。地铁2号线是我们自己设计的，当投入运行之后，我们发现运行成本远远高于地铁1号线。我们来看一下地铁1号线所有入口，都是先向上三格台阶然后再向下。这三格台阶大大降低了雨水倒灌的成本。再看一下地铁拐弯，就是因为这样的拐弯，减轻了室外和站内的气体交换，大大减轻了空调的压力。所以我们说在职场初期，我们可能是要把一件事情做好，做实，做细。但是随着我们的成长，工作了几年以后，我们会发现有时候领导不会让你做一件具体的事情，只是给你一个目标。为了完成这个目标该做什么？如何做？具体怎么做？都是需要你自己去想的，你将进入一个积极主动想事情去做的阶段。

举个例子：AB两位先生在一家大型市场，一开始两个人都是从基层做起。但是没做多求，B先生好像特别受到总经理的亲睐，一提再提，从领班做到了部门主管。而A先生好像是被领导遗忘了，还是做最基层的工作。有一天A先生忍无可忍了，他冲到经理办公室，问经理为什么光升他不升我。经理了解A先生，他是一个不怕吃苦的青年，但是似乎又缺少了一些。他就让A先生到市场去看看今天有什么卖的，A先生很快回来了，对经理说今天市场上只有一个农民拉了一车土豆在卖。经理问一共有几袋，他又匆匆跑了出去，回来之后告诉老板一共有几袋。老板又问，价格是多少，A先生又匆匆跑出去，跑回来的时候，经理说，你先坐在旁边休息一下。你看看B先生是怎么做的，他叫来了B先生，对B先生说，你去一趟集市看看今天有什么卖的，B先生很快回来了。他对领导说今天只有一个农民拉了一车土豆在卖，一共10袋价格适中，我带了几个样品，我和他聊天的过程中，他过几天会有西红柿贩卖，价格便宜，我们可以和他合作，我把农民也带回来了。在一旁的A先生红着脸低下头，我们说职场中同样一件事情，你积极主动去想，做出来和你光是一个执行者做出来是完全不一样的。所以随着我们在职场中的成长，我们一定要进入一个积极主动做事情的状态，这样你才能够真正成长。

随着我们的成长，我们的个性也发生了变化。进入职场初期，我们的个性就像这个菱形。都是棱角，但是我们在与顾客与同事交往的过程当中，会让对方感觉很不舒服。慢慢随着我们的成长，我们会变成一个外圆内方的状态，所谓外圆就是你与别人交往的时候，人家会觉得很和谐，很舒服。而内方我们又有自己坚持的原则和我们的道德底线，这让我想起了内流河。它和黄河不一样，它一开始来势汹汹，横冲直撞最后它没有支流的吸收，随着水分的蒸发和渗漏就消失在内陆了。就像在职场有一些人，觉得自己能力横强，但是慢慢被忽视了，再过几年你再也听不到他的声音。所以随着我们的成长地个性会慢慢发生变化，与人跟随和，让人更舒服。

最后我们讲到我们自己如何成长，成长需要的条件从四个方面说，首先我们内心要强大，接着我们要学会吃亏，最后我们要做一个职场的有心人，学会合作。我们来看一下，其实有时候，我们内心不够强大，可能和我们的教育有关系，我们做完一件事情以后，会想做完这件事情，张三怎么看我，李四怎么看我，我们会依赖于外界对我们的评价。只有我们不依赖外界的评价，只依赖于自己的时候，我们的内心就强大了。说到内心强大不得不提一个人，王阳明，也许大家对他不了解。但是随着《明朝一哥王阳明》的出版，会了解和他有关的词语。比如说龙场悟道，知行合一，格物致知，良知学的鼻祖，是和孔孟齐平的圣贤。他的一生立过很多功，可屡屡遭人陷害，他并没有屈服，而是和那些奸臣们斗志。王阳明年轻的时候参加两次会试都失败了，在今天就是两次高考都落榜了。如果是你，你有勇气参加第三次吗？王阳明就参加了第三次而且第三次高中了，金榜题名。当他春风得意的时候，他却得罪了当时的大太监刘景，刘景找了一帮反对他的大臣，假传圣旨把王阳明打了40大板，并贬到贵州龙场这个地方到一个驿站的驿臣。王阳明说，去就去吧，没有想到半路上还遭到了刘景的追杀。

悟道，传说世间有一种东西，无形又无处不在，如果有人得到它，就能够了解世间万物的奥秘。听不懂不要紧，你只需要知道悟道是很难的事情，而能够悟的人是很“牛”的人。王阳明就是这样的人，这些困难都没有打倒王阳明。王阳明在去龙场的途中还做下了《泛海》这样的诗句，让我们看看他当时的心境。险夷原不滞胸中，何异浮云过太空？静夜海涛三万里，月明飞锡下天风。意思是说其实他根本就不在乎逆境还是顺境，这一切就像天空中的浮云，风一吹都吹走了。月夜海面上静静的，我在海上航行三万里，那种畅快的感觉，如同我驾着海中波涛，从高山之中飞流直下的感觉一样的。如果换做别人，受了这么大的打击，肯定要怨天怨地，怨怀才不遇，或者着借酒浇愁愁更愁的生活。而王阳明没有，做下了这样的诗句表现了他的心境，王阳明一直认为心理光明了这个世界就是光明的。所以他以强大的内心，对待着生活当中一切境遇，所以才成就了一代生活大师。

有人说我也认识几个人，他们也内心强大，别人说什么他从来不听。自负和内心强大是有区别的。所谓内心强大是我们对自己有客观的评价，我们知道我们有什么，我们能做什么，我们想要什么，我们的目标是什么。比如说林书豪就是这样的人，林书豪 1988 年出生，美国华裔，毕业于哈弗大学他在的高中和大学时代，他的篮球生涯并不是很顺畅。并没有被当中的星探、球探看重。但是林书豪并没有因为别人不认可他的价值而耿耿于怀，他知道自己有什么。不管别人有没有关注到他，他都会坚持不懈走下来。我们说也许只有经历了足够的的失败的境遇，可能才会到这种局面找到如何摆脱的方法。林书豪很快找到了，以灵巧的传球和技术赢得了他 NBA 赛场不可动摇的地位。我们这里准备了一段他的视频，大家可以看一下。

这就是林书豪，他以强大的内心抵住别人的不认可。他的良好的技术赢得了别人的认可，

我们说成长的第二个条件是吃亏。古人说吃亏吃亏是福，吃亏是一种舍弃，一种牺牲，但是它也是一种高尚的品质，做人的风格。公司前一阵来了一个小青年，新员工。他看上去有点傻，有点土。同事们都把手头不愿意做的工作交给他做，他不想默默地帮同事都做了。主管看这个人挺勤快的，叫他帮忙做事，他也愿意做，但是都是义务的。没过多久，总经理要开一家新公司，派主管过去管新公司。主管在临走的时候，推荐了这位新员工。老同事不满意了，凭什么推荐他，他才来了几天，怎么都轮不到他。可是主管说，就要因为他不怕吃亏，他默默学会了主管所做的事情。就是因为很多老员工怕吃亏，每天做着自己的那一摊活，能偷懒的时候偷懒。所以看似今天吃亏，但是明天可能会有更多的回报。我认识这样一个女孩，叫杨丽。她大学毕业的时候就业形势很严峻，她和几个同学投了几个大公司，和同学一起面试，笔试面试都通过了。最后一个就是到人力资源部实习三天，杨丽的工作就是把资料整理一下，整理成电子版。在她忙碌了一天快要下班的时候，公司突然接到总部的电话，因为总部调整暂停

招聘。和她一起实习的同学愤愤不平，觉得这不公平，就冲到了部长办公室理论，弄得部长焦头烂额。部长送走了愤愤不平的学生，回头一看杨丽还在整理档案。对杨丽说，不好意思让你白忙活了一天，你明天可以不用来了。杨丽说，没关系只不过文件整理了一半交给别人又要重新来，明天上午我再来，半天时间就可以搞定。同学们都笑杨丽傻，有这个时间还不去找别的工作，可是杨丽觉得这没什么。第二天当杨丽走的时候，留下的是整理好的档案夹和干净整洁的办公桌。没有找到合适工作的杨丽就在餐厅里面打零工，这时候接到部长电话，"公司调整好了，可以招员工了，我第一个想到了你"。就这样在同学羡慕的眼光当中，她再次走进了这家大公司。

我们说学会吃亏，不是忍受吃亏，而是不在乎一时一地的得失。你今天看似吃亏了，但是让人看清楚了你的人品，在关键的时候，大家都愿意帮助你。你可能最后是最大的受益者，今天你看似占了便宜，但是让别人看清楚了你的人品，大家可能都会远离你，以后你可能会吃更大的亏。所以我们要学会吃亏，不怕吃亏。

第三个方面，我们说做一个职场有心人，工作中无小事。当我们出入职场的时候都会被安排在不起眼的地方，做一些琐碎的小事。但这可能是让我们熟悉公司的机会，熟悉业务的机会。前台的工作看似很小，转接一下电话，如果有客人来往做一个记录，端个茶，倒个水之类的。可是我认识这样一个前台，当你第一次来到他们企业拜访的时候，她会问你"你喜欢喝茶还是咖啡"，你说"咖啡"，她会问你"要加糖吗？""来一块吧"，当你第二次再来这个企业的时候，你喜欢加一块糖的咖啡又端到你的面前。所以说哪怕一个岗位再小都可以做的出彩。同样一个小事，不同的人，会有不同的做法，也会取得不同的成就。前几在微信上看到这样一个故事，一个主管招了一个大学毕业生做他助理，助理了一段时间以后，提出辞职。主管问他为"什么要辞职"，"我一个大学毕业生在学校里面学习成绩优秀，我认为我可以做更有价值的事情，而不是这些小事"。主管问"你现在做的工作当中，你认为什么事情最小，最没有价值？贴发票？你替我贴发票也有一段时间了，你总结什么经验没有？""贴发票就是贴发票，只要财务流程不错，就可以了，没有什么经验。"我告诉你们我当年是怎么给总经理贴发票的，我会按照财务发票按照时间、金额、场所进行归类，慢慢我会发现一些商务活动的规律。比如说哪些商务活动应该在什么样的场所，预算大概是多少？我就会有所了解，经理在交代我事情的时候，他会发现有些事情就没有告诉我，我会处理的很妥当，慢慢经理会把更多事情交我做。所以同样的小事，不同的人会有不同的做法。人们会说，一件小事重复做你就是行家，而把重复的事情用心做你就是赢家。所以我们说职场中的小事，需要我们用心体会，用心做。

最后成长需要的条件要学会合作，随着社会发展越来越多的岗位不是单枪匹马，需要学会合作。有一个人请求上帝，他要看一看地狱和天堂有什么区别。于是上帝同意了带他来到了地狱，他发现地狱的人活的并不好，但是桌子上有丰盛的饭菜。为什么？后来他发现饭菜的筷子一米多长，每个人还没有吃到饭菜，就掉下来了，所以他们活的很不好。于是他来到了天堂，他们发现同样的饭菜，但是为什么这里的人活的很好。他们也是用很长的筷子，他发现原来他们夹饭菜不是送进自己的嘴巴，而是送进对方的嘴巴，这就是学会合作的道理。

通过今天这四方面，注重职场中的成长，让我们了解这种成长是一种看不见的成长。让我们了解为什么要注重这种看不见的成长，成长之后，我们会发现的不一样，让我们学习一些成长的条件，让我们尽快成长。我们虹口有一个职业苗圃，它就是帮助青年人快速成长，可以很快踏上职场。想了解具体情况吗？请往下看。

亲爱的朋友们，我们每个人心中都有一个梦想，它将影响我们一生，但在职场上并不是都是坦途。让我们来看看下面几位青年人他们在职场上遇到什么问题。请欣赏情景剧《改变从这里开始》。

改变从这里开始

（情景剧）

虹口区就业促进中心①

场景一：虹口启航招聘会面试现场

求职者（不修边幅的形象）出场。

独白："好来，好来，不要多啰嗦了！像我这样的人，可能会找不到工作哇？！"

转身回顾四周："噫，招聘会！"

求职者跑入招聘会现场，一屁股坐到面试官面前，面试官被他吓了一跳。

求职者："阿姐，你们在招什么岗位？"

面试官："我们在招制单员。"

求职者："你看我来赛哇？看我这样，一看就知道没问题"

面试官："你这样什么准备也没有，连简历也没一张的，对不起，我们公司没办法录用你。"

求职者（惊讶）："为啥？我不是蛮好的么，为啥不招我啦？"

面试官："听说虹口有个职业苗圃，想知道为什么吗？不如你先去那里看看吧！"随即递给求职者一张推荐单。

求职者拿起单子郁闷地走了，"去就去！职业苗圃……"边说边走到职业苗圃的背景后面。

场景二：母亲陪儿子面试后在回家路上

母亲："你刚刚的面试我都看到了，这么简单的工作你也面试不成功，你还有啥用？你看看你，读书不好好读，工作么又找不着，一点用也没啊！"（举手指着儿子的头）

儿子："人家不要我，我有啥办法。"两手一摊，很不服气被母亲指责。

母亲："谁说没办法的，听说隔壁王伯伯家的儿子就在虹口职业苗圃里面找到工作

① 虹口区就业促进中心是政府公益性就业服务机构，紧密围绕"创业促就业"和"创建充分就业社区"的就业工作目标，为劳动者、用人单位和全社会提供优质的就业服务。

了，你也去试试看呀。”

儿子：“我不去，要去你去。”

母亲一把拽住儿子的衣服，“走走走，快去快去，我陪你一起去。”于是母亲拖着儿子一起走进了职业苗圃背景后面。

播放 FLASH 动画配旁白：在求职的道路上，您是否也遇到过类似的问题？没关系，让我们一起走进虹口职业苗圃：通过心理疏导，打开求职心结；通过职场课堂，学习职场礼仪、提升面试技巧；通过家长学校，和谐亲子关系；通过职场体验，了解岗位要求、明确职业方向、激发求职意愿，实现自主求职；通过青年见习，提升就业能力，打造属于自己的职业树，让我们以崭新的面貌再次踏入职场。

场景三：虹口青年见习基地

见习青年小虞整理好衣服，走到人事部门口并敲门。

人事部经理：“请进。”

见习青年小虞：“周经理，你找我？”

人事部经理：“快坐下，小虞。”“告诉你个好消息，你见习期间表现优秀，公司决定正式录用你。回去后，你应该好好谢谢你们职业苗圃的带教老师呀。这是劳动合同，你看一下。”

见习青年小虞：“我知道了，谢谢您，我会一直努力的”

场景四：母亲又一次陪儿子面试后在回家路上

母亲：“俊俊啊，虽然今天面试没成功，但我们还是很有收获的。”

儿子：“嗯，这次面试让我了解了自己的差距，我今后会继续努力的。”

母亲：“嗯……妈妈相信你！”

儿子：“明天我还有一家企业的面试要参加，我想自己去试试。”

母亲：“好啊！你肯定来行的！”（母子俩击掌）

全体演员走到舞台中央，合唱。（歌词如下）

今天我终于站上这年轻的职场，
我会为你骄傲鼓掌，
今天我将要走向这挑战的远方，
职业苗圃助你扬帆启航。

主持人:谢谢周琴女士的演讲,同时也感谢虹口区的就业促进中心的表现,接下来是我们的互动环节,大家有问题可以和周琴女士进行互动交流。

周琴:大家有关于成长的话题都可以提问。

听众:您好周老师,我想问一下,如果自己家里面是做家族企业,自己家开公司的。您认为是在家族企业上班,还是选择外面的企业奋斗?

周琴:谢谢您的提问,我认为这个是因人而异的,如果你喜欢家族企业,有这样的资源那你可以出去锻炼一下,历练一下,回头再进家族企业也没有问题。但是如果你不喜欢这个家族企业,即便是让你在家族企业经营,你也不一定能够做好。所以我们说因人而异,要看他自己的意愿,不知道我这样的回答你满意吗?

听众:这是我自己的一个经历。

周琴:谢谢您,我也希望你能够找到自己内心需要的真正所在,因为我们说每一个人他都有自己心里的目标,知道自己想要做什么,能做什么。所以我们说不管有没有家族企业,不管内心强大之后,不管做出什么样的选择,只要自己坚持都可以成功。

主持人:谢谢周女士的回答,我们继续提问。看看哪位听众。

听众:谢谢周老师我想问一下,不是说现在留学很热门,你从老师的角度觉得,一个孩子他是不是一定要留学,还是说不一定,留学是不是真的能够增加他竞争力,因为留学也有很多回国的。到时候有留学背景的人或者没有留学背景的人,都来应聘的,你是怎么考虑的?

周琴:我们现在随着条件越来越好,可能很多人都考虑这个问题到底留学好还是在国内发展好。两个方面,第一个你出国留学目的是什么?有很多人因为大学没有考好好大学,在国内混不下去了,出国留学。花着父母的钱到外国留学,所以我们要搞清楚,为什么要出国留学。自己要有很强的愿望,出国留学想得到什么样的积累。如果你觉得可能因为在国内混的不好,我出去留学镀镀金,可能你回来,金没有镀好,家里的钱也花的差不多了。但是如果你本身在国内的时候,就是很有自己理想,知道自己的能力,知道自己想要什么,追求什么,冲着这个目标,我出去我对自己目标能有一定积累,出去锻炼自己。那么你回来肯定不一样,第一你出去目的是什么,第二在国外的生活方式不一样。如果在国外还在中国人的圈子里,你还是没有提高,还是学不到他们文化或者精髓的东西。所以你真正要带着自己的理想动机出去,而不是盲目说出去跟风。当然在求职过程当中,也碰到很多海归人士变成“海带”。他觉得回来以后一定要找到好工作,找不到好工作钱不是白砸了。但是他出去能够没有得到提升,这样他出去就和没有出去一样。谢谢。

听众:老师您好,我有一个问题,对于出入职场的人怀揣着一个目标,找到一份工作。但是真正当你在岗位上待了一段时间,理想和现实肯定会有差距的。

周琴:我们说每个人进入职场都还揣着自己的梦想,发现理想和现实不太一样,备受打击。但是我要知道不经历风雨怎么见彩虹,现在很多动物都没有本性。因为环境太好了,他们可能失去它们一些竞争优势,基因就退化了。我们的人一定要在逆境中成长,我们山上很多羊,狼很多的时候,羊始终保持警惕,所以羊拼命跑,它的能力越来越强,肌肉越来越紧实,我吃着也觉得越来越好吃。那你再吃现在的羊或者鸡,还有那种味道吗?也许就没有味道了,为什么?因为环境变的舒适了,它没有紧迫感,所以它的基因会退化。在职场中我们也是一样,当我们理想和现实有矛盾的时候,我们在想我们的理想是不是要不断修正。不是说我雄心壮志,我的理想是这个一定要实现这个。人的理想目标是遇到问题,不断完善和修缮,然后找到最适合自己的。所以碰到了挫折,碰到不一样,你始终要告诫自己,这就是给你的压力,只有经历了这样的挫折。你才能够成长,一个人只有经历了更多挫折才能够在挫折当中,找到如何摆脱挫折的方法。如何你都没有经历过挫折和谈经验可谈。面对这种落差,我觉得不可怕,多尝试才可以成功。

听众:周老师我的问题是,因为不单单是一些毕业生找工作的,其实还有一些已经在职场上工作过的职业选择和跳槽的问题。我的问题可能是双向的,在企业里面如果你发现工作人员他表现挺好的,然后他能力也是可以的。但是现在面临的问题就是,对于工作人员来说,他觉得我的能力相当不错,但是现在公司提供给我的平台,以及提供的岗位还有指导方面发展方面可能不和我的期望,那我会去找一些新的机会,这个是作为工作人员的角度。作为公司管理人员的角度,现在这个时候可能会根据具体的一个部门或者团队,他发展的实际情况,就是多方面的考虑,那么我可以提供给不同的人员的机会的话,应该也是有限的,而且是根据具体的人提供。在双方的这种情况下,如果出现了这位工作人员提出离职或者跳槽的想法时候,我的问题是这位同事他自己应该怎么判断和做一些取舍,这方面想听一下意见。

另外作为管理人员他怎么来和这位同事做沟通,还有他自己的工作怎么协调?

周琴:谢谢,她谈了两个方面一个是个人一个是组织,当我们觉得组织培养你的机制和你自己想发展的机制,没有很好吻合度的时候,个人和企业怎么处理。就像我们前面说的视野一样,我们个人从发展的角度观察这个问题。而组织是从一个部门的角度看待这个问题。比如竹子前几年的成长，为什么一直不长高，因为它在向下生根，到了第四年它会以每年几十米的速度成长，所以这是一个积累的过程。你的能力真的能力积累到你可以发展的时候，肯定是没有阻碍的企业一定会考虑到是否发展。如果企业没有这么做，你不妨想一想，我是不是应该再培养培养自己。而不是那么浮躁认为，现在就应该跳，是不是能够积累更大的力量。我们不排除很多优秀的人聚在一起，可能看不到你优秀的那一面，但是你知道，当你的光环积累到没有人能阻挡的时候，组织肯定会看到。所以个人要有一个评断，是我的能力真的可以跳槽了，还是需要再积累一下。如果我认为有更好的发展方向，觉得自己的能力可以达到。没有问题，你可以做更高层面的积累。

作为组织如果这个人在综合层面考虑的话，她还不是最优秀的，那么她的机制可能会激励更多的人，会有优先权的关系。不知道我的回答你是否满意。

主持人：我们互动的就告一段落，大家有什么问题可以和现场咨询专家进行交流，我们今天的讲座就到处结束，我们再次把掌声送给周琴老师，最后我们将调查表交给场外的工作人员。下一场活动为 4 月 30 号周六上午，由毕马威企业咨询有限公司人事总监，郁时明老《企业喜欢招聘什么样的员工》欢迎大家参加，谢谢！

招聘“内幕”

——企业如何选人才

郁时明

毕马威中国人力资源总监。曾是一位软件工程师，十五年前成功转型成为人力资源的专业人士，先后服务于斯伦贝谢(Schlumberger)、源讯(Atos Origin)等外资企业，负责华东华西区的人力资源工作。在毕马威工作期间，他与团队开发一系列的大学校园活动，如“精英计划”“大学生毕业展”“校友返校日”等，发展和巩固了毕马威在校园的品牌优势；他有很强的人力资源管理经验，曾受邀担任CCH主办的“中国人才”评选2008、2011和2013三个年度的评委；他热心公益，关心青年就业，也是静安区“巧搏职业指导专家顾问团”成员。

大家早上好！非常感谢有这样的机会和大家见面，今天来这里有高兴，也有紧张。高兴有机会和大家见面，同时，也看到有很多的职业指导师在现场，万一有些问题，有一些方面，我的讲座没有能够覆盖到的话，可以请教在坐的专家。在开始之前，跟场下的一些朋友们做了一些交流，有各种不同的情况，可能有些人已经工作了一段时间，有些人刚刚工作，也有一些人准备开始找工作。

不管您已经工作了，还是准备找工作，你设想一下，当初找到工作之前，投递了多少份的简历。如果你觉得五份左右可以找到一份工作的可以举手，有一个同学。如果是十份呢？再多一点，五十份呢？一百份？还有很多没有举手的，你们觉得投多少份简历合适？

我最近看到一份全球最知名公司之一的招聘报告，在一年当中，这家企业要招四千到六千名员工，他收到的简历是一百万份！相当于，如果按照五千名来算，平均每两百份的申请当中才录用一个人。前天，我参加了一个在上海的公益组织的招聘。公益组织邀请我参加他们的面试，那天面试名单上有 18 个人，因为有个别人没有来，只面试了 14 个人，准备招一到两名。他们的同事告诉我，这个 18 个来参加考试面试的人是在两百多份简历当中筛选出来的。我们可以看到，整体上对于任何的组织录用，企业的选择是在这样的比例当中，不管是从全球最知名的大公司，包括像我工作当中所积累的经验，还包括刚才谈到非盈利性的公益组织在招聘中的情况。

大家在想，我们这些企业到底怎么挑人，上周四我们经过整体的面试，在两百份里面挑出十多个人进行面试。当天有七个面试官，整体的印象觉得还不一定能够从这些人里面找到最合适的人选。大家比较关心的是，我们的企业也好，组织也好，在挑选人才的时候，我们到底在挑选什么样的人？为什么要从这么大的基数里来进行挑选。

对于企业非常重要的一点就是人才。对于企业来说，怎样的人才是它的人才？可能每个企业工作的方式，提供的服务，做出来的产品有很多不一样的东西。有有几个共性的地方，企业可以探讨。简单一点，我今天招的这个人，能不能来满足我的服务要求，满足我产品的要求。有没有这样的能力，有没有这样的基本知识能够做好。

除此之外，还需要考虑，招来的员工想不想在这家企业工作，能不能真正地投入，这非常重要。同时，这个人即使有这个能力也想做，他是否适合我们的价值观，能不能够融合在团队中一起工作。这也是一个重点，即使有这样的能力，你有这样的想法，但是对于我这个企业的定位，对于你自己的定位，对于您跟自己性格的定位，可能有很多不一致的地方，这个因素也会被考虑在内。还有一些非常特殊的问题需要来考虑，可能现在大家都在用微信、微博，经常有些企业会受到一些特殊事件的曝光，比如上两周有一个企业员工，做了一件糟糕的事情，虐待猫，被曝光了。这件事看起来是个人的行为，但是这家企业就受到了很多爱猫人士的谴责，爱猫人士在企业的公众帐号底下留了很多言，要求企业惩处这个员工。这些问题都是企业需要考虑的。

如果我们考虑的结构是知识，能力，动力或者性格，这是企业要做检讨的。在中国，在大学毕业生的招聘中，包括一些知名的学校，像在上海复旦、交大，很多的财经大学。我特别支持我们的学生，会强调自己有很丰富的知识，比如应聘一家会计师事务所，我学习了会计知识，专业的知识你可以来要我。会非常突出自己的优点，但是，我们也希望在座各位，要了解这只是其中的一个部分。很多时候理解知识和工作能力有很大差别，例如，我知道怎么写字是知识，但是要写出非常好的字，要经过很长时间的磨炼。即使一些非常知名的书法家，要写出被人认可的书法也要经过长时间的磨炼。

这个就需要我们来定位，可能在很多时候还没有这样的能力，但是自己的动力在哪里，自己的性格在哪里。比如有很多人说自己在这里做了一段时间，觉得好像不是非常合适，他在检讨的时候，可能会比较强调，自己大学毕业，也学了这些知识，也有这类技能，但是在工作当中没有得到认可。这个认可的时候，有没有来检讨，自己为公司带来的价值是什么？怎么累计自己的经验，要度过所谓的困难的时期或者瓶颈期，大家都需要把知识转成自己真正能力的时候，需要我们自身的动力，也就是自己是否愿意投入愿意付出愿意成长，这是非常重要的因素。

为什么我们在选人的时候就会比较严格，从企业的角度来说，在不同的发展阶段，在不同类型的企业，在挑选的时候也会有不同的侧重点，我不能说这四个点在每一个企业的招聘当中都一样重要，比如说有一些企业，我之前工作过，最早是软件工程师，当时有一些企业开展企业信息技术的应用，缺软件工程师，企业强调的是员工能够胜任就可以，不关心你的性格，你的动力。比如今天接到一个项目，最好马上到现场去，我现在可能没有办法来考虑其他因素。还有一些企业，比如现在毕马威招聘的时候，企业的目标不是员工毕业了以后，马上做具体的工作，带来很多的价值，更主要的是这些人能够在未来十年十二年十五年以后培养成为企业的合伙人。这个合伙人可以给公司带来更高价值。

这时候关心更多的不是员今天所具有基本的会计知识，企业更关心的是怎样来推动人才在职业当中发展的一些动力。我相信在行业当中有很多的企业，在大学招聘的时候，可能不看专业，把知识的本身放到比较低的地位，会强调能力的强弱，因为这个能力就是在大学，在你过去的成长，包括你的工作过程中，是怎么得到知识的能力，比如怎么学习，怎么跟人交流，怎么沟通，怎么提升自己。这些相对来说比较重要。

绝大多数的企业绝对不会处在两个极端当中，都在不断地平衡过程当中。不管在企业当中的成长发展，还是重新定位去找工作的时候，需要来识别对于企业来说，对于人才的期望是什么。

在企业的招聘当中，有很多失败的情况，包括刚才举的例子，有这么多的申请者，却不一定能选择到满意的人才，甚至会做出不招聘的决定。因为对于企业来说，考虑到每一次招聘所带来的风险，如果招聘不成功，简单一点的涉及到招聘的成本，培训的成本，但是更主要的是，如果我们招进来的员工，不适合，他会离职，有主动离职也有被动的离职，这对企业来说是很大的挑战。最大的问题在于我们从事工作，比如我现在需要一个队伍来从事这样的工作，如果我的招聘这支队伍没有成功的话，也就错过了一次机会。我们在研讨的时候，把所谓软实力看的更重一点，这个是能够让我们来减少任何的失误所带来损失的重点。这也是我们一直比较强调在每招一个人来看到这些有可能的，或者一些潜在的风险的重要点。

大家觉得我们在这个过程当中会有各种不同的一些选择，比如大家都会涉及到简历、投递简历、筛选、考试、面试，有不同面试的方式。每一步，从简历的筛选也要用这些指标来判断，面试考试也用这些指标来衡量，因为对于企业来说，刚才讲到的软实力才是重点。很多人的简历可能会强调自己，比如说我叫什么名字，在什么地方读书，做过的工作，但是没有很强调表达自己的欲望，自己职业的发展方向，总是让其他人揣摩你的能力和定位，这个对于您来说，相对来说跟其他简历有差距。包括一些考试，也会涉及到很多的职业技能，包括 KPI 的考试，我们没有考知识，刚才强调在这个招聘的阶段，不是考大学生招聘的阶段就不考知识，但是对于有经验的人，也会来考知识。这些所有的过程当中，我们会分析相关性，它对于未来工作的相关性，也就是研究的考试成绩的好坏和未来工作的好坏。

我罗列了很多不同应对招聘的方法，解释一下，这是在 1998 年的资料，相对来说比较陈旧，但是很遗憾，在还没有更好的方法能够对人做出非常科学的评估，这个在 1998 年的分析对现在来说还是有参考价值的。列出来是各种不同的选择方法所带来的有效性的分析，刚才讲到，企业在选人的时候很严格，但是，也设计了很多不同的方法，但是这个图表想告诉大家的是，这些方法的有效性不够好。比如有些人会按照大家申请表当中的笔记来判定一个人的好坏，坦白说今天还有人在用，比如一个申请表，有些人排版好，工作较认真，有些人也会做一些书面的书写，如果书写的文字非常的优美，他的工作应该较好，其实我也有这样的概念。但是科学的分析中，这种方式的有效性几乎是零，完全不能够判定。

还有根据兴趣爱好判断，这可能在七八十年代使用得较多，特别是西方，他们做很多销售方面工作的时候，做了很多相关性的分析，比如有三百个销售员，但发现只有两个销售员业绩较好，分析这些销售员的兴趣、爱好。他们得出一个结论，以后招销售员的时候，从它的兴趣爱好上判断，当时有这种分析。它的有效性会稍好。即使今天有一些企业在招聘的时候也会参考，包括有一些应聘的表，包括你自己准备简历的时候，可能也会加上一句兴趣爱好。

而学历，以前工作的情况，以及一些能力测试。这些测试相关性更多一点，比如上升到50%左右，越接近1越高一点。更多的是，会涉及到如果有一些工作的尝试，工作经验，比如有些学生会做一些实习生，或者有一些企业会让一些招聘者先做尝试，包括在上海市也推出针对就业人员，在企业当中做一些类似于见习的岗位。这些有助于企业能够选择的，跟工作直接相关的测试。

刚才讲的这些，可能有很多的方式并不实用，但是这些方式或多或少，都在各个企业当中使用，换句话说，还是要来注意这些方式。以上是数据或者分析告诉我的。但是，你在拿到不同的申请表当中的笔记时，还是会有倾向性的选择。

针对一些工作岗位尝试做一些工作，这就涉及到关键点，有很多人在一个企业工作一段时间，没有得到老板的赏识，没有好的业绩，就期望一个工作。其实，你即使换一个工作，失败的机率可能还是很高，如果在一个企业当中，你有不同的机会提升自己，或者在不同的部门当中改善自己，成功的机会会增加。如果你已经在一个公司工作，觉得这个公司还是不错的公司，只是岗位不合适，你可以尝试帮着其他的部门工作，哪个部门的工作你能做，可以多做一点工作，领导会看到这一点，看到就比较认同。这样的选择，对于企业来说，失败的可能性最小，对您来说失败的可能性也最小。刚才在下面交流的时候也会有这样的反映。

现在大家手机里有一个小的芯片，我做软件工程师的时候，做芯片里面的编程，最开始是大哥大的芯片，第一个芯片从法国进口过来，是我参与的一个团队从广州开始进行编程的。而我现在为什么会做人力资源？如果我做工程师，我跑到一个企业里面，譬如老总我要做人力资源，你会给我机会吗？你做软件工程师你为什么做人力资源？但是，因为我做软件工程师的经验增长积累，我带过团队，我就做了很多团队管理的工作，我们在需要有一些人力资源的岗位，在涉及到团队工作的时候，很自然就成为人选，我可能没有这方面的知识，但是我有能力，有自己的动力，所有的管理过程当中除了知识可能是我的缺点，但是，我在实际工作中已经在带领团队做了很多各种不同的工作，同一个选择角度来说，我成功的机会会更大。所以在企业做这个选择的时候，会比较容易选我，这也是为什么在职场发展当中的时候，我们可以有一点像吃着碗里的看着锅里的，这个锅不一定放大到跳槽，更主要是看你身边有各种不同的机会。这是跟大家的分享和强调，特别是已经有较稳定的工作，有自己的发展方向，但还有一些欠缺的时候，你想要找到定位，这个也是非常好的方法。

刚才讲了从科学的方法当中，尽管是十几年前的分析，到今天还没有看到更好的分析，就是我们有很好的选择人的方案，即使没有很好的方案，还是有很多在实际选择当中，有很多不专业的选择，这个指企业或者人力资源在选人的时候，其实并没有非常完善、非常专业，我们尽管用了一些不同的工具，这些工具也会打很多的折扣。因为涉及到培训的问题，或者说每个人经验的问题，你所面临的选择，比如你加入毕马威，给你面试的并不是毕马威公司本身，因为毕马威公司不能做任何决定，肯定是其中的一个代表，或者几个代表，人力资源部或者一个经理。人力资源的经理，包括我自己，我现在从业有很多年了，也会犯很多的不专业的错误。一种大家有不同面试的时候会涉及到的技巧，比如说有人进来第一眼就看，皮鞋好像没有擦亮，邋遢，这个人我不喜欢。这是对他的技巧，比如也有同事只招一个岗位，那就看一点，让他把皮夹拿出来，看里面的钱是整理整齐的还是乱七八糟的。从科学的角度来分析并不能判定最后的加入公司以后的工作表现，但是这多少还是会涉及到一点。

我们会问不同的问题，让你谈谈最不喜欢谁，或者谈谈自己的缺点。有很多人做决定的时间很短，比如我们的面试短一点十来分钟，长一点一个小时，但是做决定的时间，有时候只有三十秒或者一分钟，有些人做决定是头三十秒，也就是我进门坐下还没有讲话，他脑子里就已经做了决定。接下来跟你面试二十分钟的话，他只是在不断地证明他自己的决定，也有一些人做决定可能在最后，可能在二十分钟三十分钟的交流当中，会把前面的一些东西忘了，他只是在最后的时候会做决定。有一些比赛、擂台赛会抽签，我是一号还是最后一号，包括有些人在电视上演的我是歌手，大家觉得抽到第一号会被观众选择的机会低一点。人力资源的专业人员理论上不应该是这样，但是我们还是人，还是会这样。

还有很多的偏见，比如我的老板是这个学校毕业的，他做得非常不错，一看简历，你也是这个学校毕业的，就会开始有一个预期，要录用你。我们现在的外资企业里，女生在面试当中会有一些优势，有一个原因是因为女生的英文比较好一点，一开始开口英文的发音，一听是经过很强的美式英语的训练或者英式英语的训练。这个时候很容易感觉你的各方面能力都不错。有模式化的，原来的工作当中，就认为你原来应该从事什么工作，做了什么事情，有什么证书等。我讲这些原因是我们在自己日常的工作当中也好，去面试过程当中也好，跟人的交往当中也好，这些问题都是存在的，是不可避免的，这些存在的问题，你不能等着其他人来发觉，比如怎么样让面试官在三十秒当中不要淘汰你，一开始进去，还没有说话，人家已经有印象，这个时候你要做什么准备。这些是我们需要关注的，包括在公司当中，你在见不同的人，做不同的项目，不是说这件事情跟我没关系，我给人家脸色看，在他的脑子里就已经知道这个人以后不会有很好的合作，你职业的成长空间都比较有限。同样的话，我在做一个工作的时候，这份工作如果一开始的时候，做得不是太好，有一点小问题，你就知道可能给人造成不好的影响，怎么改进，补救，因为这些都会造成相关的影响。

很多人可能知道所谓的影响，就会做出一些不同的调整，如果我们是针对面试的角度来说，因为有人觉得面试时间太短了，可能不要我了，对我没兴趣，我要让面试时间变得长一点。面试的时候，怎样变得更加主动、更加积极，或者想办法了解，面试官希望听一些什么样的话，或者在面试的过程当中，人力资源专员的决策权不大，我想最好由一位经理来做面试。这些应对的秘籍没有太大的作用，更大的作用是要看到自己想要能够表现或者达到的是什么。以前看到过这样一个例子，一个面试在走道里发现地上有一张废纸，他把废纸捡起来，扔到废纸篓里，最后面试官录用了他。从某种意义上说，有些人变成秘籍，我做一件好事让人家录用我。

有时候在挑人的时候，有一种情况，按照你的优点来挑，还有是按照你明显的缺点来选择的。电视上有一些职场比赛的评判，对选择的时候，也是这样，我们有时候把一些经验变成了，我是因为没有录取的因素变成了我录取的因素正好倒过来，所谓充分条件、必然条件的反转。这时候我们需要知道的还要回到本身，我怎样成为所谓的人才，这个时候，就要来检讨一下，还是回到检讨、知识、能力、性格，我们是否有一些自己的欲望和动力。从这个角度来说，立于不败之地。

对于自己来说，刚才谈到了很多对于企业招聘当中的要求，也有包括在企业招聘当中，可能会碰到的问题，对于您来说，也可能会碰到的一些在企业的招聘当中所谓不专业的问题，不单单是停留在招聘这个点上，在工作当中，生活当中，跟人沟通的时候，都会有这样的情况，刚才讲过公司在选择应聘者的时候，有按照符合条件的进行选择，也有按照所谓的排除法来选择。对于我们自己，如果只是本色还不行，因为您不知道自己的本色是怎么样的，这里要强调，我们要塑造自己，塑造的时候，我们要想象一下，自己的形象是怎样的。接下来会讲到涉及到面试的准备，更加重要的是，我们日常的准备。有很多的工作机会可能在你的身边，你如果现在已经在公司工作，你未来的发展、成长，每一天或者每时每刻都在某一种形式的面试考核当中。养成和塑造是比较重要。所谓的养成和塑造有很多企业有不同的需求，可能对于自己的需求，但是我们现在相对来说在比较文明的社会当中，对于很多的养成塑造还是有很多一致的点。比如怎样表现礼貌，有一些所谓的小故事，在公共汽车上没给老人让座，骂了老太太，结果发现老人是他女朋友的妈妈。告诉自己你在每时每刻扮演着自己的本色，这个本色是跟现在社会的价值观保持一致，这也是企业需要的。不是今天是这样，明天在公司则变成另外的人，或者原来是这样的，在面试当中完全展现出另外的样子，如果你是一个很好的演员，可以做演艺的事业。但是大多数人没有办法做到，自己的生活习惯，日常积累都会来展示出来，这是非常重要的。

不是明天要去面试了才开始做准备，而是每天都进行准备，这个准备就是养成和塑造，你可能没有办法让所有人喜欢你，但是你要认同自己，能够让更多的人认同你，在日常任何和人的接触，打交道的时候怎样定位自己的行为是非常重要的。其次，比较着重在工作的申请当中，但是我希望大家能够设想一下刚才讲的，不单单是面试，因为面试只是特定的点，其实在我们每时每刻每件的工作中，都要能够看到自己在受到其他人的评判，从这个角度来说，你可能每时每刻都是被面试的过程当中。这些评判的优良，对于您职业生涯是非常重要的。

找工作的时候，具备有哪些专业的知识，要突出哪些能力，我自己职业的发展期望，爱好等，这是一个重点。除了这个之外，也需要预测一下每家公司本身的需求。我们有很多申请者，他会觉得某些东西不重要，相信金子总会发光。很遗憾，即使你一匹千里马，我们的“伯乐”是否能找到你是个问题，所以还是需要你怎样把这些东西展示出来的同时也要按照伯乐的要求做出你的工作，这样的话才能够使得你有机会来发展。

每个不同的企业有备白的测试要求，一般有三类的测试，一种是专业知识的测试，这个是测试你的知识能力，不同的企业，比如一家建筑行业可能会测试跟建筑相关的知识，如果是广告营销行业，可能会跟广告营销相关的，如果是其他的服务行业，他有不同的知识。一种是职场性格测试，一般企业在做职场测试的方法时，不会特别来选择或者淘汰人，而是用来跟他的团队做匹配，比如说你这个人跟我的团队的工作是不是会融合在一起，刚才强调一些性格，一些脾气对我们的工作有很大的影响。

从这个测试的角度本身来说，我觉得是没有必要做任何的准备，因为您是什么样的就是什么样的，如果公司觉得您的性格的发展不适合这个工作，或者不适合在这个岗位当中的工作，我觉得就没有必要一定要这份工作。因为本身的性格脾气没有所谓的好坏，你说开朗的人比内向的人好，不是这样的说法。主动性比较多一点的事情，好像我们在一个团队里，我一定要成为领导者的角色，作为团队一分子的角色，没有这样的绝对。

有越来越多的企业开始使用第三种测试：能力测试，这个跟专业没关系，跟性格也没关系，主要是怎样通过这些测试能够了解你的逻辑分析能力，可以去做一些了解，可以做一些自己的尝试。但是也不是必要，好像考一些知识类型的题目，你需要做很多的准备考试，要考到几分，这也不是重点，重点是熟悉题型来表现自己。

在面试的过程中，面试跟一般日常时候的见面是不一样的，有两点，面试相对会比较紧张，如果我今天去面试我也会紧张，因为我要去面试肯定有自己的目标，这个目标是不是能够达到，是不是被人家接受认同，这个时候又患得患失，就会紧张，紧张是每个人都会有的。我在这里想强调的时候，要迎接紧张，这个紧张是非常自然的。如果我们家里养条狗，如果有陌生人进来以后，它马上会做出一些来保护自己的动作，其实那个时候它的叫声、动作就是紧张的表现，但是你不会认为这是不正常的。我们也一样，在面试的过程当中，如果自己紧张了，不要觉得不正常。同样，面试官也不会因为你紧张而对你有什么看法。为什么特别强调，我发现有很多人在面试时候的表现跟他在日常中的表现有较大的差别。因为紧张造成了很大的差别，紧张是你本身应该具有的，一紧张的时候，有可能更加敏感，动作会不自然，如果你拿纸的话，拿一张单纸的话纸会很抖，在面试的过程中如果拿一个厚一点的本子，你紧张的时候，抖的时候不会太注意，对方也不会太注意。这些只是很小的技巧，有时候不一定拿起来，可以放在桌上，这时候你紧张的时候，不会放大，看不到他紧张的动作，他也看不到自己紧张的动作，不会把这个情况恶化。

有一些人喜欢带一些东西去面试的场所，放在桌上或者凳子上，但又是自己比较陌生的环境，所以你在面试的时候可能会不小心碰到并跌落。一般我会建议，将物品放在地板上。我这里虽然指面试的过程，你在任何工作的交流过程当中，都可以来适当地往这个地方想，这样就变成很自然的行为。比如我在工作的部门当中，今天由于什么原因，我需要一个部门的协作，你去另外的部门负责什么样的工作。这个时候，可能没有人，但是您所表现出来的行为，都记在人家的脑子里。

在做这些准备的时候，你还要知道一点，比如我是这样的一个人，我不会说一定要让别人也认为我是什么样，假如我已经是一个有礼貌的人，但是如果别人认为我不礼貌，那也我没办法，因为每个人不一样。我们可以做自己的事情，但最后的结果，不是我需要考虑的，我们在每时每刻，如果都做我们认为比较合适的事情，你可能会得到不希望得到的结果，但是一点点的积累，随着时间的推移，长期来说会有比较好的回报。

再回顾一下，不管在跟人日常的交流当中，特别在职场当中，还是你去准备找工作的时候，要想这几个点，一个是知识的技能，一个是自己的能力，自己对于未来发展的期望，是否跟这个企业保持一致，自己的性格是否能融入，这些是比较重要的。不管在任何的交流当中，包括你提交的文件，回答的问题，这些是比较重要的一点。

第二，我们讲企业人员的选择，要记住一点，我的应聘不是从投简历开始，应聘是从日常生活的积累开始，很多的工作机会不是在网上，不是在简历，所谓让你申请的机会，很多的工作机会可能就在你的身边，就在你的公司里。我想很多人的成长发展，比如你听到很多励志的故事，最近看到阿里巴巴一个前台员工的故事，他从一个前台做到阿里巴巴的副总。这些励志故事，对于很多的工作发展也是这样，包括我自己，我从大学毕业到现在，已经工作了很多年，我现在的工作是第三份工作。我从软件工程师到项目经理，差不多每一两年都会有一个新的不同的工作岗位，这些职位很少去外部招聘，就是在日常的工作积累当中来的。我不是说不要到外面找工作，外面找工作也是有的，特别是已经有工作，而且在企业，从各方面都不错的，可以看到你自身的价值。这一点还会特地的再强调一下。

主持人：感谢郁时明先生今天精彩的讲座，为大家分享了许多企业招聘人才的内幕，同时传授了许多面试的技巧，求职的技巧。接下来进入互动环节，大家有问题可以郁时明先生现场交流。

听众：郁时明先生你好，非常感谢你精彩的分享，我看到您之前在软件公司做工程师，后来转型到人力资源，我对你转型的过程非常感兴趣，想听听您的想法和感悟。

郁时明：我相信这个经历对在座的有一定的帮助，我大学毕业以后做了几个不同的工作，软件工程师做了很久，后来转到人力资源的原因是，在工作当中，每个人的力量是比较有限，我在做一些工作的时候，都会觉得，自己再怎么干，一天就这么多时间，怎样让大家一起合作，一起有共同的目标来发展，这个方面会非常有意义，我觉得自己的角色越来越多地变成了鼓励和帮助其他团队成员的角色。这个角色的发展，因为随着工作内容的扩大，我的团队不是太大，少的时候二十几个人，多的时候四五十个人。这个团队也看到了发展，我有几种不同的选择，其中一种就是继续作为团队的领导者，我更愿意希望变成能够专职的通过资源管理的形式找到更好的人组建更好的团队。因为日常工作的积累当中，也在同一个公司里，刚才我讲了很多，我相信在那个过程当中，当初公司的决策者也能够看到虽然我没有做过人力资源的工作，也没有学过人力资源的知识，但是在团队管理当中，我已经展现出了人力资源完成工作的能力，我的想法可能跟公司的期望保持一致，这样的转变就比较顺其自然。

这个改变不是一天，在您被任命为开始做人力资源工作的那一天开始的。在日常的工作当中就已经有很多这样的工作，已经有很多这样的交流，也可以说是日积月累、水到渠成的过程。如果做的转变是突然性的，即你的机会相对就比较少一点，除非是有一些朋友，或者是家庭投资的企业，可以做这方面的决定。还有你在日常的工作当中，你的欲望，你的想法，已经贯彻到你跟人打交道，公司的具体工作当中。当你提出变化的时候，甚至没有提出，其他人跟你做交流的时候，你可以做这样的选择。

听众：郁时明老师你好，请问一下，您从软件工程师转型成人力资源总监，这个过程当中，您遇到最大的挫折，大概有哪些？你是怎么克服它的？

郁时明：不能说最大的挫折，这两项工作有很大的差别，做工程师的特点是一加一永远等于二，如果编一个程序，我执行一百遍、一万遍，它的结果是一致的，不会有任何任何的偏差。但是，做人力资源的工作不一样，我每天跟你说早上好，可能对于您跟我的交流的反映是不一样的，你可能会看，我的脸色，我的想法，我的眼神都会涉及到，或者我们在做很多的工作当中，我做一个软件工程师，我加了这些设备、程序、应用以后，它的结果是可以预测的判定的，是非常明确决定，但是人力资源是不一样，比如我希望你好好地工作，公司决定给你多加两千块钱工资，我能够预测的结果，我希望您会更好地工作，更努力地工作，能够来达到跟两千块钱相应的回报。但是它的结果可能不是这样子，可能会觉得为什么这次只加了两千块钱，隔壁的小张加了两千一百块，为什么他比我多一百块？我真的不想干了，这样的结果，如果是作为一个软件工程师的话，增加了两千的参数，他的结果肯定是一个设定。刚才讲到的很多在日常工作当中的沟通，每一个点都可能会给你带来一些变化，但是这是一个不确定，比如说我要在面试当中见一个新的人，我觉得应该这样的穿着打扮，对方的回应可能不是我期望的，或者你期望这会涉及到你要做好你的事，但是结果不是你所期望的，你要做好你的事情，还是有一些逻辑、方法，像我们刚才讲的，你要为自己的职业有很好的定位，您做的方式方法怎样变成一些礼貌的行为，自己的专业知识，这些东西都需要来做。但是做的结果，并不是说明天就能够达到什么样的固定的结果，但是你持续做的话，您得到成功的机会就大很多，像刚才相关性的做法，有些机会相关性很小，但是有些机会是达到50%、60%。这是做人力资源和具体工程师的差别，这也是对于我来说在日常的工作当中思考当中一直在不断挑战自己，从确定的变成不确定，但是这个不确定又不是一个完全不确定，具有很大的相关性，只是不是一一对等的关系，有可能一等于零点几，有可能等于一百，这样的努力结果是不一样的。

听众：郁时明老师您好，非常感谢您今天和我们这样的分享，请教一下，您今天谈到的是企业招人的内幕，关键在选人才方面，您在职场发展当中，第一个问题是，您最痛苦的一次选择是什么？第二个问题是，您最高兴的一段经历是什么样的？

郁时明：要回答你这个问题是蛮痛苦的，坦白的说，对于招人，每一次的招人抉择都是痛苦的。为什么说痛苦？其实刚才讲到，因为我永远有患得患失的过程，你说公司今年发展，我要招一千个人，我需要一千个人，公司才能够发展，但是这一千个人从哪里来，他未来成长是什么样？我们刚才看到了，现在如果有一个人放在你的面前，各种情况看起来都非常符合，作为人力资源，有些作为业务伙伴，但对于我们来说我们比较强调的是，这个人如果进来不成功我怎么办？这种矛盾的话，就会有不同的选择。一个企业决策是关注长远的，那就坚守长远的定位，这应该是非常重要的过程。我觉得没有所谓的最痛苦的，永远是这样子。我们每年有很多很多的人来应聘，有很多人说，为什么每年有几百万的大学毕业生，你只招几千个人都招不到，从大学毕业生来说，自己这么优秀，怎么这么难进理想的单位。我们的这些矛盾是我们所面临的抉择，挑战比较多的地方。我在大学招人，主要看他十年十五年以后的发展潜力，而不是说今天，有些人说我CICPA考试通过了，是不是能进贵公司，也只是满足其中一个条件，如果只是这个要求，企业不需要到学校做宣讲会。这一点我们在拒绝看起来非常优秀的应聘者的时候，那些申请者的时候，可以说都是面临着痛苦的选择，但是我们不得不做。

但是我的工作有一个好处，我的年纪稍大，但是在学校里比较多一点，我差不多在每个学校每年去好多次，甚至办很多不同的活动。基本上跟年轻人在一起比较多，这可能是我比较喜欢在学校里，比如有些学校，我们有举办很多不同的活动，可能跟学校的学生交流。最近听到一个学校说，比如谈到要读研究生还是开始工作的话题。有些人已经拿到我们公司工作的邀请函，但是因为他自己觉得要出去读书，还没有出国留学或者没有读硕士生，好像职业的发展或者学业没有完成一样。这个我做了很多的交流，我现在听到越来越多包括一些家长的反馈，我们孩子在哪个学校说了就不愿意出去读书了，现在已经有了工作了，出去读书还是回来找工作，觉得我已经觉得要有这样工作的发展是我以后的目标的话，为什么现在出去读书？特别是读商课，以后工作可以通过在职，或者当职业发展有瓶颈了再读。这些想法听到以后，就是你的影响，影响了我的孩子或者影响了我孩子的同学。我不能说我说的是对的，但是我想多少有跟跟同学的交流能够得到应该，可以说是比较开心的一件事情。

听众：郁时明老师你好，在一个公司工作几年以后为了寻求更大的平台，除了跳槽，我们可能还会有创业的想法，我想咨询的是，如果打算创业的话，我们需要做哪些方面的准备？

郁时明：坦白的说，对于创业这个话题，我可能了解的不多，从个人或者我的朋友当中，有一些在创业方面做一些很小的分享，我没有在创业的话题中来做过太多的分析或者研究。我有几个朋友在创业，我觉得创业，可能有几个点非常重要，第一个点，创业要有非常强的信心，你可能面临很多的困难，不应该考虑太多的短期回报。从某种意义上说，要抛弃很多的自己希望得到的短期回报，自己对这个业务，对这个发展好像生命一样，很多人把创业当做自己的孩子培养，这个比较重要。第二点，一定要用足各种各样的资源，因为创业不但自己艰辛，而且会消耗很多的资源，我有些朋友自己储备蛮充分的，如果你没有用足这些社会的资源，你很容易在竞争当中被击败。这是我能够看到的两个点，一点真正的认准这个东西，甚至可以为之牺牲生命的努力，你看有很多的创业者，他们就是这样做的，还有一个是不能凭一己之力，怎样用各种各样的资源。

听众：郁时明先生你好，听了您的讲座，我感受非常大。您是作为从软件行业直接成功转型为人力资源类的工作，您的故事告诉我们，您的转型是非常成功而且是水到渠成的，现在很多年轻人从大学的时候就开始想着把自己的人生规划好，从您的故事当中看到很多东西并不是事先规划的，但是现在非常强调早期规划的意识。那么在早期做规划中最重要的有哪一点。第二个，在人生职场当中，我们关注比较多的群体是年轻人，像我这样的中青年人人群，可能往往社会不是给予更多的关注。对您来讲您是成功的转型人士，对你自身的感受给在座的中青年群体提供一些非常有益的建议？

郁时明：说起职业的规划，我们每个人都有理想和目标，但是，你要做的多具体，你可以想象，三年以后五年以后，十年以后，是什么样，您的方向是什么，我在读大学的时候，我不认为我自己可以从事很多的工作，比如当初改革开放有很多机会做一些销售类型市场工作，因为国外的技术引进，我们需要在市场打开。我不认为我能够做这个东西，所以对我的职业理想没有这个方面。我随着工作的积累我会发现，自己跟陌生人的交流不是很好，但是如果跟一些熟识的人，熟识的朋友、同事交流会更加自信，或者更加透彻，大家互相信任，我从这个角度会看到这样的方向。

对于大学生做职业规划，要看看你自己的想法、目标，可以由一个规划。第二，这个规划可以成为您比较大的方向性的规划，但是并不是你一定像我们国家的什么“十三五”规划，每项任务非常明确的做，你可以把大的方向做好，大学生我有一些鼓励，他想在外企工作，但是英文能力比较差，从这个你现在可以规划，你现在英文能力差，一年以后不能再差，三年以后你要为自己英文能力感到自豪，这个时候你就变成具体的实施，怎么读书，怎么训练，怎么提高。不一定要在五年以后，在哪个公司做一个总经理，这可能是你的梦想想法，但是不一定是在这个时候所谓的达到不达到，因为这个时候你不一定能够做的到，这是一个。

特别是年轻人，我们在现在的很多成长，就说大学生这个团体，一直到他高考结束哪一天，我相信大概90%以上的同学，包括这些同学的家长，他们从来没有考虑过将来做什么，或者说有想过，但是没有真正严肃想过的。因为所有的工作只有一项，高考的分数，第二个，比如有很多同学报考不同的学校，可能没有考虑，我的兴趣爱好，我未来职业的发展、成长，因为这些学校报考的时候是看到他得分数可以从哪些学校当中来排列，可以进哪些学校。在很多时候，一旦进入大学的时候，有很多人第一年第二年都处在调整放松的过程当中，当大学三年级大学四年级面临职业挑战的时候再考虑这些问题，这就是为什么在学校里组织了很多活动，让大家有一些体验，为今后发展定目标。从这些同学来说，有理想，有发展，有目标。第二，如果是碰到有机会的时候，不要太强求跟你的理想目标来做严格的对应，就好象有很多年轻人谈恋爱，在没有谈恋爱的时候列的条件很多，如果真的碰到对的那个人了，这些条件就变得不是很重要了。在职场当中也是一样，有很多学生，甚至问我，郁时明老师，我也不知道自己想做什么，我的建议是，既然不知道想做什么，那么哪里有机会给你，你就尝试，为什么一定要想明白自己做什么再做呢，如果真的没有的话，你只是知道出来找工作，不知道做什么，你就尝试,在尝试的过程中定位自己。

第二个问题,跟年纪轻或者年长一点,没有实质性的差别,虽然从不同的企业,我们企业没有经验的招聘,从大学生招聘,对于三十多岁,或者已经在工作当中有一段时间的机会比较少,我认为还是在身边会有各种不同的机会,这些机会还是在日常的日积月累当中看到这些机会,有些机会,还是在所谓的招聘的网站上,或者招聘的告示当中。有些机会,就是你的朋友,可能是现在的工作的同事。唯一的一点,我们要主动的跨出去,往往我们自己会有一些限制,如果没有主动跨出去,也不会有机会。主动跨出去的时候,你要知道有两种可能,一种是成功,一种是失败。而且你要知道,失败的可能性要比成功的可能性大得多,这个就是为什么很多时候不愿意主动跨出去的理由,但是你不跨肯定没有任何成功的机会,因为没有这样的契机,如果跨出去,虽然失败的机会比成功的机会多的多,但是还是会有成功的可能,我觉得没有年长或者年幼之分,只要通过日常,塑造自己,在日常的生活,日常的工作当中看到机会的时候,能够勇于的挑战自己,跨出这一步,面临更多次的挫折和失败的结果,往往就是你的成功。这是为什么我问大家,刚才讲的平均两百份申请当中招一个人,你觉得你要找到合适的工作,需要做多少次申请。在座的各位不需要这么多,但是还是要走出这一步,可能一次两次可能十次十二次,你就有机会。

主持人:谢谢郁时明先生精彩的讲座,时间关系,今天的讲座到此结束,最后让我们以热烈的掌声感谢郁时明老师。

巧过面试关

——与职场的第一次亲密接触

孙一蕾

高级职业指导师，首席职业指导师，从事职业指导工作8年。在职业指导中倡导并运用“找感兴趣的工作，在工作中培养兴趣”的指导理念，以灵活多变的指导方法，帮助指导对象认识自我、合理定位，从而实现理性求职。

各位听众大家上午好，很高兴今天有这样一个舞台，这样一个机会让我与大家分享，关于面试的那些事儿。说起面试，我们知道只要我们在求职，面试就是我们不可避免的一关。所以说它很重要，因为它的重要，所以我们更加会有一些紧张，会有很多顾虑，怎么样才能在面试当中拔得头筹。怎样能够克服面试中的紧张，我们今天所说的面试中的事情，和往常的有些不同。因为我们知道在很多书籍当中，有很多职业指导专家，都有过关于面试那些有用的知识与大家分享。

今天我们要换一个角度看面试，那么换一个角度之后，我们如何能够巧妙通过面试这道关呢？我们说今天我们的最大一个技巧是什么？总体的技巧是，如果我们把面试按照时间轴来划分，那么我们可以把它分为“三七”，大家可以看到 PPT 当中有一个日历，黄颜色的部分我们称之为准备期，红色的是指我们面试当天，我们把它称为面试的发生期。当然在面试的当天，在面对面试官的时候，我们也有很多技巧。那么面试完了，大家看到的绿色的这两天，我们可以将它称为面试的总结期。那么我们接下来就与大家分享，在这三段时期当中我们各有什么技巧可以学习，帮助我们巧妙通过面试这道关。

面试的准备期，我们说重要的事情说三遍。那就是准备，准备，再准备！阐述之前，我想与大家分享一个格林童话叫作《老鼠、香肠和小鸟》，从前有一只老鼠，一只小鸟和一根香肠，他们三个组成了一个家庭，他们在这个家庭当中分工合作，日子过的相当惬意。也有了一定的积蓄。小鸟每天负责在森林了拾柴，香肠每天负责在家里做饭。老鼠他负责在家里挑水、生火，日子过的很愉快，这样日复一日。有一天小鸟唱着欢快的歌到森林里了，今天他在森林里遇到了一个同伴，是另一只小鸟。另一只小鸟问他，你过的好吗？他说我现在过的很好，我现在和老鼠和香肠组成了一个家庭，我们在家里各有分工，日子的很欢快了，他就把分工情况介绍给另外一只小鸟了。那只小鸟说，我发现你有点傻，拾柴的小鸟听不懂说，我傻在哪里了？我觉得挺好的，他说你想想他们两个真会偷懒，都抢着做家里的活儿，只有你每天辛辛苦苦要出门干活。小鸟听了之后有点闷闷不乐，回多家中之后的他情绪明显不好。之后他的家人就很关心他，就问他了怎么了。小鸟说我觉得我们的分工不合理，然后香肠和老鼠拗不过小鸟，问小鸟你要怎么分工，小鸟说我来负责挑水，我负责生活。香肠说那去挑水的话，我每天负责拾柴吧，老鼠就说那看来我只有给大家做饭了。然后他们就按照这样的分工，在这个家庭里生活下去了。可惜新分工第一天发生了什么事儿？

香肠早早到森林里拾柴了，小鸟把火生好了，等着香肠回来。然后等等还是不回来，小鸟说那我出去找他吧，他来到森林里他看到一只大狗，他就问他有没有看到香肠。大狗说我是看到一根香肠，但是这是你们家的吗？我觉得他是一个间谍，为什么？他说因为他做了不符合自己身份应该做的事情，他说他是香肠我不相信我就把它吃了，小鸟着急了，他就赶快把这个事情讲给老鼠听。老鼠正打算烧水，一听这个事儿就掉进锅里了。小鸟想把他救出来，但是他去拿水桶的时候，它太轻了，结果淹死在井里了。

我为什么给大家讲这样一个故事呢？对于准备期来说有什么启示，准备期的时候要问自己三个问题。第一个问题，到底谁在求职？我们说小鸟本来在这个家庭过的很快乐，但是它出去听到别的小鸟说他们欺负你，这样对你不合理。在我们求职当中同样是这样，我们有时候拥有自己的职业定位，职业选择的思路。但是也许我们的父母会和我们说，你那个工作太辛苦，你那个工作不稳定，你不要去，重新选择一下。于是我们就动摇了，或许我们很多应届生、大学生最早求职的时候很多时候在寝室里面，对于寝室室友来说，有一个室友应聘一个岗位，其他三个会一起去。我们就问这到底是不是你的求职选择呢？别人的选择你能不能拿来套用？还有，我们碰到很多朋友，朋友去面试了，有些紧张，说你陪我一起去吧，我们听的时候我们好像演员他的成功之路就是陪面试，然后陪面试的人成功了。但是这是少数，大多数的时候我们陪同面试想我来也来了就一起面试，你什么都不知道怎么面试，就不能在面试中有良好发挥。我们说无论是谁给你的选择，或者是你自己做的职业选择与定位，当你去面试的时候一定要把它当成你自己选择的岗位去准备。这就是说第一个技巧。

那么第二个技巧，选择和努力谁更重要？我们说选择和努力都很重要，那么在职业选择上面去应聘什么岗位这件事儿上，到底是选择重要还是努力重要？我们有没有想过在我们刚才讲的那个故事当中，为什么香肠负责烧饭，而不是其他两位家人呢？因为香肠身上有油，它利用自己身上的优势和特点，他烧的时候只要在锅里滚一下，就可以轻轻松松把饭做起来了。那为什么小鸟适合拾柴呢？因为它会飞，他飞的很快，有尖利的嘴巴把柴拾回来。为什么让老鼠挑水？因为无论是香肠还是小鸟都不会游泳，只有老鼠适合这样的工作，它拥有这样的技能。碰到水它不会被淹死，反而能够在水中游刃有余，为家人取回水。所以我们说你在面试之前，肯定要选择什么要的岗位。我们刚才有位指导师为大家分享，职业定位非常关键。你去面试之前，一定要想好要面试什么样的岗位。

说到这里我忍不住要和大家分享一组数据，这个数据是我上个周做听众的时候，听了一位资深人力资源的总监。他说有一家国内很知名的大企业，他一年招聘的数量大概是 4 000～6 000 人，那么大家想想他一年大概能收到多少份简历？有没有人愿意猜一猜?

听众:40 万。

孙一蕾:那我们说有没有敢更大胆猜一猜这个数字?我们今天所有的互动都准备了一个小礼品的,希望大家积极与我互动。有没有?

听众:200 万。

孙一蕾:那你的胆子有点太大了,我们的正确数字是收到 100 万份左右的简历。我们取一个平均数,一年招 5 000 人,也就是说一个岗位有 200 份简历。如果说 200 份简历,你要面试多少人,还有没有人要猜一猜?大型的企业会从 200 人当中选多少人面试?

听众:20 份。

孙一蕾:他说的很对,200 份简历只会挑选 20 份来面试。那么对于我们个人来说我们在求职的时候,我相信绝大多数的人都非常努力,这种努力体现在哪里?我每天花多少时间浏览于各大招聘网站,我每天投出了多少份建立简历。据说一个人从他开始求职,到他找到工作,他可能要投 50～100 份简历。那么我们不能说你为了一个工作岗位投了那么多简历,我们不能说你不努力,反而要说你很勤奋,非常努力。可是成功了吗?没有成功,因为在求职选择的时候,真的是选择比努力更重要。选择好了,目标明确了,那么效率也就会提高了。

第三问专业、兴趣谁才是我们职业选择当中的主导?我们在日常接待当中会碰到很多应届生或者青年求职者,我们说那你要找什么样的工作?通常得到的是两种回答,第一种是我是学机械专业的,所以我要找与我专业对口的岗位,这个我们说的是他在职业选择的时候是以专业为切入点的选择。因为我们说选择专业的时候,未必根据我们心意选择的。选择出来的有可能是条件,或者各种各样因素造成的。但是这些人很明确,我求职的时候我专业肯定要放弃的,那你怎么着?他说我有兴趣,那你喜欢什么,这个问题我们稍后会详细说。那么我们说专业和兴趣,在求职的时候到底谁是主体?这是我们说在面试当天之前需要给自己问的三个问题。

那么接下来我们在面试之前还要做什么事情,我们简称为的"一看",这个东西并不神秘,每一个求职者都可以看到。这是企业的招聘简章,有的人说招聘简章我还不会看吗?那么我们现在就来互动一下,看看大家到底会不会看。大家可以花一些时间,看一下这则招聘简章。我与大家的互动是请听众看了之后,告诉我三个或者你找不到的话,两个一个都可以,你从这则招聘简章当中,获取了什么样的关键信息。这个关键信息在你去面试当天,对你来说是有所帮助。有没有人愿意与大家一起分享?我先与大家分享一下，如果是我看到了这则招聘信息，我首先会看单位简介，在单位简介当中我获取了一个关键词是销售。这家公司是卖产品的，那么所有卖产品的活儿，对人有什么样的能力要求呢？我觉得因为我不是学市场营销专业的，如果是我学文学专业的，我去应聘我就会说可能公司不管做什么岗位，都要和销售有关。我可以强调一下，我可能销售上的文案写的比较好，在面试的时候我可能会把文案展示给面试官看。

有没有愿意与我们分享你所看到的关键词？

听众：不好意思我试着说一下，从头开始的话因为它有一些要求，比如说资料的翻译以及书写，我们看到上面写着主要销售到日本、韩国、台湾。我想里面可能有一些关键点是翻译，如果是日本、韩国的话，要求对方是有日语还有韩语的一定能力，第二的话熟悉 ERP 以及 ISO，我感觉要有一定的工作经验。下面任职要求里面写着性格外相、反应灵敏，它要求个人性格上面要比较聪明，亲和力的话，他可能在外贸上面有点要求。后续写着有一定的责任心以及承担较大的工作压力，以及愿意与工作共同成长，这是一个比较新的公司。它可能涉及到平时需要加班。

孙一蕾：这位女士心非常细，她首先看到的是日本、韩国也就是说如果你具备这样的日语能力或者韩语能力，你在你的面试当中是需要强调的。她也说了下面有 ERP 软件和 ISO 的标准，也就是说你在实习和其他工作岗位上接触这些的话，你在自我介绍当中就要着重说出了。那么她非常心细，因为这家公司真的是新企业。他在招聘简章当中写的很清楚，要愿意共同成长，那么带给我们的信息是我在面试的时候要把我的稳定性，我想在这个岗位上，在这家公司待很久的意愿表达出来呢？我觉得她非常棒，分享的非常好。这也就是我们说的在准备面试来临的当天，你必须要做好的一些准备工作。这些就是我们所说面试准备期的技巧。

那么第二部分面试当天，面试来了。说到面试来了，我们可能在很多书当中，或者其他讲座当中会讲到你要穿什么，怎么穿，怎么去，我们说起来规定性很强，容易操作的事情。这些问题我们如果能够掌握的话，实际上是不会出太大的纰漏。我们在面试当天会有紧张的情绪，第二种情绪烦燥。与大家具体分享一下，我们说我很紧张，其实刚刚上台的两分钟我也很紧张，但是我现在不紧张了。为什么？刚刚上台这是一个新的环境，我很陌生，我不知道我该站在哪里，手放在哪里，因为陌生，不熟悉。那么这是我们说紧张的一个来源，那么第二与我不同的是，我知道我今天站在这里要与大家分享的是什么，我怎样和大家分享。但是我们在面试当天，与面试官的面谈当时我们知道吗？我们更多的是不知道，所以我们得未知的情景我们会有恐惧，这很正常因为我们是人。第三也许是面试准备的不充分，忘带什么了，迟到了这些可以克服的问题。那么说紧张我们知道它是从哪里来的，目的是什么？告诉大家紧张就对了，接下来我与大家分享一个情绪图表。

我们来看一下这个片段，是近期热播的《欢乐颂》，邱莹莹她也去面试了。

我们刚才看到的是电视剧当中的一个女主角，一开始她去应聘我们看她有一点点紧张，但是到第二家单位，开始抛给她很多难题，到第三家单位直接以学历拒绝了她的请求。到后面我们可以从她的表情和行为当中看到她烦燥了。我们如果在面试当中保持一定的紧张，实际上也是有助于我们面试发挥的。但是如果到烦燥轻一点的话，就像刚刚邱莹莹她到后面的单位就很急躁了，也不看什么单位就往下一坐，根本忘记了我是有目标岗位的，她已经忘记了。那么对于我们来说是这样的话，我们都在做无用功，浪费了我们的时间。看一下这样的图表，我们把一个人的情绪列成了纵轴、时间是横轴，上面是红色中间是绿色，下面是灰色。我们可以看出如果绿色当中，你的心情有点 high，有点 low 都是正常的，但是这个 high 和 low 有一个刻度。但你兴奋过头了，你的情绪到了红色标记的时候，实际上你已经不适合面试了。当你情绪非常低落低落到灰色地带的时候，无论是你的发挥还是选择都会影响。这个时候我们建议你缓一缓，先从面试会当天，从面试环境当中脱离出来，让自己冷静一会儿。等你心情值恢复到绿色地带的时候，再重新进行选择。这是我们说面试当天要做的事情。

那么有人说了，老师你说了这么多是否有实例。接下来就举五个例子，这五个例子多多少少会在面试当中碰到的，我们会告诉大家怎样去完成，怎样掌握技巧。第一个我们通常到了面试官的面前，面试官会说请进行一下自我介绍，通常我们说会您好我叫什么名字，是什么学校什么专业毕业的，正如我简历上写的那样，我在哪里实践过什么，在哪里实习过什么。面试官不用听他可以看到，因为就像您自己说的，简历上都有。那么我们说既然他都知道他还问我？那么他为什么要问你呢？实际上我给大家举一个很好玩的例子，我们说很多人建议你在自我介绍当中，简历上能够看到的东西少说，简历上看不到的东西可以多说。有这样一个例子，我有一个同学，当年我们一起去面试。当面试官问她，这位同学你自我介绍一下。她告诉面试官我有一个特长是其他人绝对没有的，就问她你有什么特长。她说我头发特长，虽然我们说这个特长和面试官让她介绍的特长是两件事情，但是她真的是头发很长。面试官抬头看她的时候就留下了对于这个人的印象，这就是我们在面试当中做到一个目标。就是我们在简短的面试当中让别人记住你，我相信若干年以后，这个面试官还是会想到。当年有一个头发特长的姑娘来面试过，这就是达到目的了，就是让他加深对你的印象。我这个同学，因为她有外在的特长，一个特征可以让人加深对你的印象。我们自己剖析一下自己，每个人身上都有特征，建议大家找一找在自我介绍的环节当中，用你的特征博得别人深刻的印象。

第二个，企业通常会问你平时的兴趣爱好，因为我们日常工作当中会看到很多简历。很多人基本上兴趣爱好都说，喜欢看电影，喜欢看书，喜欢运动，那么我们说如果大家都是这样想，面试官记不住你，而且你的兴趣爱好只是泛泛的纸上一谈。我们说如果你说，你爱看书，那么你可以详细说一下，你最近看了一本什么样的书，这本书给你什么样的启示，你认为对你的人生很有用。或者你真的有一本非常喜爱的书，这个作者非常好，可以向面试官说明一下，我最喜欢的书是什么。接着面试官会问你为什么喜欢，那你就可以获得自我展示的机会了。所以当面试官问你有什么兴趣爱好，我们说你对某一样作品，某一个具体东西的感悟，或对面试官的喜好进行细节上的相通，这才是准确的方法。

第三个，面试官会说你个人条件都不错，市场上这么多岗位，你选择我们单位的原因是什么。需要你说一下你的竞争在哪里。那么这个时候我们需要这样做，我们说有的人很优秀，但是企业不仅仅是需要优秀的人，如果个人能力与企业的需求各是一个齿轮的话，我们应聘的原因应该是让齿轮无缝衔接的那条缝，那个齿轮的形状。很多人都说我应聘这个岗位，我看到招聘网站上有这个岗位，我觉得我的专业对口，我也很感兴趣。同学你是去面试不是观摩，希望大家面试的时候这样的话少说。反而可以说我仔细研究了一下，贵单位的招聘简章。我认为当中有几条与我个人能力，与我个人专业是非常符合的。就像我们刚才所做的一个互动，让大家看一则招聘简章，为了在面试的当天回答您要应聘我们这个岗位，其他竞争者相比优势在哪里。录用你而不是别人的原因是什么。这就是我们在准备的时候仔细研读招聘简章在面试的当天，碰到这样的问题。这样的问题很多，我们可以从容应对，应对的时候关键是匹配，我与这个岗位。我虽然有可能不是最优秀的，但是我一定是最适合这个岗位的。

第四个，面试现在通常比较走心，他可能请你一说目前未止到现在最成功的一件事是什么。或者有一些面试官比较犀利，他会问你觉得人生目前为止最大的挫折是什么？你从这些挫折目前为止碰到了什么启示？有的时候应聘者说，我是面试的我也不和你走心，你问这样的问题我不想回答，我不想和你做心灵上的沟通。实际上问你的成就，问你的失败是考量一个人的价值观。如果你说我认为自己成功最大的事是我带领班级完成了一个什么活动？我在校社团通过我的能力让我们的社团达到什么水平，或者有工作经验的人说，我从事销售岗位的工作，通过我的努力让单位的销售量一年提高了多少？这些都代表人的不同的价值趋向。现在很多单位会有网站，在上面写企业文化。企业文化当中包含了企业的价值观，当个人价值观与企业价值观完美匹配的时候，那么你的面试价值就很大了。因为你们的价值观相同，碰到的问题也相同。

第五个，依然是一个犀利的问题，请问您好像之前在哪家单位做过？你现在离职了，你方便透露一下离职原因是什么？这个问题我们很难回答，通常我们会碰到，有的人说身体不太好，正好生病了。企业就担心了，你生病生到不足以应付一份工作，不知道你现在身体怎么样了？或者有的人说我在原单位和同事吵架了，上级总苛责我，所以我不干了。我们说这样的话，你一个人的沟通能力和同事相处的能力，可能让人觉得不满意，这个时候就需要两点。一个是态度，两个分权。这个时候我们说离职，肯定是各打 50 大板的事情，如果你自己离职的归置于别人不好，单位不好，不可信，那么我们说有的时候我们要诚实，首先做到的态度是诚实，不要瞎说。因为现在很多好的公司他会去做背景调查，你一旦说谎了，别人对于你个人诚信产生怀疑，让你自己丧失了获得工作的机会。第二我们说要包容。其实我刚才讲的一句话就很适用，因为离职肯定是也有我的原因，我一定是有原因的。如果说的很具体，会不会让我去应聘的新单位，对我有所看法呢？当然有所看法，那么这个包容度如何展现，我们说在说事实时候要避重就轻。我们说智商是先天不可改变的话，情商是可以培养的。我们在工作当中，除非是计算类的，或者说专业度很高的一些岗位，它对于一个人的智商有考量。但是绝大多数的时候是考验一个人的情商，所以我们说要用一个态度展示你的情商。你的情商是可以认错的，是可以包容别人的。但是这样说的话，不要面试的时候碰到一个面试官说都是我的错，我们说原则上是各打 50 大板。这是我们说在阐述个人离职的原则。

我们再说一个很好玩的事儿，我们现在面试很活泼，很多年前面试可能是一对一。但是现在我们有各种各样的面试，无领导讨论，头脑风暴等，或者给你们一个任务共同完成。有很多人碰到这样的环境，就无所适从了，第一个就觉得完了，我要说的东西全被别人说完了。我没话说了，我在面试的时候没有话说，那就是我自己丢失了一个自我展示的机会。我们问了一些企业的人事，我们说这样如果一个人越晚说，可能他就越没话说，因为到后面很多一件事情可能就只有四五个点，有可能第一个人说了三点，第二个人说了一点，后面两个人怎么办？我们大型企业国有人力资源他就告诉我，其实是这样他们也知道越到后面能说的东西就越少，他们理解这样的情况。那么如果我真的不幸抽签抽到了第四、第五来说怎么办？我的观点和别人重复了怎么办？这个事情效果分两面看，第一面其实你如果是第四、第五说的话，你可以汲取前面人的智慧，如果前面人观点是触动到你了，你可以把这点展开讲，你可以说前面说的是和我的观点一致的。就对这一点进行详细的阐述。所以说大家不要担心，一方面企业人士他也知道越到后面能说的东西越少，不要紧张。第二要我们要汲取前人的智慧，挪为已用。

第二个情景和第一个有相同性，有一个求职者说，那我就不重复别人的话，我不管什么情况我就第一个举手，说完了我就没有别的事情了。你第一个说是好处，可能没有人重复你的观点。但是如果你的准备不充分的，你讲错了。所以我们说无论是做第一个发言的人，还是不做第一个发言的人，那就看你对面试官抛出问题的理解程度和熟悉程度，不理解的时候听一听缓一缓。

第三个情景我们有很多岗位有现场型的操作，比如说应聘机械的话，他给你一个图纸，给你电脑让你用 CAD 画。或者说我们通常碰到会对打字速度有要求，比如说你一分钟打 60 字，他就现场给你测试一下。

企业为什么给大家做测试？首先他知道你可能经验不足，他也知道你可能出错，他要掌握你对技能的真实掌握水平。他要你打 60 个字，你打 30 个字肯定不行，打 50 字也不是没有机会的。他让你串联一块电板，你弄成了并联，也不是说你一定没有机会。而是他要观察你对实际工作理解能力，以及在这种环境当中的一个应对能力。我们说这就是我们现在很多情况下会碰到一个情景，还有一个我们称为测试型的面试。

最后我们说很多人说面试结束了好开心，感觉自己很好的，就等通知，感觉自己不太好，我就回去再找。从来没有人想过面试后期，他有一个总结期。面试总结它有多重要，为什么又会被我们忽视？因为也许在这之前大家可能没有经验，我的这条经验，分享给我很多咨询对象，他们都认为非常管用。我们说面试结束回来，也不要马上放松。要做两件事情，第一件事情叫做回顾，我们不是说很多年轻人面试不成功，是因为经验少。经验是累计来。我们说面试结束之后，请大家做回顾工作。回顾的内容是我今天被问了什么问题，我当时是怎么答的？如果现在再给我一次机会，我会怎样回答？去找找两遍回答当中不一样的地方，去记录当中的关键字。那么如果下一次面试，我们说其实面试的很多问题，它是相通的。你就是打了有经验的仗，有准备的仗。做完回顾之后要总结，总结我今天的表现好在哪里？这个很多人可能会总结出来。第二个我不好在哪里？缺在哪里？每个人都有一双看待别人缺点的眼睛，唯独少了一双看待自己的眼睛。这个时候我可以把回顾出来的过程，回来出来的内容和我信任的人进行分享。让他看看你可能缺在哪里。这就是我们说面试结束了，不要马上松掉，或者马上投入到下一次面试，下一次求职的准备当中。而且要对刚刚发生的事情要回顾，要总结，所谓面试的经验就是这样来的。

今天，我与大家从一个不一样的角度分享了通过面试的一些技巧。很感谢大家，接下来结合我们区做职业指导工作的特点，我们为大家编排了一个情景剧。请大家欣赏情景剧《信息化职业指导平台》。

信息化职业指导平台

(情景剧)

闸北区就业促进中心①

当我们得到招聘信息时候，我们现在不是打电话通过求职者，而是利用信息化手段建立了一个微信群，不管你在哪里只要手机带着，听到手机一响，那就是面试机会来

① 闸北区就业促进中心倡导“心系民本”的服务理念，力行信息化就业服务模式，为广大求职者带来便捷、精准的就业服务。在职业指导工作中，闸北以“启点”职业指导工作站为主体，经过8余年的时间，形成了一区十站一小坞一教室的工作格局，为社区求职者提供优质的职业指导服务。

了。当我们在微信群中发送了这条招聘简章之后，有三位同学报名，面试当天……

第一幕

孙一蕾：学员们，进教室前先来扫一下微信二维码。

众人拿出手机，扫微信。

甲：扫这个干嘛？

孙一蕾：扫这个，是让大家加入职业指导讨论群。

乙：入群？入群干什么？

孙一蕾：大家可以利用这个讨论群，在指导过程中提出自己的疑问呀，想法啊！群里的指导老师会马上为你们解答的。当然啦，等你们回到实训岗位上，有什么问题，也能通过讨论群，随时随地找到我们。

乙：嗯！这个好！下次要找老师，方便多了。

丁：对啊，省得跑来跑去了。

第二幕

孙一蕾：大家进教室吧。

甲：哇塞，这教室也太高上大了吧？

乙：五块屏幕，这是监控室的节奏嘛？

孙一蕾：你们看到的这些显示屏，在一次指导中，能够分别承担 PPT 播放、板书、微信群实时信息推送、指导视频播放的功能。不光是这些，教室里还有许多信息化硬件设备，这些都是为了让大家体验到职业指导乐趣、增加指导互动、提高指导效果的。

丙：那么欢讯，我喜欢。

孙一蕾：好了，我们赶快入座，开始指导吧。

第三幕

孙一蕾：大家在本广告公司已经实训四周了，相信大家在岗位上都有所收获。现在，我们就一起来进行这一阶段的实训评估工作。

甲：不是评估过一次了嘛！又评？

乙：好复杂呀！

丙:老师,评估好了能留用伐?阿拉姆妈天天问我留得下伐,急也急死了。

孙一蕾:我们按照阶段给大家做评估,一方面,是希望大家通过评估的方式回顾自己一阶段的实训,看看自己到底获得了哪些进步,还有哪里有待提高;另一方面,在大家实训结束的时候,我们会根据这些数据、资料整理出一份完整的评估报告,送给每位学员。这可是帮助大家了解自己最好的方法了。

丁:原来是这样啊!

众人似理解状,开始填写。

第四幕

孙一蕾:大家都完成了评估表,那我们马上联线周经理,请她对大家这一阶段的实训表现进行点评。周经理,您在吗?

周经理:各位学员,大家好!转眼各位在本公司实训已经一个月了。让我很高兴的是,你们每一位都很努力,基本胜任了各自岗位的要求。我就给小邢再提一点希望,希望你以后在工作中碰到困难,要主动和同事沟通、向领导请教,以免影响项目进度。

小邢:我影响什么啦?后来不是都搞定了嘛。

周经理:要不是负责人及时发现了问题,组员们积极补救,你以为呢?如果你还是这样的态度,我想我们这边也需要考虑一下你的实训是否有必要继续下去?好了,孙老师,我还有些事,今天先这样吧。

孙一蕾:谢谢,那么我们下次再见!

(同时)

小邢:哎哎哎,把话说清楚再下线啊!什么叫实训要不要继续?记住,是我炒了你,不是你炒我的。(撕纸。)

甲起身拉住小邢:小邢,小邢。

众人窃窃私语

孙一蕾:小邢,有话好好说。一会儿这边结束了,我们再单独聊聊。

小邢:聊什么聊,有什么好聊的。

孙一蕾:好好好,不聊不聊,那你到启航小屋休息一下,等我一会儿总行吧。

孙一蕾:学员们,我们今天就到这里。下次见!

第五幕

孙一蕾:小邢,气消了吗?

小邢:我不就是不想给人添麻烦嘛,这也怪我?居然为了这么点小事情,当众让我出丑,枉我这段时间起早贪黑,真是太不值得了。

孙一蕾:是的是的,我理解的。我还记得当初给你匹配岗位时,你说的都无所谓,一定离家近点。现在上下班要三个小时,起早贪黑,真的是克服了困难,战胜了自己,多值得呀!你看,周经理刚不也表扬你了么。

小邢:表扬么,五个人都表扬的。批评诺,只批我一个。多没面子。

孙一蕾:你呀,就是把面子看得太重,都分不清别人说的是好话还是坏话了。周经理能那么直接地告诉你出了什么问题,该怎么改,难道不是为你好?

小邢:现在想想,这确实是为我好。刚一时冲动,还说了气话。这下可怎么办?

孙一蕾:你看!周经理一语中的,你是得学学沟通技巧了吧。

小邢:那,那,那我马上去承认错误!

孙一蕾:好!承认错误后干嘛?

小邢:学沟通技巧!

孙一蕾:那就说好了,下阶段,我们一起来学沟通技巧!

此时,微信铃声响,众人发来问候。

小邢:孙老师,你看,大家都在微信群里关心我了。

孙一蕾:这下,面子都回来了吧!还不快马上及时沟通,谢谢大家的关心!

主持人:接下来我们会有互动环节,大家有什么问题可以和孙一蕾女士进行现场交流,我们再次请出孙一蕾女士。大家有问题可以举手示意一下。

听众:想为这个讲座点一个赞,我是老听众了,这个讲座的很好,吸引了我们上海市老、中新三代人。我刚刚听的时候就有很多创新。刚才的情景剧演的很好,演的能够接受。第一感到亲切,第二感到生动,第三感到直观,第四感到形象有趣。希望我们的讲座越办越好,不断创新。

请问我们现在通过讲这个就业率怎么样?第二个问题是来自闸北的,两个区合并以后什么优势,有什么劣势,就业前景如何?再一个问题是面试的时候,讲方言可以吗?讲上海话可以吗?这方面一定要包装吗?

孙一蕾：这个是考验我记忆力的时刻到了，首先我们很感谢这位听众提了很多很好的问题。第一个问题他问的是就业率的问题，我们今天在这里与大家分享的是关于面试的一些技巧，我可以很肯定告诉您一点。通过面试指导它的就业率会大大提高，它就业的速度会大大提高。第二问到了我几乎没有办法回答的问题，但是我代表我们新静安区所有的职业指导师，向您保证我们一定会为我们区域内，我们上海的青年，寻找到更多的就业机会，去挖掘更多的就业岗位。第三点，讲的到是面试的包装，我们在面试的时候能不能说方言。就是我们面试的简历上看不出他是哪里人，我们能够判断他先开头问您用的是哪一种话，如果我认为如果说面试官开口和您说的是普通话，不建议您用上海话回答他。当然他用英文提问你，我也不建议用中文回答他。那么面试用上海话问您，能不能用上海话回答他？我觉得主流还是用普通话。

第四个问题是关于面试官如何做到公正，我们说面试讲的技巧很多。但是面试实际上是个人与企业进行匹配的过程，我们所掌握的技巧，目的是什么？是为了在这样的一个机会下，充分的展示自我，去打动企业。那么至于企业怎么想？一方面我们不知道，第二方面我们也以意揣摩，那么我认为对于个人来说，最大的最好，最实用的面试技巧是想办法如何在企业与你交谈的时候，充分展现自我，感谢。

主持人：谢谢孙女士的回答。

听众：孙女士上午好，我们知道一个用人单位收到100份简历的话，他可能从中筛选10份作为面试机会。我想咨询的是，关于简历制作方面的技巧以及制作的细节，能不能和大家分享一下。

孙一蕾：这位同学问的是我们面试的不但有一张脸，还有一张脸在简历上，简历怎么做？现在很多求职网站上有很多模板供大家参考，建议您在很多招聘网站上选择一个模板进行填写。第二我们说做简历的原则，就是要简单明了。信息不要重复，我们通常碰到，他在他的学历当中已经写到了本科，然后在教育背景当中又写了一遍本科，我们说这样感觉不好。企业会认为你在重复，没有符合简这个字。还有一个原则是，我们说语言上的精炼，这个精炼体现在能用数字表达的东西，尽量少用文字。能用两个字表达的东西，不要用一句话，精简。比如说我们写到实习经历实践经验，很多人会到什么时候到什么时候，我在什么公司做了什么岗位，获得了同事的好评，怎么样，我们认为这样就没有必要。就写一个时间段、岗位、成就、企业，就这四个地方，希望我的回答对你有帮助。

主持人：有请这边红衣服的听众。

听众:孙老师您好,是这样我有一个问题,是我一直很困惑的。因为我毕业两年了我换了三份工作,因为刚开始毕业的时候找工作很盲目,不知道哪个行业适合自己,不知道哪个行业比较好。因为我本身是艺术工作,找工作一头雾水,现在换了三个行业。我们找工作的时候,是不是先做一种,根据自己的潜意识,找到自己相应的工作再做。如何适合自己的话再继续做下去,如何不如何再换。就是怎么衡量自己的能力和工作单位是否匹配。

孙一蕾:根据你刚刚说的一段话,我感觉相对专业来说更加注重的是个人的兴趣。刚才主持人介绍我的职业理念,我一直是说我们找工作的时候要找一份自己感兴趣的工作,但是找感兴趣的工作是可遇不可求的事情。更多人是在岗位上面找兴趣,也就是说,当我们在岗位的时候,我们沉浸在具体事务当中我们去发现自己对这个岗位当中某一点或者全面的兴趣。然后您刚才说,你两年换了三份工作是吗?实际上对于年轻人来说,这个数字还好。但是对于一个岗位能够完全熟悉,熟悉到对它完全产生兴趣需要的时间,基本在2~3年。我希望回去之后,在工作当中受挫了,觉得情绪低落了。首先想的不应该是我要换工作,而是要想到这份工作对你来说有多好,用你工作的话看看外面的不好。

第二就是真正问自己,这个岗位当中你学到什么,对你培养了什么能力。我们说不管从专业或者从兴趣来说,当我们有了5~10年工作经历的时候,这些都会成为我们的能力,那么在岗位当中,特别是刚刚步入职场的青年人,一定要注意培养的自己的能力。你要在一个岗位试图喜欢它,你才发现自己真的很喜欢他。

主持人:我这边有一个听众递出的纸条她问一下一个大龄求职女性,应该如何应聘。第二个是年轻超过了限制,应该如何应聘?

孙一蕾:第一个说到求职当中很多人,包括我身边也有很多,我们称之为大龄女青年,未婚未育的情况。但是我觉得今年谈这个问题的话我又有底气了,因为我们以前说的时候没有放开二胎。那么企业招聘的时候觉得你结婚了生完孩子了,觉得比较稳定,但是现在不是因为还要生二胎。从这个角度来说的话,对于大龄未婚女青年来说你有优势,因为你离结婚还有一段时间。第二我建议暂时没有找到工作,所谓的一些大龄女青年求职者,你们是不是可以培养一个技能,这个技能足以弥补你大龄未婚你青年的身份。让你的专业,让你的能力,让别人看到这些。看到这些之后,人家可能想即使你未婚未育我也要你,当你培养出这个之后,这个就不是问题了。

第二个是年龄问题,通常我们在每一则招聘简章上面,我们对会看到对年龄的要求。我认为首先要超过多少，如果他要 20 几岁你已经 40 几岁了，这肯定不合适。如果超出年龄在 5 岁之内，如果您对于这个岗位来说您的年龄是相对匹配的，只要给你面试机会，你能够说服对方聘用你的，我认为您可以试试看。

主持人：好的谢谢孙一蕾女士的精彩回答，我们今天的讲座就到此结束了，最后我们再次把掌声送给孙一蕾感谢各位的参与，我们今天的讲座到此结束，请大家把调查问卷送给场外的工作人员，谢谢大家！

量身定做的技术

——详谈简历

孙 炯

普陀区就业促进中心首席职业指导师。曾任大型企业人事,16年人力资源相关工作经历。高级职业指导师,心理咨询师,经济师(人力资源管理方向)、统计师。对企业招聘流程及简历撰写、面试技巧等有独到的见解。

在讲座之前我们先做一个小游戏，握住绳子的两头，有谁能够在手不动的情况下，给绳子打一个结。有没有人能做得到？这个规则很简单，给大家一分钟的时间。有没有人愿意上来试一下？

因为时间关系，我就不再叫人尝试了，我给大家公布这个答案。

其实很多的事情就像这个游戏一样的，可能答案非常简单，问题是你换一个角度去思考。你如果是，就按照正常的握住绳子，常规的思路握住绳子两头，是没有办法给这个绳子打一个结的，反过来从另外一个角度去思考，这个问题就有可能变得很容易解决。

今天我给大家分享的主题是：量身定做的技术——详谈简历。写简历也是这样的，有的同学觉得写一份好的简历好难，网上有好多好的简历模板，不知道大家是否上网上搜过，人家简历写得那么好，而我写不出来。也许有可能是你思考的角度不对。怎样才能写出一个好简历呢？从什么角度思考？从自己的角度思考吗？我有什么优点，是什么样的人？不是的，应该从企业角度去思考，企业要什么样的人，企业有什么要求，我就怎样写，这样的简历才会受到企业的欢迎。

在今天的讲座之前，我先问大家一个问题，你们觉得人事看一份简历大概要花多少时间？两分钟？一分钟？还是十秒？正常来说，是半分钟到一分钟的时间。你们觉得长还是短？太短。

我跟大家分享一个真实的事情，有一次坐在我身边的是一个外企的人事，我就问他，你们发一份招聘广告大概能够收到多少份简历？因为我们公司一般第一天收到 1 000 封，第二天 800 封，第三天 500 封，后面每天差不多 100～300 封简历，你每份都要看的话会很累。他回答我，他第一天能收到 3 000 封简历，第二天开始，差不多每天 1 000 封简历。按照刚才看简历的时间，一份简历算半分钟，两份简历 1 分钟，一天 8 个小时的工作时间，一天能看多少份呢？

这个人事是这么回答我的。他只看前 30 封。如果 30 封简历里面有 5～6 封觉得还可以的，直接打电话给他们，第一轮面试其实已经开始了，电话面试，抽 3～4 个过来面试，因为只有一个岗位，3～4 个人就可以了。如果这 30 封简历没有那么多人符合自己的要求，就再看 30 封，一般能看到 2～3 次最多了，一般的岗位这个人就招到了，现实很残酷，3 000 封简历就看前面 30 封。

因此我要给大家讲的第一个重点，写简历之前的第一个重点，就是投递简历也是有技巧的，怎么样确保自己在这 30 封简历里面，这是大家最关心的问题，如果不是学校推荐的话，你自己到前程无忧，到外面去投简历的话，投简历是一定有技巧的。

第一点，大家一般都是 email 投过去的，email 有系统时间的。一般来说，我以前投简历都是投 2 封简历，把系统时间调到发布招聘广告的前一天，投一封简历过去。然后把系统时间调到当天的后面一天再投一封简历过去，这样 email 的排序，不管是正排还是倒排我的简历都在前面。这是一个技巧。

第二点，你在写简历的时候，你的简历最好使用宋体和黑体，其他字体最好不要用。因此字体也有讲究，宋体或者是黑体。字号大小一般来说用 4 号字体，大小合适，另外一个关键是你用 4 号字体排版排出来的文章行间距比较合适，一般小 4 的和 4 号的行间距是不一样的。

我今天讲的很多东西，都是简历里面的一些比较重要的技巧，如果你今天听了觉得有道理，记下来，因为时间长了，很容易忘记。简历在 email 里面不要用附件，附件很容易被当做垃圾广告删掉。

第三点，你的简历标题，要写清楚，开门见山，比如说应聘数控机床操作工简历，或者某某某应聘数控操作工，这样非常明确我应聘什么岗位的，方便人事把你的简历归类。

最后一点，这一点绝对能确保你的简历被人事看到，如果这个岗位是你特别在意，特别喜欢的，真的很想应聘，不要发 email，把简历带好，直接上他们公司去投递。因为这样最保险，我简历递到你手上面，必然会被浏览一下。还有一点，你去了他们的公司，你现场看一看，可以明确这个公司有没有它的招聘广告上说得那么好，是否值得加盟。

举一个例子，你一敲门跑进去，所有的人都朝着你看，那这个公司估计也没有什么业务了，因为大家都很闲。如果是有专门人员过来接待你的，有人经过，也不会很好奇盯你一眼，这种公司一定是有效率的公司。因为大家可能投简历一次性会投十几份，十几家公司都去看一下也不切实际，就特别想要的公司，觉得特别好的公司想去看一下，看现场实地跑一跑的话，可能还有其他的好处，我在后面也会讲到。这是投递简历。

我们现在正式讲简历了。首先讲一下简历的作用。简历有什么作用？

听众：让面试官认识你。

孙炯：说的非常好，让面试官认识你的目的是什么？

听众:给你一个面试的机会。

孙炯:对,简历是不能决定录用的,没有人说我寄了一封简历过去,第二天录取通知书就拿到了,可能性不大。但是简历可以获得一次面试的机会。有的同学说,我们老师推荐,没有递简历就过去面试,或者是我带着简历就过去面试了。

我告诉你,简历还有一个作用,就是当人事看到你的简历的时候,这是他对你的第一个印象,这个印象的好和恶会影响后面的面试。

我举个例子,一家娱乐公司,招服务生,然后跑进来一个帅哥,那个人事刨根问底地问了他很多的问题,就想捉到他的痛处,看看他有没有缺点。因为他的简历字实在是太潦草,而且太丑了。你字丑不要紧,写得端正一点,他不行,字写得不好,又写得潦草,几乎看不懂他在写什么东西,跟他的形象反差实在太大了。因为形象反差太大以后,人会有一个反映,这个人字写得那么不好看,长得那么好看,肯定有问题。最后这个人没被录用,如果他的简历写得端正一点,他录用的希望是很大的,因为服务生毕竟不是一个复杂的工作。

因此面试,你如果简历写得好的话,会降低你面试的难度,获得人事的好感。人事在看简历的时候,也会有排序的,第一顺位是哪个人,第二顺位是哪个人,后面都是替补。如果第一第二个人看到简历和面试下来名不副实的话,再看候补。当他对你的简历印象好的时候,是否会比较和善。大家同理想一下,你对一个人印象好的时候,会不会对他和善一点?如果你讨厌这个人的话,话都不想跟他多讲一句。因此当人事对你印象好的时候,他不知不觉当中会对你友善一点,这样有利于你面试的发挥,这是简历的第二个作用。

下面讲一讲简历的写法,我讲三部分的内容,第一个是简历的格式,有三种格式,第二个讲简历的组成部分,五个组成部分,最后讲一讲写简历的技巧,给大家介绍一下三个写简历的技巧。

一般简历有三种格式。第一种通用式,第二种功能式,第三种归纳式。我们先来看一下通用式。这里先设定一下,是应聘眼镜店店长助理的一个简历。通用式就是按照时间的顺序和写简历的一般顺序,从远到近,从早到晚这样排序下来。比如说姓名、联系方式、毕业院校,在学校学的主要课程,这主要课程按照年份排序,荣誉证书我获得时间的早晚,专业的证书,最后是本人经历,也是同样的,刚开始小学在哪上的,中学在哪上的等,这是按照简历的正常顺序,在我们一些大型的商业网站上面有简历模板,他们基本上是按照这样的顺序来排的。

第二种简历叫功能式。功能式相对来说进一步，比如应聘的是眼镜店店长助理，按照这个岗位的招聘要求来写份简历。比如说小学和中学的经历，跟眼镜店店长助理这一份工作没有关系，就不写了。只写与这份技术有关的。教育培训专业，刚才列了很多的证书，你看一下，这里列的方式不一样了，中标维修证书，有了验光员的中级了，我初级就不用写了。这份工作，最重要的一个证书是什么？验光员中级，写在第一个。后面在工作中可能会用到的，比如说计算机初级，可能要登记一些东西，可能会打电脑，写一下。后面通用英语和普通话初级，也许我要接待一些比较特殊的顾客，需要一些语言方面的技巧，就写在上面，其他没有关系的，就不写了。下面是主要课程，主要课程按不按照你上课的顺序来写呢？不按照了，我只要写和眼镜店店长助理这份工作有关的课程，比如说光学、材料学、检查、眼科保健、眼病防治，这个东西读了以后，我在给别人介绍商品的时候，会显得比较专业。人际沟通、心理辅导一样的。然后班级活动、所获荣誉我也写一下，因为我做的是店长助理，以后很有可能做店长。我今天是团委书记，优秀团干部，我能做好老师的助手，企业相信你以后也会做好店长的助手，你总要写一下。最后如果你对我感兴趣的话，联系电话在下面，这也是符合一般人的阅读顺序。

第三种归类式的简历是按照人的思维来写，企业要招眼镜店长助理，有什么要求，我按照要求，把我的竞聘优势归类了，有哪些优势列出来，不用再到简历里面去找了，这样阅读，给人感觉更舒服。

这三种方式，其实没有太大的优劣之分。我今天这样讲，大家可能觉得归类式和功能式比较好一点，其实没有太大的差别，只不过我今天是为了讲这个东西，方便大家理解。这三种方式，是没有一定界限的，一般式里面也可以采用功能式的写法。

因此讲到这里，我们总结一下，一份好的简历，它一般会有三个要求，你要判断一个简历的好坏，看三点。第一个，是否围绕岗位的要求来写，大家刚才比较了一般式和功能式和归类式，是不是有这个感觉，越是围绕岗位要求来写，它的可读性越强，越能够吸引人事的兴趣。第一点是否围绕岗位的要求来写。第二点，你的最大的竞聘优势，也就是核心竞争力是否一目了然。第三点，是否足够简练了。一份简历是好是坏，就看这三点。

下面看一下简历的五个部分，基本上所有简历，差不多都由这五个部分组成。但我要说明一下，虽然说简历组成部分是五个部分，这五部分也可以拆分开来，拆成六个、七个部分，也可以归并成一个、二个、三个部分。写简历的时候，其实没有固定的模板，因为每个人都是独一无二的，他的竞聘优势也是独一无二的，因此要根据岗位以及你竞聘的优势来调整模板，但是写法是可以有办法总结的，五个部分也可以总结，不管你简历里面有几点，列了几个部分，但都逃不出这五个。

第一个是基本资料。写基本资料是为了让企业能够联系得到你。如果你连名字、电话都不写的话，企业怎么通知你、联系你面试呢？因此基本资料是必须要写的。

第二个是你的教育培训情况。有证据表明，一个人的成功有三个要素，第一个要素是知识，你学了哪些知识。第二个要素是你的技能，这里面包括你的逻辑能力、反应能力、写作能力、沟通技巧等。第三个是你的意愿也就是态度，这里面包括情商、礼仪等。教育培训情况是其中哪一部分？就是你的知识，你要告诉别人，你学了哪些知识。教育培训情况里面写你的专业、学校、课外培训的一些课程内容，你的证书，这些东西，课内外培训的证书，这些都可以写在里面。

第三个是在校的职务或活动，你在学校里参加担任过什么职务，曾经参加过什么活动，还有获得过什么奖励或者是荣誉，都可以写在里面。

第四个是社会实践，你在哪些地方做过社会实践，做过什么工作，实习的、实训的，都可以写在里面。

最后一个部分是其他或者是自我描述，或者是自荐信。这个地方是写一些在我的经历里面，不太重要的东西，但是我不想舍弃，就放在其他里面，可以写一写你的性格，或者是自我描述一下你对这个岗位的理解，或者是你对这个岗位所付出的一些努力，还有其他一些自我描述的东西，如果太多的话，你可以另起一页，用自荐信的形式来表达。

写三个部分和你的教育其实是没有关系的，但是这三个部分写的目的，就是让企业了解一下，刚才说到了技能，还有意愿，了解这方面的东西。因此写这个东西，其实是有一些技巧的，我学校职务，我职校里面没有担任过什么职务。我中学里面做过小队长是否要写，我中学的时候还做过体育委员是否要写呢？写不写要换位思考一下，人事企业看重的是什么东西？如果你在中学、小学的时候担任的职务，曾经因为担任这个职务学到什么东西，或者是获得什么体会，可以写上去，如果没有太多的体会，只是收发一下作业，可以不用写上去。因为这个职务，基本上代表了你的沟通能力，你在学校的时候做团委书记，可能做的事情比较多。企业会知道，可能会有一些日常和其他一些学生的沟通工作要你做。你说我做过某个学校晚会的主持人，企业就知道了，原来你做过主持人的话，你主持一个活动，要把台词写好，还有上台演练，在台上要说，有一个演讲的经验，会知道你的沟通能力还可以。主要是看你这个职务活动后面反映的内容。如果你在这个职务或者是参加的活动，没有做过什么事情，你写的话，就要特别当心，也许这是一把双刃剑，企业有可能会问你，因为企业最常问你的一个问题就是，你做过什么活动，参加过什么活动？你在里面扮演什么角色，你碰到问题怎么解决的等，如果你没有准备的话，就会让你在面试中陷入尴尬。因此你写的时候，自己要思量一下。

社会实践也是一样的，同样的道理，有一些和企业未来应聘的岗位没有关系的社会实践，如果你实在要写，可以放在其他里面。一会我们会看到有一个，为什么要这样写，为什么我这么说？因为你既然放在社会实践里面了，那你很重视这份社会实践工作了，也许企业有一个很常见的问题会问你，你这份工作的体验是什么，和现在要应聘的这份工作有什么关系？你回答，没什么体会，就打工赚钱，想到外面旅游。企业是不会满意这样的回答的。

我们下面来看一个案例。我看好多人都是数控技术的，正好这是一个数控技术的建立。我们来看看这五个部分写怎么样。判断一个简历好不好的标准是什么？哪三点？是不是围绕岗位要求，够不够简练，竞聘优势是否让人一目了然。我们看一下这个简历有没有达到这三点。

先看一下个人资料，个人资料里面姓名必须要有的。电话必须要的，电话不但要有，而且最好要两个。为什么？万一你那个电话停机了或者是换了，还能联系到你。刚才说了那个故事还记得吗？企业人事只看前30份简历，你觉得他打不通你电话，还会再给你第二次电话面试的机会吗？后面有1 000多份等着呢。所以电话一定要有，最好有两个。出生年月日，很多的企业是有招聘年龄要求的，所以要。但是写得更直接一点。企业的要求是什么？20～45岁，你直接告诉人家，你几岁，这个一停顿，他看简历的效果就下来了。看简历也是一样的，让他看得舒服一点。我们站在企业的角度思考一下，我要了解你的年龄就可以了，20岁和21岁对企业来说差不多。

政治面貌要不要写，要看你的政治面貌是什么，还有招聘岗位的要求。我们一直在强调，第一个就是要围绕招聘岗位的要求，我们大多数人是不是都是群众啊？也有可能是团员。但企业招聘，一般来说，一个数控机床操作工的企业岗位招聘，不要求你有一个特殊的政治面貌，那就不要写。如果你是党员是可以写一下，因为在你们这个年纪入党的人永远是少数，如果是党员，说明你积极性很强的，你做事非常积极，而且得到了所有人的认可，你们这个年纪入党没有这么容易的，这是一份荣耀，证明我做事的态度，还有别人对我的评价，这个可以写的。但是如果群众的话，如果岗位没有特别的要求，群众可以不要写。

后面性别要写。比如数控技术岗位一般都是招男性的，我看在座大多数都是男性。但是，如果你在旁边有照片。如果你照片的性别特征非常明显的话，其实你的性别写不写无所谓。是不是一看就是男生，如果还是要写一下，如果一看就是很精神的小伙子，帅哥，就不要写了。关键看这个格子排版怎么样？如果排版多一格的话可以写一个性别，如果不多了，有照片了，无所谓写不写都可以。

民族汉要不要写呢？一样的，写不写是岗位要求说了算。

电子邮件要不要写？我刚才的例子是白举了，刚才的例子大家还记得吗？5、6 个人打电话过去，第一轮是电话面试，抽其中满意的 3～4 个人，现在的联系方式沟通最快捷最快的是 email 还是电话？电话，有了电话干嘛还要用 email？打字永远没有说话快，大家要承认这一点。企业追求的是效率，所以因此我们要做一个证明题，必然会用一个效率最高的方式来通知你面试，所以现在效率最高的一个面试就是电话，甚至还可以电话进行面试。两件事并一件事做了，如果电话面试不成功的话，你连现场面试的机会都没有。因此 email 可写可不写，以前的话真的是可以写的。因为我毕业的时候，我们是用 BP 机的，我为了找工作，我特意买了一个，BP 机一 call，你能马上回复吗？不能，只能马上找一个固定电话回复。也许有时候上网也是比较快的回复方式。但是现在不一样了，手机已经普及了，只要保持 24 小时开机就可以了。

下面地址，地址写了两个，一个是户籍地址，一个是现在居住地址。你们觉得都要写吗？还是一个原则，企业想看的。企业为什么要你写地址你知道吗？你站在企业的角度，你想一想，我为什么要知道你家住哪里？我要了解一下你住在哪里，你离我公司有多远，如果太远的话不方便，这个人排序就排到后面去了，因为他很有可能因为路上路程太远而做不了多久。我以前的工作上班单程要 1～2 个小时的车程，那个时候真的是很辛苦的，白天天蒙蒙亮就出去，然后晚上黑夜了才回来。既然要看的是这个，户籍地址就不要了，就居住地址就行了。

再动动脑筋看，能不能再写得更直接一点呢？

听众：离单位有多远。

孙炯：如果是你的话会怎么写？

听众:就每天上班要花多长时间。

孙炯:对,如果你家离的真的很近的话,现在地址,其实企业不关心你住在哪里的,也不会到你家里去。离公司步行 20 分钟,企业放心了。而且你这么写,还有一个隐藏的好处,说明自己已经到你现场勘察过了,我已经“踩过点了”,不“踩点”我怎么知道离你那 20 分钟呢。换句话说,我告诉你,我对你这份工作有多重视。不重视的工作是不会到你公司看一看的,我不会知道到你这步行 20 分钟。人事会有一种被尊重的感觉,你很重视这份工作,很想来我们这个企业。他对你的好感就油然而生了。也许不会,但是有这个可能。

最后看一下专业和毕业学校,专业和毕业学校,可以写在你的基本资料里面。但是另外一个,专业和毕业学校就是“两口子”,专业和毕业学校就写在一起的,我知道它为什么要拆开来,是因为排版。但是请你不要拆,拆开就会把正常的逻辑思维顺序拆开,这份简历就不顺了。

讲了么久,我相信大家理解了哪些该写,哪些不该写,哪些应该怎么写了。

下面我们看一下教育培训情况,第一部分是教育背景,第二部分是教育课程,第三部分是相关证书。教育背景要写,你告诉人家你来自哪里,你学过什么东西。但问题是你的个人资料里有了,有你必要学校和专业了,再写就是累赘,除非你另有目的,在营销学里面,这种就是贬义词,叫“噪音”。我们要围绕岗位要求来写,跟岗位要求没有关系的,就不要写了。所以这一个部分可以删掉。

下面是专业课程,专业课程要 1、2、3、4、5、6……排一个编号,我一看就知道了学了几个专业课程,极大地方便了我们的阅读,这是非常好的。

再下面相关证书,相关证书不但要写,还要根据这个岗位的要求,按照重要程度从重要到不重要写一下,这里写得非常好,CAD 中级、数控中级等等,这种不重要的东西写在后面,这里我觉得写得非常好,不是说拿出来都是不行的,人家也有人家的优点,不是一无是处的。这里非常好,而且好在哪里呢?我看的简历太多了,这份简历让我感觉好就好在这里,他获得证书的时间不用写了这和生日是一样的道理。企业不关心你什么时间获得。你一年级获得和两年级获得没有区别。我们时间不要写了,可以节约一些篇幅,而且也可以节约人事阅读的精力。

还有获奖情况,在校职务和活动他可能没有,就讲了一个获奖情况。奖学金是 2012—2013 学年第一学期奖学金特等奖。2012—2013 学年三好学生。年份需要写吗?我打一个不恰当的比方,国外曾经有一个研究,他说什么样的女孩子最性感?是全身裸露最性感吗？研究下来不是的，是身上有25％的部位被衣服遮住，这样的女人才最性感。我跟你说写简历其实是一样的，不是把自己全部裸露出来，简历才性感，你要遮一点东西。你拿了2012—2013年特等奖学金，人家就要再问了，你之后一个学期怎么没获特等奖学金，你上一年后一年怎么没获得特等奖学金。我那两年学的不太好。你给人家留有一个遐想的空间。因此这个学期，时间要不要写？你让他想象，最差也是一个学校，就写校三好学生，没有关系，给人一个遐想的空间，对你更有利。

还有后面的实训经历，一周、二周的实训就不要写了。

还有更关键的是，有的人就进来一个礼拜已经入门了，有的人进来2、3年还不知道自己在做什么。因此时间不是重点，关键是你在有限的时间里你是怎么学的，抱着什么目的学的，是否努力，是否积极去争取。同样大家同学里面，我相信成绩肯定有好坏的。大家都坐在这里，学了三年，为什么成绩会有好坏，有的人用心，有的人努力，有的人可能精力放在其他的地方，肯定是会有好坏的。同样的时间并不重要，只要告诉人家，什么东西我学过就可以了。到时候面试的时候，会测试，在实习、试用期的时候，会给你机会测试。

最后自我评价，在讲自我评价之前，我给大家看一段视频。

（播放视频）

这人说的话你信不信？用现在网络的流行话，连一个标点符号我都不信。为什么不信？

听众："太吹了"。

孙炯：说得再具体一点，我们分解一下，首先为什么会觉得他"太吹"。首先从他的服装穿着上面来看，他是一个农民工的标准打扮。第二，他说了很多自夸的话，没有证明的自我夸奖就是吹嘘。什么叫证据，比如说我说自己好，我在IBM的销售部门我待过几年，我进去的时候，这个部门的业绩是多少，出来的时候，业绩是多少，当中我又做了多少工作，这个才是证据。忠诚、工作狂等等什么东西不讲也罢。

因此联系到我们的自我评价、自我描述上，当然要夸自己好，你站在企业的角度想一想，我说什么他才能相信？什么样的语言他才能相信？两种语言企业比较容易相信：第一种是客观的语言，你学到了什么东西，学到了很多知识，学到了很多技能，你做过什么事？被评为最佳员工、最佳实习生等。这才是最好的证明，不用说自己学到了什么东西。第二种语言是真诚语言，不要自夸。

看一下自我描述，你们在外面去买东西的时候，有没有哪个营业员跟你说，"这个东西不太好，但是还是希望你买我这个，对面的产品比我的便宜 20%，但我还是希望你买我这个产品?”不会出现这样的人。卖东西的当然想把自己的东西卖出去，写简历也是一样的，把自己“卖”出去，“卖一个好价钱”。尚未成熟心态的这样一个人，是不能卖一个好价钱的，别人就会怀疑你。这在面试当中有一个疑点，人事马上就会问，尚未成熟，觉得你哪方面不太成熟呢？开始探究你的缺点了。这个时候，你的面试就开始处于不利地位了，前面在探究优点，而现在别人在探究你的缺点了，你天然地处于劣势状态。这种话千万不能说，要把自己往好的夸，但不太夸张，也不要把自己往坏了说。

最后一部分，讲的是制作针对性简历的几个技巧。三个技巧。第一个是给自己定一个方向，拟稿试想一下，如果我叫你写一篇文章，这篇文章有要求。它既要试用于表彰会，又要试用于追悼会；既能作会议总结，又能做个人介绍；既是议论文，又是说明文、记叙文，诗歌。内容要涉及天文地理、宗教政治、生物科技、人文艺术。要让人恍然大悟，又要充满悬念。这样的文章是不可能存在的。

同样一个毕业生可以应聘很多职业。举个例子，比如刚才的数控专业，和专业相关的职业有哪些？机床绘图、机床编程、机床操作、机床检测、机床销售，再扩展一点，机床方面的行业企业里面，我还可以做人事或者是行政。我有专业背景，沟通力强。销售不做，我还可以做采购，机床专业的，职业很多，但是这些职业的要求不一样。刚才讲了，简历的第一个标准要围绕岗位要求来写，这岗位要求都不一样，就像我前面讲的这篇文章一样，要求都不一样了，是不能用一个简历的。这个简历如果是一个万金油的简历，这样的简历你写出去，你得到的面试概率肯定是低的。

我毕业的时候写的就是“万金油”的简历，投了 4 个月只收到 3、4 份面试通知，而且大多数都是鸡肋，也不想去的。因此“万金油”的简历不要用，你有很多的方向，一个方向就是简历模板。这样写也不是很多的，因为决定你未来方向的，不仅仅是专业，专业只是其中的一个因素，还有你的学习成绩，你的性格，你的爱好，都会有关系。综合一下，其实你未来的方向，可能也就那么 2～3 个，2～3 个模板很清晰，也很简单。

因此在写简历之前，这个简历针对什么方向的，一定要搞清楚，一定要明确。这是写好简历的基础。

第二个是你要学会分析招聘广告。这里有两个招聘广告，左边一个质检员，右边一个营业员。最大的区别是一个对物，一个对人。由这个区别引发的是什么？要求就不一样了，这个要求是什么？要细心，要认真，要负责，因此你在写简历的时候，你的课程里面眼镜材料学、眼镜光学是需要的，人际沟通心理辅导不需要。我学习成绩好，我是否学习认真，就能证明我将来工作也就会认真。因为在你没有工作之前，你学习成绩好，我会觉得你学习还比较认真，我能够勉强证明一下，你是一个认真负责的人。而学习成绩里面有一点很重要的，做这个职业，如果你的副科成绩，语文、数学体育等，和这个没有什么大关系的也非常好，也能证明你凡是事无大小都是很认真的人，因此你成绩单很重要，你每门课，不管是主科还是副科都是不错的，我就有理由相信你做什么事情都会比较认真。

首先沟通是能力，然后课程里面屈光度检查等要写上去，还有团委什么要写上去最后还有一个很关键的地方，五官端正。怎么证明五官端正呢？附一张照片，这个照片好一点，但不能生活照，也不要是艺术照。最普通的一寸免冠照，外面经常有拍那种证件照的，去看一下，在拍照之前，会给你稍微化一下，不管男女，会给你稍微化一下妆。男的化妆不是像女的一样化的，是把你脸上的瑕疵、雀斑涂掉。你照出来既会保留你原来的面貌，不难看，留下五官端正的印象。

因此不同的职业，大家通过刚才的例子能够感受得好，它的要求不一样，你写简历的侧重点也不一样的。要根据岗位要求，而且分析岗位要求，这真的是一门技术，要不断去磨炼。不是今天跟大家分析一下，明天就会知道怎么分析怎么看，里面有很多的技巧，因为时间关系不扩展讲，里面真的有很多的技巧，这些技巧需要去磨炼、去看，才能慢慢会掌握。

第三个部分，怎么样围绕岗位要求来写。举个例子，这是大家的自荐表，这份自荐表很有可能是你的第一份简历。我们看一下怎么写的，说它缺点之前我想先说说它的优点。这份自荐表有哪些优点？

团支部书记大家看到了吧，首先他真的是个不错的人。第二个，他的证书很多。第三个字迹也端正。这不是废话，虽然是打出来的，但是同学很多都是写出来的。我在开始课程之前，发给大家的简历，很多人都拿到了。你们看看你们自己的字迹，你们当时在填简历的时候写的不够认真，你们这样的字迹，不够端正。在科技这么发达，无纸化办公的年代还要强调这一点，是因为很多的企业在招聘的时候，会让你手填一份简历的。前面讲到，字写得丑不要紧，但不要敷衍了事，要从你写简历的态度当中看你这个人做事的态度。如果是你简历虽然字写得不太好，但看得出来认真的态度，一笔一划认认真真写的，说明你做事可能是一个比较认真的人，如果你写得很潦草，我不会相信你以后会认真工作。

总结几个缺点。第一个他获得的这个证书，他没有按照我刚才说的排序。第二个奖励，几几年获得什么奖，几几年不重要，重要的是把自己获得的奖励的原由写得清楚。

下面看一下这个简历，因为时间关系，不详细地说。说几个疑惑的地方，1307 你们都知道是什么，企业人事不知道。第一行是对贵校的尊重，下面第三行贵公司，到底是贵校还是贵公司，最后又写了一句，我相信用心一定能赢得精彩。可惜你没有。我们写简历一定不要这样自相矛盾。不然你的简历连被看下去的机会也会失去。

我用了归纳法帮他改了一下，这样排序就清楚了，你想看哪一点就可以看到哪一点。这个简历有很大的问题，因此我不建议大家用自荐表，因为我知道有很多是有外地户籍的，外地户籍的，我真不建议你用自荐表。因为上海的企业，能招上海人，就绝对先招上海人。你如果写外地的话，在面试当中会引起很多的问题。因为外地户籍的生活成本和上海人是不一样的。如果你跟你父母住的话，他肯定会问你父母是干什么的，如果你父母在上海不稳定的话，你很有可能在这个公司工作也不会稳定。如果你单独住的话，会问清楚的，如果不提供宿舍的话，肯定要问清楚，你现在生活成本多少，如果生活成本太高的话，企业也要考虑一下的，给你的这点工资够不够你生活，如果不够你生活，显然你也不会很稳定的。因此你外地户籍的话，户籍尽量不要写，面试了再说，人家对你满意了，才会考虑其他的事情。

后面这份简历，最主要问题就是排版太乱，我给它排版以后，会好很多。这个模板你们老师那都有了，我给你们老师，你们有需求可以找你们老师要，这个电脑里面也有一份我的 PPT，这些东西都保留在里面的，你们可以参考。但有的人说方框不太好看，很简单，在边框和底纹里面，把那个边框选成白色的，然后勾一下，就变成这样子。我们外面很多公司的模板简历就是这样，清楚明了。

后面这个简历我稍微讲一下优点。这个学生非常优秀，这里面的问题有几个问题。一个是错别字，另外一个是表格没有对齐。最大的问题是他的优势不够突出。他最大的优势是获得的荣誉。这份简历很好写，什么都不要写了，就告诉他，两个市二等奖学金，校一等奖学金，优秀团干部，三好学生就行。不用写大，因为人事看简历有次序，第一眼看这张纸 1/3 的地方，这是你最突出的地方，这个地方要写你的核心优势，这个东西一写其他都不用写了。这已经暗示企业，你捡到宝了，其他的就不需要写了。

最后我跟大家说一件最重要的事情，你要提高简历的水平，多去参加招聘会。在招聘会里，你会知道你的简历的问题，因为企业人事会问你，会针对你的简历上的问题来问你。那个时候，通过这样的对答，你就能够明白你的简历问题。

而且在招聘会上还有这样的好处，别人在面试的时候你在旁边可以看，在公司参加招聘会，别人绝对不会让你进去看的。招聘会上可以看，别人是怎么面试的，别人的简历是怎么写的，人事会怎么提问，在这个方面就可以得到很多的经验。

因为时间关系，今天简历的东西就跟大家分享到这里。谢谢大家！

主持人：非常感谢孙炯先生给大家的一些分享。下面我们进入互动环节，因为时间关系，所以我们就请一位同学。孙老师刚才分享了这么多，有什么问题，关于简历等等的都可以，刚才大家都听得很认真。

听众：我想问一下，假如我和对面人事部面试的时候，他问我一些比较刁钻的问题，我应该要怎么样回答他。

孙炯：你提了一个好问题，对于这个问题，你们拿到的书里面应该有答案的，因为书里面有一期东方讲坛是我讲的，里面提到过这个问题。这里我现场给你做一个简单的回答，别人问你刁钻的问题，第一，不要被对方激怒，因为他很有可能就是想激怒你。我曾经碰到过一个问题，在网上的一个人是德语 8 级，应聘航空公司的乘务员。他觉得自己没有问题。然后碰到一个中年妇女的人事，一直在问他刁钻的问题，然后他就哭着回家了，在网上乱骂那个女的，然后他没有得到面试的机会。后来我跟他分析了一下，航空公司的乘务员，在工作当中，是拥有可能碰到一些刁钻的顾客的。

你今天在面试当中，碰到一些刁钻的问题就这样情绪失控哭着回家了，你在工作当中，如果碰到类似的问题，你也不能控制好自己的情绪这只是一个测试。当然有一些情况，你在面试当中，感觉到别人不太尊重你的时候，你不要直接跟他针尖对麦芒，不然即使你赢了这个面试，这个录取的机会也很有可能失去。你可以用一些比较婉转的说法，你可以和说，也许你说得对，但也不是所有的事情都是这样的，也会有一些例外，举几个例子，接着就开始说道自己的优点。

把他的话题扭过来，扭到自己为主动的方面开始讲，不要跟他针尖对麦芒，详细可以看书上，书上我写得较详细。

主持人：再次感谢孙老师。今天的讲座到此结束。